Principles of Water Quality Control
(*Fifth Edition*)

水质控制原理与技术 （原第5版）

[英] T. H. Y. Tebbutt　著

张士杰　杜霞　黄智华　葛庆昆　等 译

U0224831

中国水利水电出版社
www.waterpub.com.cn
·北京·

内 容 提 要

本书由英国特许水务与环境管理学会前任会长、谢菲尔德哈莱姆大学建筑学院水管理教授 T. H. Y. Tebbutt 所著。全书分为 20 章，分别介绍了水作为一种自然资源的重要性及废污水处理的发展历程、水和废污水的特性、采样和分析方法、水生微生物学与生态学的基本原理、水质与人体健康的关系、有机物的生物氧化过程、水污染物类型与水污染控制技术、人类用水需求和随之产生的废污水排放量的计算方法、废污水的处理技术和方法及适合于发展中国家的简单易行的废污水处理方法等内容。

本书内容系统全面、可读性强，每章后面附有拓展阅读和习题，便于读者对内容的理解和掌握。可作为土木与环境工程、环境科学和环境管理本科课程的教材，也可供我国从事水污染控制与治理、给排水工程设计等工作的相关人员阅读参考。

图书在版编目（CIP）数据

水质控制原理与技术：原第5版 /（英）T. H. Y. 特巴特（T. H. Y. Tebbutt）著；张士杰等译. -- 北京：中国水利水电出版社，2019.10
书名原文：Principles of Water Quality Control (Fifth Edition)
ISBN 978-7-5170-8226-2

Ⅰ. ①水… Ⅱ. ①T… ②张… Ⅲ. ①水质控制 Ⅳ. ①TU991. 21

中国版本图书馆CIP数据核字 (2019) 第254493号

北京市版权局著作权合同登记号：图字 01 - 2019 - 6413

书　　　名	**水质控制原理与技术（原第 5 版）** SHUIZHI KONGZHI YUANLI YU JISHU	
原 书 名	Principles of Water Quality Control (Fifth Edition)	
原　　著	［英］T. H. Y. Tebbutt（T. H. Y. 特巴特）	
译　　者	张士杰　杜　霞　黄智华　葛庆昆　等 译	
出 版 发 行	中国水利水电出版社 （北京市海淀区玉渊潭南路 1 号 D 座　100038） 网址：www. waterpub. com. cn E - mail：sales@ waterpub. com. cn 电话：(010) 68367658（营销中心）	
经　　售	北京科水图书销售中心（零售） 电话：(010) 88383994、63202643、68545874 全国各地新华书店和相关出版物销售网点	
排　　版	中国水利水电出版社微机排版中心	
印　　刷	北京中献拓方科技发展有限公司	
规　　格	184mm×260mm　16 开本　13 印张　316 千字	
版　　次	2019 年 10 月第 1 版　2019 年 10 月第 1 次印刷	
定　　价	**80. 00 元**	

凡购买我社图书，如有缺页、倒页、脱页的，本社营销中心负责调换

译 者 序

　　水是生存之本、文明之源、生态之基。水资源是基础性自然资源、战略性经济资源，是生态环境的重要控制性要素，也是一个国家综合国力的重要组成部分。我国是一个缺水国家，人均水资源仅为世界人均量的1/4。我国水资源总量中，用水储量只有1.1万亿 m^3，而用水量和随之产生的废污水排放量却增加很快。水污染已经给我们的生产生活带来诸多不利影响，越来越多的人逐渐认识到了水质控制与管理的重要性和迫切性。

　　本书作者 T. H. Y. Tebbutt 是英国特许水务与环境管理学会前任会长、谢菲尔德哈莱姆大学建筑学院水管理教授，已出版多部关于水质控制技术、供水工程的著作，如《Advances in Water Engineering》《Principles of Water Quality Control》等。1971年作者基于其为谢菲尔德哈莱姆大学建筑学院土木工程专业本科生开设的讲座和为校外短期培训所准备的材料，整理出版了《水质控制原理与技术》的第1版。本书为第5版，新增了欧盟法规的影响、英国水务行业的变迁，以及一些工程示例和建议等内容。自第1版问世以来，该书一直是本领域的权威教材，颇值得推荐给我国从事水污染控制与治理、给排水工程设计的科研人员。全书分为20章：第1章阐述水作为一种自然资源的重要性及废污水处理的发展历程；第2章介绍水和废污水的特性；第3章讲解采样和分析方法；第4章论述水生微生物学与生态学的基本原理；第5章介绍水质与人体健康的关系；第6章着重讲解有机物的生物氧化过程；第7章介绍水污染物类型与水污染控制技术；第8章讲述人类用水需求和随之产生的废污水排放量的计算方法；第9~19章详细介绍废污水的处理技术和方法，如澄清、聚沉、渗流、有氧生物氧化、厌氧生物氧化、消毒、化学处理、污泥的脱水和处置、三级处理、废污水回收和再利用等；第20章根据发展中国家的供水和卫生情况，提出简单易行的废污水处理方法。

　　全书由张士杰、杜霞、黄智华、葛庆昆统稿校译。各章节主要人员分工为：序言和第1章由张士杰校译；第2章由蒋艳、黄智华校译；第3章由黄智华、韩帧校译；第4~6章由黄智华、葛庆昆校译；第7~8章由杜霞、葛庆昆校译；第9章由杜彦良、蒋艳校译；第10章由张士杰校译；第11~15章由蔚辉、葛庆昆校译；第16~17章由杜霞、张士杰校译；第18~20章由张士杰校译。

    本书的翻译还得到了中国水利水电出版社周媛、李晔韬、李康等同志的大力支持与协助，在此对他们的辛勤劳动表示诚挚的谢意。

    囿于时间和能力，难免错漏，还请各位读者不吝指正。

译者

2019 年 6 月于北京

第 5 版 序 言

　　自 1971 年本书第 1 版问世以来，人们对环境问题的兴趣显著增长。现在人们已经习惯于阅读报纸上关于环境管理的文章，而且广播和电视节目也经常探讨环境话题。绿色政治崛起促使环境立法更加完善，这对水质控制产生了重大影响。可持续发展已成为媒体讨论的一个共同话题，并得到许多行业的大力支持。在这些公开的讨论中，有些主张有着良好的理论基础，而有些主张则缺乏科学和技术可信度。日益递增的环境控制成本在生活质量方面可能显示出较低的回报率。许多国家的环境法律法规逐步完善，再加上公共部门的活动有时转移到私营部门，这使得人们进一步关注环境管理。在这种情况下，充分理解水质控制的基本要素非常重要，本书将继续着重阐述理论和应用之间的关系。在发达国家，人们开始担忧水源中存在的微污染物，相比之下，世界上其他许多地方水资源有限，而且还经常传播肠道疾病，前一类担忧就显得无关紧要。虽然本书主要涉及发达国家的技术，但也适当概述了发展中国家供水和涉水卫生的专业知识，另有单独一章涵盖了简单的供水和涉水卫生系统等内容。

　　本书旨在作为土木与环境工程、环境管理和环境科学本科课程的教材，也可以作为研究生环境课程的初级读物。对于希望进一步了解水质控制的读者来说，本书也有助于他们参加进修培训以及学习水务及环境管理专业的相关课程。在本书最新版本中，作者改写了几章，全面修订了其他章，并增加了工程示例和新的建议，以供进一步阅读。本书的初衷是简单描述水质控制学的原理，希望最新版本继续达到这一目标。

T. H. Y. T
建筑学院
谢菲尔德哈莱姆大学

第 1 版 序 言

　　本书旨在作为土木工程系本科课程的教材，也可作为研究生在公共卫生工程和水资源技术课程的初级读物。希望本书也有助于相关行业人士以及准备参加水污染控制研究所和公共卫生工程师学会考试的学生。本书内容基于本人为土木工程专业本科生所开设的讲座课程，辅以为校外短期课程所准备的材料。作者尽可能用简单插图来解释书中内容。本书特意避免使用施工详图，这是因为根据我的教学经验，在学生完全了解学科的基本原理之前，施工详图常常使学生感到困惑。整本书中列入了附有答案的问题，有助于读者检查对课本内容的理解。本书采用国际单位而非英制单位，希望借此鼓励人们熟悉公制单位。

　　本书的编写在很大程度上要归功于本人的第一位导师——泰恩河畔纽卡斯尔大学 P. C. G. 艾萨克教授的热情指导。非常感谢同事 M. J. 哈姆林对本书内容的有益评论，也非常感谢凡妮莎·格林录入手稿。

T. H. Y. T
伯明翰大学土木工程系

目 录
CONTENTS

第 1 章

水——宝贵的自然资源

　　水是世界上最重要的自然资源，没有水，生命就无法存活，大多数行业也无法运转。如果没有食物，人尚且可以活很多天，而若是没有水，仅仅几天人就会毙命。因此，要建立稳定的社区，首先必须要有安全可靠的水源。如果没有这样的水源，水的供不应求便会迫使人们选择游牧生活，整个社区不得不在不同地区之间迁移。这样看来，水源地通常受到谨慎保护也就不足为奇。几个世纪以来，用水权的问题引发了许多小规模冲突。纵观历史，世界许多地方都屡屡发生过因为原住民与外来者争抢水源等冲突而导致农业发展受阻的事件。此外，人类和工业废物对环境的影响也可能导致与供水有关的其他冲突。这意味着水作为一种需要认真管理和保护的自然资源，其重要性必须得到普遍的认识。虽然大自然具有很强的自我恢复能力，通常能够从环境破坏中得以恢复，但现代社会对水资源的需求越来越大，这就要求我们从专业的角度运用与水循环有关的基本知识，来维系供水质量和数量。

1.1　水和废污水处理的发展

　　早在几个世纪前，几个古代文明时期的人们已经认识到安全供水和涉水卫生的重要性。亚洲和中东的考古发掘中发现了一些建有自来水供应、厕所和下水道等设施的高度发达社区。克里特岛上的米诺斯文明在 4000 年前达到鼎盛，当时的人们已经会使用黏土烧制输水管道和污水管道，并且住宅配有冲水厕所。古罗马人在公共卫生工程方面十分专业，在主要城市建有高度发达的给排水系统。持续喷涌的喷泉为大多数人提供大量用水，富裕家庭甚至还有管道供水系统。为了满足用水需求，古罗马帝国的许多城市都建有大型水渠，其中长达 50km 的尼姆水渠和至今尚存的加德水道桥就是极佳案例。人们将降雨量大的高地流域的优质水源输送至城市地区，这一理念有着悠久的历史，是水管理的一个重要概念。除了供水系统之外，古罗马还用石材在街道地下建有下水通道，用于将地表径流和厕所排放的污水输送到城市以外的地方。但并无证据表明古罗马人对其城市污水进行了任何处理。由此可见，当时他们的环保意识相当有限。

　　随着古罗马帝国的灭亡，其大部分公共设施最终沦为一片废墟。此后长达几个世纪的时间里，供水和卫生设施几乎没有受到立法者和公众的关注。中世纪的欧洲，城市往往建在河道交汇处，因为这些河道既便于取水，又便于处理液体和固体废物。虽然当时已建有下水道，但它们仅用于输送地表水；而在 1815 年以前，英国法律一直禁止向下水道排放污水。农村和城市的卫生设施都很少。1579 年伦敦的记录显示，一条街道有 60 所房子，但仅有 3 个公共厕所。从窗户倾倒而出的污秽物对路人构成了普遍的危害，这样的环境下，大多数人的平均寿命不超过 35 岁也就不足为奇。当时，农村地区人口稀少，卫生设施的匮乏还不至于导致重大问题，但城市人口增长迅速且居住条件通常很差，这对公共健康造成了重大危害。

到 19 世纪中叶，欧洲大多数城镇的卫生条件简直骇人听闻，与水有关的疾病迅速传播，时而造成灾难性后果。这些疾病一般具有破坏性影响，再加上营养不良和居住条件极差，导致城市人口长期处于不健康状态，儿童特别容易夭折。埃德温·查德威克爵士受托调查这一情况，他在 1842 年的调查报告中指出，健康取决于卫生设施，而卫生设施是一个工程问题，需要改善住宅供水并建设合适的干线排水系统，各个地区应设立单独的主管机构管理该地的所有卫生事务，并且必须配有专业的工程和医疗顾问。埃德温爵士因此被誉为"现代公共卫生与公共卫生工程学的奠基人"。为了改善卫生状况，英国在 1847 年通过了一项法律，规定伦敦必须将污水和厕所污物排放到下水道。但不幸的是，伦敦下水道大多都排入泰晤士河，而泰晤士河同时又是伦敦部分供水的源头。此外，许多下水道的建造和维护质量都很糟糕，致使大量污物渗漏至周围的浅层地下水中，而这些地下水也为伦敦提供部分供水。可惜查德温爵士的结论几乎没有引起任何关注，城市水道和含水层的污染情况不可避免地加剧。河道中满目秽物，臭气四散，更重要的是霍乱开始在欧洲城市肆虐，每年造成数千人死亡。北美洲越来越多的城市也出现类似情况，莱梅尔·沙特克在 1850 年报道了马萨诸塞州的公共卫生问题。他也认为工程和医疗部门需要合作来改进这一问题。

在伦敦，1854 年布罗德街水井事件导致万人死于霍乱，约翰·斯诺博士通过调查证明了污水对饮用水的污染与社区霍乱流行之间的联系。尽管安东尼·范·列文虎克在 1680 年通过显微镜观察到了微生物，但当时并不了解它们的真实面貌。巴斯德在 1860 年证明了细菌作为生物体的存在及其在疾病中的角色，而科赫在 1876 年发明了用于微生物物种生长和鉴定的培养技术。到 19 世纪 60 年代，人们终于意识到查德温爵士提出的持续供水和高效排污系统可以解决日益严重的健康问题，而爵士当时已经卸任。在公众和议会的关注下，近代第一个大型公共卫生工程投入使用。自此，伦敦的污水经由巴泽尔杰特的截流污水管排放到泰晤士河的潮汐河段，并且取水点转移到潮区界的上游位置。这样到 1870 年，英国的水传播疾病暴发率已经大幅度降低，其他欧洲国家和北美洲城市也取得了类似进展。工业革命进一步促进了城市人口增长，扩大了对大型供水工程的需求，其中许多工程都沿用了古罗马高地集水区与长水渠的概念，比如伯明翰的伊兰河谷工程、格拉斯哥的卡特琳湖工程、纽约的克罗顿和卡斯基尔水库。

只有持续密切地关注水质控制，才有可能从根本上消除发达国家的水传播疾病。上述举措的一个主要成果是，自 1850 年以来，大多数欧洲国家的人均寿命几乎翻了一番。虽然这在一定程度上得益于医学的进步，但究其主要原因，当属环境工程师和科学家在提供安全供水和有效卫生设施方面所发挥的积极作用。然而，这些成功并不能掩盖仍存在有待解决的艰巨任务。1975 年的一项调查发现，世界上 80％的农村人口和 23％的城市人口无法获得安全供水。而卫生状况更糟，85％的农村人口和 25％的城市人口根本没有卫生设施。当时，许多发展中国家的人口增长迅速，这种局势之下，除非进一步加强供水和卫生设施建设，否则能够获得满意服务的人口在世界人口中所占的比例将逐年下降。因此，联合国组织将 1981—1990 年定为"国际饮水供应和环境卫生十年"，其宗旨是在 1990 年之前让所有人都得到安全的饮用水和适当的卫生设施。这一目标虽然值得称赞但并不现实。由于缺乏专业人士，再加上世界经济形势恶化，获得满意服务的人口在世界人口中所占的比例并没有什么提高。1990 年年底，能够获得清洁用水的人口比 1980 年多了 13 亿，并且超过 7.5 亿人的卫生设施得到了改善。但遗憾的是，许多发展中国家的出生率如此之高，以至于得到改善的人数跟不上增长的人数。随后，联合国启动了第二个项目，即"2000 年安全饮用水"。该项目的目标更加务实，并且设定了可实现的目标。该项目着重强调供水和卫生设施方面的成本分担、相关技术和社会问题。向所有人提供安全饮用水和适当卫生设施是一个简单基本的需求，但路还很长且任务很艰巨。

1.2 可 持 续 发 展

在发达国家，环境问题已得到社会公众的广泛关注，环境亦有其政治影响力。虽然这些国家的人口增长率普遍很低，用水需求没有大幅增加，但依然有许多问题引起人们对水质控制的关注。分析技术的进步让人们了解到水中存在数百种微量化学物质，它们来自工业过程，也是一些水和废水处理工艺的结果。闲暇时间的增多给水上娱乐设施带来更大的压力，媒体对环境问题的关注刺激了公众对水质话题的认知。人们对食物链以及复杂生化和生态反应的了解更加深入，导致许多国家的水产业在运营和服务水平上受到更严格限制。温室效应和臭氧层变化可能对地球环境产生的深远影响促使公众进一步去讨论和关注。在大多数发达国家，人们已经认识到环境事务是复杂的问题并且需要对此有总体认识。而在欠发达国家，虽然某些部门已经认识到环境保护的必要性，但人口增长和经济生存的压力显然更为紧迫。显而易见，发达国家的许多环境问题都是因为缺乏对环境污染原因的了解、关注与重视。国际讨论旨在防止发达国家早期所犯下的错误在世界其他地方重演，这促成了可持续发展概念的诞生。发表于 1987 年的布伦特兰报告《我们共同的未来》将可持续发展定义为：既满足当代人需求，又不损害后代人满足自身需求能力的发展。

这项定义本质上是指：①认识基本需求，尤其是世界贫困人口的基本需求；②关注同代以及代际之间的社会公平；③从技术能力和社会组织的角度认识环境满足眼前和将来需求的能力所受的限制。

就水而言，上述概念可以解释如下：

（1）水是一种稀缺资源，应该被视为一种社会和经济资源。

（2）水资源应该由使用最多的人来管理，所有利益群体均应参与水资源分配决策。

（3）水资源管理应该采用综合性框架，要考虑到水资源对社会和经济发展的多方面影响。

如果这些概念能被纳入政策和实践中，那么我们这个资源日益减少、环境退化不断加剧的世界将有望迎来一个以维持和扩大自然环境资源政策为基础的经济增长时代。

欧盟委员会将可持续水资源政策的目标定义为：①提供足量的安全饮用水；②为满足工业农业的其他经济需求提供优质、足量的水资源；③为保护和维持水环境良好生态和功能提供优质、足量的水资源；④管理水资源，以防止或减少洪水的不利影响，尽量减少干旱影响。

1992 年，联合国环境与发展大会（又称"地球首脑会议"）在巴西里约热内卢举行。会议通过了《里约宣言》，其中规定了一项基本目标，即致力于达成"既尊重所有各方的利益，又保护全球环境与发展体系"的国际协定。二十七项条款阐述了实现可持续发展的方式，这些条款涵盖发展中国家的特殊需要、消除不可持续的生产和消费模式、公众参与的重要性、环境影响分析的价值、有效环境立法的必要性以及对影响环境质量的事项采取的预防措施。《21 世纪议程》是在里约通过的下一个世纪行动计划，它考虑了发达国家和发展中国家的不同需求。它对实际、可实现和可衡量的目标做出了高级别的政治承诺，旨在将环境问题纳入到包括工业、农业、能源、渔业、土地利用、水资源管理和废物处理在内的广泛活动中。在《21 世纪议程》中，各国承诺将定期报告其实现这一致目标的进展情况。

关于环境的探讨日益增多，而对于这些探讨所强调的许多问题，我们以现有的知识水平无法得出明确结论。对影响环境的事务进行知情讨论显然是值得鼓励的，但不幸的是，媒体的评论有时不合时宜，甚至是恶意的。重要的是，当需要为改善公共卫生或保护环境而进行投资时，需要进行现实的成本效益分析，以证明决策的合理性。尽管最终可能基于政治原因或哲学理念做出决定，但最充分的工程和科学信息对决策者而言至关重要。

1.3　水　资　源

水是一种有限的自然资源。自 1950 年以来，全球用水量足足增加了两倍，导致世界许多地区面临越来越严重的水资源压力。在欧洲，年均用水需求从 1950 年的 $100km^3$ 增长至 1990 年的 $550km^3$，并于 2000 年达到 $650km^3$。在这种形势下，尽管地表与地下水源的过度抽取可能有助于缓解燃眉之急，但是从长远来看这种做法缺乏可持续性。水文学主要是对水文循环（图 1.1）中的水资源进行评估，并通过用水管理获得最佳用水效果。应当认识到，在所有的水资源管理计划中，对于可利用水资源的质量和数量进行评估都是至关重要的。

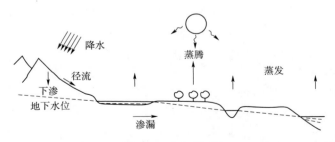

图 1.1　水文循环

地球及其周围的大气层中含有大量的水，水占地球质量的 7% 左右。然而，其中的 96.5% 是海水，余下的淡水绝大部分都存在于极地冰盖和冰川之中。只有大约 0.7% 的地表水以淡水形式存在于湖泊、河流、浅层含水层以及大气层中。

这些水参与了水循环，并最终决定水的可用性。如果这些可用水在地球表面的分布与人口分布相同，那么就有足够的水资源满足所有的需求。不过实际情况是，降雨量的空间分布差异很大，山区热带雨林地区的年降水量高达数米，而沙漠地区的降水量几乎为零。地球上20%的淡水分布在亚马孙盆地，而亚马孙盆地人口仅占地球人口的很小一部分，这充分证明了水资源分布的不平衡。即使在大陆内部，降雨量分布和人口分布之间也存在巨大差异。总体来说，大量降雨及由此产生的高径流量和充足的地下水补给多出现在人口稀疏的山区地带。而城市和农业发展所青睐的低地平原一般处于山区的雨影区，因此降雨量通常很低。以英国为例，苏格兰高地的平均人口密度约为 2 人/km²，年降雨量超过300mm。但在英格兰东南部，人口密度超过 500 人/km²，年降雨量却仅有 60mm 左右。即使在那些通常被认为水资源丰富的国家，地方或区域的水资源供应也可能存在很大差异。

英国可再生淡水资源约为2000m³/(人·年)，英格兰和威尔士为1400m³/(人·年)，而泰晤士河地区仅为250m³/(人·年)，可利用淡水概念被水文学家和水资源规划者用来描述一个地区的供水情况。人们普遍认为，在1000~2000m³/(人·年)的可利用淡水范围内，自然水资源面临压力。当人均年供水量低于1000m³时，水资源明显短缺，粮食生产、经济发展和环境保护面临严重约束。表1.1举例说明了多个国家（包括水资源丰富和水资源缺乏的国家）的水资源利用情况。人口直接用水量实际仅达到总需水量的一小部分。

表 1.1 　　　　　　　　　　　　水 资 源 利 用 情 况

国　家		淡水资源/[1000m³/(人·年)]	国　家		淡水资源/[1000m³/(人·年)]
水资源丰富	圭亚那	230	水资源紧张	南非	1.4
	利比里亚	90		苏丹	1.2
	委内瑞拉	44		德国	1.1
	巴西	35	水资源严重缺乏	比利时	0.8
	厄瓜多尔	29		也门	0.7
	缅甸	27		阿尔及利亚	0.7
	喀麦隆	18		荷兰	0.6
	危地马拉	13		肯尼亚	0.5
	尼泊尔	10		以色列	0.4
水资源紧张	葡萄牙	3.6		新加坡	0.2
	加纳	3.4		约旦	0.2
	西班牙	2.8		沙特阿拉伯	0.1
	巴基斯坦	2.7		马耳他	0.08
	印度	2.3		埃及	0.03
	英国	2.0		巴林	0

注　引自纽森（1992），海外发展管理局（1993）与波斯特尔（1993）。

农业生产中的粮食生产用水是迄今为止水最重要的用途，这在发展中国家尤为重要。农业消耗了近 65% 的可再生水，工业消耗了 20% 左右，而公共供水仅占 7% 左右。

1.4　工程师和科学家的作用

传统上供水和废污水处理工程等公共工程均属于土木工程，而供水工程可能是土木工程专业中规模最大的一个分支。供水工程之所以涉及土木工程，是因为大多数水利工程涉及大型构筑物，需要对水力学有一定了解。水科学和技术也是一门交叉学科，涉及与工程技术相关的生物、化学和物理原理的应用。因此，从事水质控制的工程师和科学家必须对自身学科与许多环境反应复杂性之间的交叉学科有所了解。水质控制系统有效设计和运行所需的信息量越来越大，这意味着从业人员也必须熟悉信息技术的发展。环境问题很少有免费的解决方案，因此必须在基本经济原则的基础上做出各种抉择。大型水质控制项目的专家团队成员通常来自不同学科，他们可以为项目带来自身的专业知识，同时意识到不同学科之间需要合作，以设计出成本低效益高、合乎环境要求的解决方案。

水质控制工程的主要目标是减少与水有关疾病的发病率。该目标取决于通过水资源开发来提高供应优质饮用水的能力，即饮用水中不含有悬浮物、有色有味气体、有害溶解物质、腐蚀性物质、大肠菌群。

饮用水必须适合人类饮用，要达到饮用水的水质标准，同时也应该口感良好。此外在条件许可时，公共供水应该适用于家庭其他用途，例如洗衣等。

通过水资源保护和开发以及通过采用适当的废污水处理工艺，可以保障水质和水量，因此有必要通过包括水管、泵站和蓄水池在内的配水系统向用户供水。大多数生活用水和工业用水会导致水质恶化，从而产生废污水。在废污水被排放到环境中之前，必须予以收集和适当的处理。在许多情况下，经过处理的废污水可以成为其他用户的水资源。图 1.2 以图解形式描述了典型的供水和废污水处理系统。供水服务和废污水处理服务是英格兰和威尔士的一个主要加工行业，每天可处理约 1500 万 m^3 的水和废污水，总成本约为 1.5 英镑/m^3。

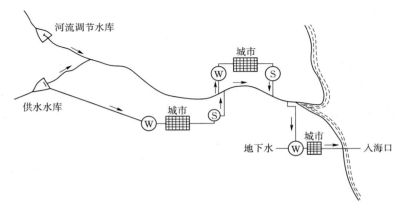

图 1.2　供水和废污水处理系统
W—水处理厂；S—污水处理厂

正如将在第 7 章讨论的一样，水有许多用途，因此任何质量管理或监管系统都必须考虑众多需求和限制。水质控制措施必须在供水服务需求和污水排放要求之间取得平衡。渔业活动必须得到保护，水环境保护必须得到鼓励。在发达国家，水体舒适性越来越重要，各种运动和爱好相关的娱乐用途也越来越重要。工业活动、不断变化的农业耕作方法和日益城市化会对水质产生重大影响，必须意识到所有影响因素。

城市发展产生大量固体废物，而这些废物处置可能对环境造成重大影响。垃圾填埋场和其他固体废物处置场可能是水污染控制的主要区域，这是因为在降雨或地下水的淋滤作用下，沉积物中的高污染性物质会释放出来。人们越来越关注减少过度包装以及废料物的回收和再利用。我们需要用"清洁技术"来代替那些对环境污染起主导作用的"清洁"产品和工艺。重要的是要认识到许多环境污染物可能影响空气、土壤和水，因此，必须小心确保一个阶段的污染控制方案不会在其他方面产生问题。由于大气和海洋环流，环境问题经常是国际性的问题。综合污染控制（IPC）的概念与全球环境的有效保护和管理密切相关。

参 考 文 献

Newson，M. (1992). *Land，Water* and *Development*，p. 235. London：Routledge.

Overseas Development Administration (1993). *A Fresh Approach to Water Resources Development*. London：ODA.

Postel，S. (1993). Facing water scarcity. In *State of the World* 1993，p. 22. New York：Norton and Company.

拓 展 阅 读

Acheson，M. A. (1990). The Chadwick Centenary Lecture – A review of two centuries of public health. *J. Instn Wat. Envir. Managt*, 4，474.

Bailey，R. A. (1991). *An Introduction to River Management*. London：IWEM.

Bailey，R. A. (1997). *An Introduction to Sustainable Development*. London：CIWEM.

Barty – King，H. (1992). *Water – The Book*. London：Quiller Press.

Binnie，G. M. (1981). *Early Victorian Water Engineers*. London：Thomas Telford Ltd.

Binnie，G. M. (1987). *Early Dam Builders in Britain*. London：Thomas Telford Ltd.

Bramley，M. (1997). Future issues in environmental protection：A European perspective. *J. C. Instn Wat. Envir. Managt*，11，79.

Clarke，K. E. (1994). Sustainability and the water and environmental manager. *J. Instn Wat. Envir. Managt*，8，1.

Cook，J. (1989). *Dirty Water*. London：Unwin Hyman.

Department of the Environment (1992). *This Common Inheritance – The Second Year Report*. London：HMSO.

Department of the Environment (1994). *Sustainable Development – The UK Strategy*. London：HMSO.

Hall，C. (1989). *Running Water*. London：Robertson McCarta.

Hartley，Sir Harold (1955). The engineer's contribution to the conservation of natural resources. *Proc. In-*

stn Civ. Engnrs, 4, 692.

Isaac, P. C. G. (1980). Roman public health engineering. *Proc. Instn Civ. Engnrs*, 68 (1), 215.

Kinnersley, D. (1988). *Troubled Waters: Rivers, Politics and Pollution*. London: Hilary Shipman.

Kinnersley, D. (1994). *Coming Clean*. London: Penguin.

Latham, B. (1995). *An Introduction to Water Supply in the UK*. London: CIWEM.

National Rivers Authority (1994). Water – Nature's Precious Resource. Bristol: NRA.

Nicholson, N. (1993). *An Introduction to Drinking Water Quality*. London: CIWEM.

Overseas Development Administration (1996). *Water for Life*. London: ODA.

Price, M. (1996). *Introducing Groundwater*, 2nd edn. London: Chapman and Hall.

Rodda, J. C. (1995). Guessing or assessing the World's water resources. *J. C. Instn Wat. Envir. Managt*, 9, 360.

Shaw, Elizabeth, M. (1990). *Hydrology in Practice*, 2nd edn. London: Chapman and Hall.

Twort, A. C. (1990). *Binnie and Partners: A Short History to* 1990. Redhill: Binnie and Partners.

Wilson, E. M. (1990). *Engineering Hydrology*, 4th edn. London: Macmillan.

World Commission on Environment and Development (1987). *Our Common Future*. Oxford: Oxford University Press.

Wright, L. (1960). *Clean and Decent*. London: Routledge and Kegan Paul.

第 2 章

水 和 废 污 水 的 特 性

　　水的化学式 H_2O 受到广泛认可，但美中不足的是，这个简化的表达式不足以解释水的一些特性。比如，水在低温条件下的表现就好像是其分子形式通过氢桥键结合在一起的 H_6O_3 或 H_8O_4。随着温度接近冰点，这些结构连接的影响大于热扰动，导致分子间的结合变得更松散。这两种分子力的相互作用导致冰的密度小于水，并且水的密度随着温度从 0℃ 上升到 4℃ 而增加，又因为在更高温度下热扰动影响占上风，水的密度便随着温度进一步上升而降低。这种密度效应的两个代表性后果是管道在冰冻天气下爆裂以及湖泊的温度分层现象。在后一种情况下，当水体随季节变暖时，不同密度的水体之间形成屏障无法混合，因此深水湖中可能有大量的水实际上处于停滞状态，水质较差。而当气温下降时，湖面上的水冷却，最终达到接近下层的密度，其结果是，稳定表层最终与下层混合。这种翻转通常源自风引起的混合，在停滞底层水与上层优质水混合的情况下，将导致严重的水质问题。

　　水的分子结构特点及高介电常数、低导电率的电学性质使其能够溶解多种物质，所以天然水的化学组成非常复杂。所有的天然水都含有浓度各异的其他物质，这些物质的含量范围下至雨水中微量有机物以 "ng/L" 计的痕量水平，上至海水中大约 35000mg/L 的水平。废污水通常含有所在地区水源所含有的大多数溶解成分，此外还含有其在变废过程中额外吸纳的其他杂质。由此来看，按人体新陈代谢每天释放大约 6g 氯化物、每人每天消耗 150L 水来算，生活污水的含氯量要比该地区水源中的含氯量高出至少 40mg/L。典型的原废污水（即未经处理的废污水）中，液态及悬浮态固体含量共计约 1000mg/L，这样算下来，纯水的含量大约为 99.9%。相比之下，杂质含量高达 35000mg/L 的海水的污染程度显然高出一大截。但试想，在海水中游泳的诱惑力绝对远远胜于在原废污水里游泳！这种矛盾的结果揭示了这样一个事实，即单纯地测定水样中的总固体含量并不足以说明水样的特性。

　　要真正地了解特定水样的特性，通常需要从物理、化学和生物学特性几个角度进行化验分析，进而测定其各种特性。由于分析化验的成本不菲，所以一般不会针对一个特定水样测定其所有的特性。表 2.1 概括了各类水样最有可能需要测定的特性，后续将围绕其中最重要的特性进行讨论。

表 2.1　　　　　　　　　　　多种水样的重要特性

特性	江河水	饮用水	未经处理的废水	经污水厂处理的废水
pH 值	×	×	×	×
温度	×	×	×	
色度	×	×		
浊度	×	×		
味道		×		
气味	×	×		
总固体含量	×	×		
沉降性固体			×	
悬浮物			×	×
电导率	×	×		
放射性	×	×		
碱度	×	×	×	×
酸度	×	×	×	×
硬度	×	×		
溶解氧（DO）	×	×		×
生化需氧量（BOD）	×		×	×
化学需氧量（COD）			×	×
总有机碳（TOC）	×		×	×
挥发性有机碳（VOC）	×	×		
可同化有机碳（AOC）		×		
有机氮			×	×
氨态氮	×		×	×
亚硝态氮	×	×	×	×
硝态氮	×	×	×	×
氯化物	×			
磷酸盐	×		×	×
合成洗涤剂	×		×	×
细菌总数	×	×		

注　×表示需要测定的水质特性。

2.1　物　理　特　性

在许多情况下，物理属性相对容易测量，即使是外行人也可轻易发现。

（1）温度。温度非常重要，并能够影响其他属性，例如加速化学反应、降低气体溶解度、增加味道和气味等。

（2）味道和气味。味道和气味一般源自于水中溶解的有机杂质，例如苯酚和氯酚。它们属于难以测量的主观属性。

（3）色度。即使纯水也并非无色，较大水体呈浅蓝绿色。必须区分溶液中物质的真正颜色和悬浮物质的表观颜色。高地集水区水中的天然黄色源自于有机酸，这些有机酸与茶叶中的单宁酸相似，对人体无害。尽管如此，许多消费者基于美观反对深颜色的水，而某些特定的工业用水则不可以带颜色，例如生产高级美术纸的水。

（4）浊度。液体中存在胶体颗粒时，看起来浑浊，这在美学上缺乏吸引力，并且可能对人体有害。浊度可能是源自于黏土和粉砂颗粒、废污水或工业废物的排放，或者是存在大量微生物。

（5）固体。这些物质可能表现为悬浮态或溶液态，可分为有机物和无机物。总溶解固体（TDS）源自于可溶物质，而悬浮固体（SS）则是离散的颗粒，可通过滤纸过滤水样予以测量。沉降性固体是指在标准沉降程序中使用 1L 容器去除的固体，即以上层清液中悬浮固体和水样中原始悬浮固体之间的差异来确定沉降性固体。

（6）电导率。溶液的电导率取决于溶解盐的量，在稀溶液中，电导率与总溶解固体含量大致成正比，其公式如下所示：

$$K = \frac{电导率(S/m)}{TDS(mg/L)} \tag{2.1}$$

如已知特定水的相应 K 值，便可通过测量电导率来快速测算总溶解固体含量。

（7）放射性。总 β 和 γ 活性测量属于常规的质量检查。天然存在的氡（α 粒子发射体）可能会对地下水造成长期危害。

2.2 化 学 特 性

化学特性在本质上往往比一些物理参数更具有针对性，因此更有利于评估水样的属性。首先我们需要明确一些基本的化学定义。

（1）原子量：元素原子相对于碳同位素^{12}C的重量（质量），也称为"相对原子质量"。

（2）分子量：分子中所有原子的总原子量。

（3）摩尔溶液：1L 溶液中所含溶质的克分子量数（摩尔），用 M 表示。

（4）化合价：一种元素的化合价属性，通过元素中一个原子可以结合或置换的氢原子数量予以衡量。

（5）克当量：与给定量的标准物反应的物质量，其公式如下所示：

$$克当量 = \frac{分子量}{Z} \tag{2.2}$$

对于酸而言，Z 等于可从 1mol 酸获得的 H^+ 的摩尔数；对于碱而言，Z 等于 1mol 碱将与之反应的 H^+ 的摩尔数。（摩尔是以克为单位的分子量。）

（6）当量溶液：1L 溶液中所含溶质的克当量，用 N 表示。

一些重要的化学特性描述如下。

1. pH 值

水样的酸度或碱度以 pH 值表示，pH 值实际上表示水样中的氢离子浓度。

如以下平衡式所示，水只有弱电离：

$$H_2O \Longleftrightarrow H^+ + OH^-$$

因为在平衡状态下，仅存在约 10^{-7} mol 浓度的 H^+ 与 OH^-，所以 [H_2O]（即 H_2O 的浓度）可被视为一个整体。

因此：

$$[H^+][OH^-] = K = 1.01 \times 10^{-14} \text{mol/L}（温度为 25℃） \tag{2.3}$$

因为所有稀释水溶液必须满足这种关系，溶液的酸度或碱度可以通过一个参数——氢离子浓度——予以确定。为方便起见，可以定义为一个函数 pH，公式如下所列：

$$pH = -\log_{10}[H^+] = \log_{10}\frac{1}{[H^+]} \tag{2.4}$$

通过计算获得从 0 到 14 的标度，其中 7 表示中性，低于 7 为酸性，高于 7 为碱性。

许多化学反应受 pH 值控制，生物活性通常被限制在 pH 值为 5～8 这样一个相当狭窄的范围之内。考虑到腐蚀问题和可能的处理难度，高酸度或高碱度水是不受欢迎的。

2. 氧化还原电位（ORP）

在任何有氧化反应的系统中，还原材料和氧化材料之间的比率会不断变化。在这种情况下，将电子从氧化剂转移到还原剂所需的电位约为

$$ORP = E^0 - \frac{0.509}{z}\log_{10}\frac{[产物]}{[反应物]} \tag{2.5}$$

式中：E^0 为细胞氧化电位；z 为反应中的电子数。

根据经验已确定 ORP 值可能对各种氧化反应至关重要。好氧反应显示 ORP 值 > +200mV，厌氧反应发生在 + 50mV 以下。

3. 碱度

碱度是由于水中存在碳酸氢盐（HCO_3^-）、碳酸盐（CO_3^{2-}）或氢氧化物（OH^-）。水中的大部分天然碱度是由于地下水对石灰石或白垩岩作用而产生的 HCO_3^-。

$$\underset{\text{不可溶的}}{CaCO_3} + H_2O + \underset{\text{来自土壤中的有机物}}{CO_2} \longrightarrow \underset{\text{可溶的}}{Ca(HCO_3)_2}$$

碱度对水与废污水非常重要，它可以缓解 pH 值的变化。它通常分为 pH 值高于 8.2 的苛性碱度和 pH 值高于 4.5 的总碱度。即使是 pH 值低至 4.5 的水也可能具有碱度，因为在 pH 值下降到 4.5 之前，HCO_3^- 不会完全被中和。碱度以 $CaCO_3$ 表示（另见 3.2 节）。

4. 酸度

大多数天然水和生活废水可以被 $CO_2:HCO_3$ 环境缓冲。碳酸（H_2CO_3）直到 pH 值达到 8.2 才完全被中和，并且不会将 pH 值降低到 4.5 以下。因此，CO_2 的酸度在 pH 值为 8.2～4.5 的范围；无机酸（工业废料）的 pH 值通常低于 4.5。酸度用 $CaCO_3$ 表示。

5. 硬度

硬度也是水的属性之一，能够抑制肥皂泡的形成，并可在热水系统中产生水垢。这主要是由于金属离子 Ca^{2+} 与 Mg^{2+} 的作用，但 Fe^{2+} 与 Sr^{2+} 也有一定的影响。这些金属通常与 HCO_3^-、SO_4^{2-}、Cl^- 和 NO_3^- 相关联。硬度实际上可能对健康有益（另见第 6 章），但

是硬水也有其经济劣势，比如增加肥皂消耗量和燃料成本。硬度表示为 $CaCO_3$，并可分为两种形式。

（1）碳酸盐硬度：产生于与 HCO_3^- 相关的金属。

（2）非碳酸盐硬度：产生于与 SO_4^{2-}、Cl^-、NO_3^- 相关的金属。

从总硬度中减去碱度，可计算出非碳酸盐硬度。

如果存在高浓度的钠盐和钾盐，则非碳酸盐硬度可能为负值，原因是这种盐可能形成碱度而不产生硬度。

6. 溶解氧（DO）

氧是水质控制中最重要的元素。氧气对于维持更高级的生命形态必不可少，废水对河流的影响在很大程度上取决于体系的氧平衡。但不幸的是，即使在不含氯化物的水中，1个标准大气压（760mmHg 或 1.013bar）下，氧气仅微溶于水，具体见表2.2。

表 2.2 氧 的 溶 解 度

温度/℃	0	10	20	30
溶解氧/(mg/L)	14.6	11.3	9.1	7.6

氧的溶解度会受到氯化物的影响，每 100mg/L 的氯化物在较低温度（5~10℃）下将使饱和溶解氧浓度降低约 0.015mg/L，在较高温度（20~30℃）下降低约 0.008mg/L。在计算饱和溶解氧时，还必须进行气压校正，按实际压力与 760mmHg 标准大气压的比率进行取值。海平面以上的气压每 1000m 海拔下降约 80mmHg。

溶解氧在清洁地表水中通常呈饱和状态，但是这种溶解氧可被有机废物的需氧量迅速消耗。供捕钓的鱼对水体中溶解氧的需求至少要达到 5mg/L，而淡水鱼无法在溶解氧低于 2mg/L 的水体中存活。饱和氧使水具有令人愉快的新鲜味道，而缺乏溶解氧的水淡而无味；如有必要应确保最大限度的溶解氧，可对饮用水充氧。但对锅炉给水来说，溶解氧增加了腐蚀风险，所以并不受欢迎。

7. 需氧量

有机化合物通常不稳定，可通过生物氧化或化学氧化形成稳定、相对惰性的最终产物，例如 CO_2、NO_3、H_2O。通过测量水中有机化合物达到稳定时所需的氧气量，可以获知废水中的有机物含量。测量时，需要用到以下指标：

（1）生化需氧量（BOD）：微生物分解有机物时所需的氧气量。

（2）化学需氧量（COD）：使用沸腾的重铬酸钾和浓硫酸进行化学反应时所需的氧气量。

测定结果往往显示 COD＞BOD，且呈数量级的差别，并且 BOD 与 COD 的比率随着生物氧化的进行而升高。

可以通过专业的焚烧技术或使用水样的紫外吸收特性来测定其有机物含量并表示为总有机碳（TOC）。在这两种情况下均可使用现成的商业工具，但是采购和操作成本相对较高。挥发性有机碳（VOC）和可同化有机碳（AOC）是用于味道和气味控制以及配水系统中生物生长控制的特殊指标。考虑到需氧量因素的重要性，第 6 章将详细介绍这一主题。

8. 氮

氮是一个重要的元素，生物反应只能在氮气充足的环境中进行。在水循环中，氮主要以 4 种形式存在：

（1）有机氮：以蛋白质、氨基酸和尿素形式存在的氮。

（2）氨态（NH_3）氮：氮作为铵盐存在，例如（NH_4）$_2CO_3$，或作为游离氨。

（3）亚硝态（NO_2）氮：存在于中间氧化阶段，一般量不大。

（4）硝态（NO_3）氮：氮的最终氧化产物。

氮化合物的氧化被称为硝化，化学过程为

$$有机氮＋氧气→氨氮＋氧气→亚硝态氮＋氧气→硝态氮$$

氮的还原被称为反硝化，可逆转上述过程：

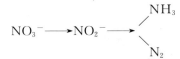

氮以不同形式存在时，其相对浓度可作为水样特性和强度的有用指示。在进行细菌分析之前，通常可通过氮含量来评估水质。例如，如果水中有机氮和氨态氮含量高而亚硝态氮和硝态氮含量低，可表明水体近期受到污染，由此可认定其不安全。另一方面，如果水样中不含有机氮和氨态氮而只含一些硝态氮，则表明水体中的硝化作用已经完成，说明近期未受到污染，由此可认定其相对安全。

9. 氯化物

氯化物是盐酸盐或金属与氯的直接结合。它们是造成水中微咸味道的原因，并且由于尿液中含氯化物，所以它们也是检测水污染的一个指标。氯化物味道的阈值水平为 250～500mg/L，但对于已习惯这种浓度的健康人来说，高达 1500mg/L 的含量也不太可能有害健康。

10. 微量有机物

未净化的水中已经检测到 600 多种有机化合物，其中大部分是人类活动或工业作业的产物。已经发现的物质包括苯、氯酚、雌激素、农药、多环芳烃（PAH）和三卤甲烷（THM）。其浓度通常极低，但即便如此，长期摄入这些物质也可能对健康产生一些影响。

在处理工业废水或其对下水道和水生生物的影响方面，还有许多其他特殊的化学属性也可能很重要，包括重金属、氰化物、油和油脂等。

2.3　生物学特性

生物体在水质控制的许多方面发挥着重要作用，因此评估水的生物学特性往往具有重要意义。鉴于此，第 4 章讨论了水生微生物学和生态学的主题。这里只需指出，饮用水源的细菌学分析通常可实现最灵敏的质量评估。未经处理的污水每毫升含有数百万个细菌，许多有机废水中含有大量细菌，但很少能确定这些细菌的实际数量。污水和有机废水的常规处理方法依赖于微生物稳定有机质的能力，因此在污水处理厂及其流出物中存在大量微生物。由此看来，微生物可以在废水处理中发挥重要作用，有时也在水处理中发挥重要作用，但是它们通常被认为是与饮用水相关的潜在污染和危害的来源。

2.4 典 型 特 性

由于水和废污水的特性存在极大差异，所以给出所谓"标准"水样的规格这一做法并不可取。但列举一些关于水和废污水质量的典型示例也许有所助益。表 2.3 显示了 3 种常见水源的特性，表 2.4 概括了典型污水在不同处理阶段的特性。图 2.1 是废污水成分示意图。

表 2.3 各种水源的典型特性

特 性	来 源		
	高地集水区	低地河流	白垩系含水层
pH 值	6.0	7.5	7.2
总固体含量/(mg/L)	50	400	300
电导率/(μS/cm)	45	700	600
氯化物/(mg/L)	10	50	25
总碱度/(mg/L HCO₃)	20	175	110
总硬度/(mg/L Ca)	10	200	200
色度/°H	70	40	<5
浊度/NTU	5	50	<5
氨态氮/(mg/L)	0.05	0.5	0.05
硝态氮/(mg/L)	0.1	2.0	0.5
DO/%饱和度	100	75	2
BOD/(mg/L)	2	4	2
菌落总数/mL（22℃）	100	30000	10
菌落总数/mL（37℃）	10	5000	5
大肠菌群/100mL	20	20000	5

注 °H 为 Hazen 色度，NTU 为比浊法浊度单位。

表 2.4 典型污水分析 单位：mg/L

特 性	来 源		
	原水	沉后水	最终流出物
BOD	300	175	20
COD	700	400	90
TOC	200	90	30
SS	400	200	30
氨态氮	40	40	5
硝态氮	<1	<1	20

了解水质参数重要性的另一种方法是查阅用来规定水质各种用途的标准和指南。就饮

用水而言，通常做法是使用基于特定参数或参数组重要性评估的指导方针或标准。在这种情况下，将水的成分分成 5 组。

（1）感官参数：其特性是消费者易于观察，但通常并无健康意义；典型示例是色度、悬浮物、味道和气味。准则制定通常基于审美方面的考虑。

（2）自然物理与化学参数：水的固有特性，如 pH 值、电导率、溶解固体、碱度、硬度、溶解氧等。其中部分参数的健康意义可能有限，但总的来说，此准则旨在确保水的化学平衡。

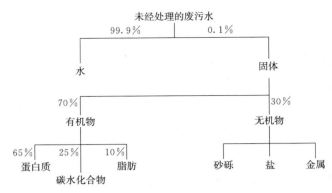

图 2.1　废污水成分

（3）过量的不良物质：包括各种各样的物质，其中一些物质在高浓度下可能直接有害健康，另一些物质可能产生不良味道和气味，还有一些物质本身并无直接危害，但存在污染风险。这些物质包括氯化物、氟化物、铁、锰、硝酸盐、苯酚和总有机碳。这些物质的限制水平基于消费者的接受水平或其相对于其他因素的重要性。

（4）有毒物质：相当多的无机和有机化学物质对人体有毒害作用，其严重程度取决于摄入量、摄入时间以及其他饮食和环境因素。由于饮用水的主要问题是暴露于低水平潜在有毒物质的长期影响，难以在科学基础上设定限值。因此通常采用较大的安全系数。通常认为可能有毒的物质包括砷、氰化物、铅、汞、有机磷、农药、三卤甲烷。

（5）微生物学参数：在世界大部分地区，微生物学参数是决定饮用水安全的最重要参数。饮用水微生物含量标准的基本要求是确保不存在表明水受到人类排泄物污染的细菌。

表 2.5 列举了欧盟关于地表水作为饮用水原水的标准。表 2.6 列明了英国饮用水供应条例，该条例实施了欧盟目前正在审查的关于饮用水的 80/778/EEC 指令的要求。对于 EC 指令仅给出指导水平的参数，英国条例中列出了规定浓度，并要求在英国条例没有设定更严格限制的情况下严格遵守 EC 最大允许浓度 MAC。美国 1974 年《安全饮用水法案》要求美国环境保护局制定全美饮用水质量条例。这些条例为一系列健康相关参数设定了标准和监测要求，它们将在几年内逐步落实。在大多数情况下，这些条例所采用的水平与欧盟和世界卫生组织所采用的水平相似。美国条例还要求强制消毒和过滤——除非证明后者不必要。表 2.7 列举了世界卫生组织关于饮用水质量健康相关参数的准则。表 2.8 详细列出了世界卫生组织所确定的与健康并无具体联系但仍可能引起消费者投诉的参数。世界卫生组织的准则中使用"行动阈值"这一术语，即在特定物质含量超过该阈值时应该调查原因，并酌情采取补救措施。

表 2.5　　　　适用于饮用水取水的地表水质量（指令 76/464/EEC）

处理类型	A1		A2		A3	
参数/(mg/L，另有注明除外)	GL	MAC	GL	MAC	GL	MAC
pH 值（无单位）	6.5~8.5		5.5~9.0		5.5~9.0	
色度	10	20	50	100	50	200
SS	25					
温度/℃	22	25	22	25	22	25
电导率/(μS/cm)	1000		1000		1000	
气味（TON）	3		10		20	
硝酸盐（NO_3）	25	50		50		50
氟化物	0.7~1.0	1.5	0.7~1.7		0.7~1.7	
铁（溶解态）	0.1	0.3	1.0	2.0	1.0	
锰	0.05		0.1		1.0	
铜	0.02	0.05	0.05		1.0	
锌	0.5	3.0	1.0	5.0	1.0	5.0
硼	1.0		1.0		1.0	
砷	0.01	0.05		0.05	0.05	0.1
镉	0.001	0.005	0.001	0.005		0.05
铬（总数）		0.05		0.05		0.05
铅		0.05		0.05		0.05
硒	0.01		0.01		0.01	
汞	0.0005	0.001	0.0005	0.001	0.0005	0.001
钡		0.1		1.0		1.0
氰化物		0.05		0.05		0.05
硫酸盐	150	250	150	250	150	250
氯化物	200		200		200	
MBAS	0.2		0.2		0.5	
磷酸盐（P_2O_5）	0.4		0.7		0.7	
苯酚		0.001	0.001	0.005	0.01	0.1
碳氢化合物		0.05		0.2	0.5	1.0
PAH		0.0002		0.0002		0.001
农药		0.001		0.0025		0.005
COD						30
BOD（ATU）	<3		<5		<7	
DO/%饱和度	>70		>50		>30	
凯氏氮	1		2		3	
铵（NH_4）	0.05		1	1.5	2	4

续表

处理类型	A1		A2		A3	
参数/(mg/L，另有注明除外)	GL	MAC	GL	MAC	GL	MAC
总大肠菌群/100mL	50		5000		50000	
粪大肠菌群/100mL	20		2000		20000	
粪链球菌/100mL	20		1000		10000	
沙门氏菌	5L 中不存在		1L 中不存在			

注　A1 为简单物理处理和消毒；A2 为正常的全面物理和化学消毒处理；A3 为强化的全面物理和化学消毒处理；
GL 为指导水平；MAC 为最大允许浓度；ATU 为烯丙基硫脲；MBAS 为亚甲基蓝活性物质；TON 为气味阈值。MAC 合规性处于 95% 的水平，不合规的 5% 不超过 MAC 水平的 150%。

表 2.6　　　　　英国饮用水供应条例（1989 年）

参　数	最　大　值	参　数	最　大　值
A		锌	5000µg/L
色度	20mg/L Pt/Co 标度	磷	2200µg/L
浊度	4FTU	氟化物	1500µg/L
气味	3 级（25℃稀释数）	银	10µg/L
味道	3 级（25 ℃稀释数）	B	
温度	25℃	砷	50µg/L
氢离子	5.5～9.5（最小）pH 值单位	镉	5µg/L
硫酸盐	250mg/L	氰化物	50µg/L
镁	50mg/L	铬	50µg/L
钠	150mg/L	汞	1 µg/L
钾	12mg/L	镍	50µg/L
干残渣	1500mg/L（180℃）	铅	50µg/L
硝酸盐	50mg/L（NO_3）	锑	10 µg/L
亚硝酸盐	0.1mg/L（NO_2）	硒	10µg/L
铵	0.5mg/L（NH_4）	农药	
凯氏氮	1mg/L	单种残留量	0.1µg/L
高锰酸盐	5mg/L O_2	总残留量	0.5µg/L
总有机碳	没有显著增加	PAH	0.2µg/L
溶解/乳化碳氢化合物	10µg/L	C	
酚类化合物	0.5µg/L	总大肠菌群	0 个/100mL
表面活性剂	200µg/L	粪大肠菌群	0 个/1100mL
铝	200µg/L	粪链球菌	0 个/1100mL
铁	200µg/L	亚硫酸还原梭状芽孢杆菌	<1 个/20mL
锰	50µg/L	菌落总数	在 22℃或 37℃，数量/mL 并无显著增加
铜	3000µg/L		

参　　数	最　大　值	参　　数	最　大　值
D		3，4-苯并芘	$10\mu g/L$
电导率	$1500\mu S/cm$（20℃）	四氯化碳	$3\mu g/L$
氯化物	$400mg/L$	三氯乙烯	$30\mu g/L$
钙	$250mg/L$	四氯乙烯	$10\mu g/L$
三氯甲烷中的可苯取物	$1mg/L$	E（最小值）	
硼	$2000\mu g/L$	总硬度	$60mg/L$（钙）
钡	$1000\mu g/L$	碱度	$30mg/L$（HCO_3）

注　水样中的浓度不应超过 A 至 C 所显示的值，并且 12 个月的平均浓度不应超过 D 所示的值；FTU 为福氏浊度单位。

表 2.7　　　　　　　　**世界卫生组织饮用水水质标准（1993 年）**

参　　数	指导水平/（mg/L，另有注明除外）	备　　注
微生物学		
总大肠菌群/100mL	0	在 12 个月期间，95% 的时间不存在
大肠杆菌	0	
无机物		
锑	0.005	
砷	0.01	
钡	0.7	
硼	0.3	
镉	0.003	
铬	0.05	
铜	2	
氰化物	0.07	
氟化物	1.5	取决于当地条件
铅	0.01	
锰	0.5	
汞	0.001	
钼	0.07	
镍	0.02	
硝酸盐	50	两者合计，浓度与 GL 的比率之和
亚硝酸盐	3	不能超过 1
硒	0.01	
有机物（仅限列明成分）		
四氯化碳	0.002	
二氯甲烷	0.020	

续表

参　数	指导水平/(mg/L，另有注明除外)	备　注
三氯乙烯	0.040	
苯	0.010	
甲苯	0.700	
乙苯	0.300	
丙烯酰胺	0.0005	
次氮基三乙酸	0.200	
三丁基氧化锡	0.002	
农药（仅限列明成分）		
阿特拉津	0.002	
DDT	0.002	
2，4 - D	0.030	
七氯	0.00003	
五氯苯酚	0.009	
氯菊酯	0.020	
西玛津	0.002	
丙酸	0.010	
消毒剂和消毒剂副产品（仅限列明部分）		
一氯胺	3	
二氯胺和三氯胺	5	
溴酸盐	0.025	
亚氯酸盐	0.200	
三溴甲烷	0.100	
三氯甲烷	0.200	
水合氯醛	0.010	
氯化氰	0.070	
放射性成分		
总 α 活度/(Bq/L)	0.1	
总 β 活度/(Bq/L)	1	

表 2.8　饮用水中可能引起消费者投诉的物质和参数（世界卫生组织，1993 年）

参　数	投诉水平/(mg/L，另有注明除外)	原　因
物理		
色度（TCU）	15	外观
浊度（NTU）	5	外观/有效消毒
味道和气味	—	可接受
温度	—	可接受

续表

参 数	投诉水平/(mg/L，另有注明除外)	原 因
无机物		
铝	0.2	沉积/变色
氨	1.5	气味/味道
氯化物	250	味道/腐蚀
铜	1	染色
硫化氢	0.05	气味/味道
铁	0.3	染色
锰	0.1	染色
钠	200	味道
硫酸盐	250	味道/腐蚀
总溶解固体	1000	味道
锌	3	外观/味道
有机物		
甲苯	0.024～0.170	味道/气味（HRGL 0.700）
二甲苯	0.020～1.800	味道/气味（HRGL 0.500）
消毒剂和消毒副产品		
氯	0.6～1.0	味道/气味
邻氯苯酚	0.0001～0.010	味道/气味

注　HRGL 为健康相关指导水平；NTU 为比浊法浊度单位；TCU 为真色度单位。

表 2.9　　　　　沐浴用水质量标准（指令 76/110/EEC）

参数/(mg/L，另有注明除外)	指导限值（90%）	强制限值（95%）
镉	0.0025	0.0025
汞	0.0003	0.0003
溶解氧	80～120%饱和度	
粪大肠菌群/(MPN/100mL)	100	2000
总大肠菌群/(MPN/100mL)	500	10000
沙门氏菌/(MPN/L)		0
粪链球菌/(MPN/100mL)	100	
肠道病毒/(MPN/10L)		0

注　MPN 为最大可能数。

表 2.10　　　　　淡水鱼水质标准（指令 78/110/EEC）

参 数	年平均溶解浓度/(mg/L，另有注明除外)	
	鲑鱼	杂鱼
砷	0.05	0.05
镉	0.005	0.005

续表

参　　数	年平均溶解浓度/(mg/L，另有注明除外)	
	鲑　鱼	杂　鱼
铬	0.005～0.05	0.15～0.25
铜	0.001～0.028	0.001～0.028
铅	0.004～0.02	0.05～0.25
汞	0.001	0.001
镍	0.05～0.2	0.05～0.2
锌	0.01～0.125	0.075～0.5
磷酸盐	65	131
氨（总数）	0.031	0.16
氨（游离态）	0.004	0.004
亚硝酸盐	0.003	0.003
BOD	3	6
残留氯	0.0068	0.0068
pH 值（无单位）	6～9	6～9
温度/℃	21.5	28
悬浮物	25	25

　　水的其他用途也可能受准则或标准约束，表 2.9 列举了一些与沐浴用水质量参数相关
的欧盟指令值。表 2.10 列举了与淡水鱼水质参数相关的欧盟指令值。

拓　展　阅　读

Acheson，M. A. (1990). The Chadwick Centenary Lecture – A review of two centuries of public health. *J. Instn Wat. Envir. Managt*，4，474.

Bailey，R. A. (1991). *An Introduction to River Management*. London：IWEM.

Bailey，R. A. (1997). *An Introduction to Sustainable Development*. London：CIWEM.

Barty – King，H. (1992). *Water – The Book*. London：Quiller Press.

Binnie，G. M. (1981). *Early Victorian Water Engineers*. London：Thomas Telford Ltd.

Binnie，G. M. (1987). *Early Dam Builders in Britain*. London：Thomas Telford Ltd.

Bramley，M. (1997). Future issues in environmental protection：A European perspective. *J. C. lnstn Wat. Envir. Managt*，11，79.

Clarke，K. E. (1994). Sustainability and the water and environmental manager. *J. Instn Wat. Envir. Managt*，8，1.

Cook，J. (1989). *Dirty Water*. London：Unwin Hyman.

Department of the Environment (1992). *This Common Inheritance – The Second Year Report*. London：HMSO.

Department of the Environment (1994). *Sustainable Development – The UK Strategy*. London：HMSO.

Hall，C. (1989). *Running Water*. London：Robertson McCarta.

Hartley，Sir Harold (1955). The engineer's contribution to the conservation of natural resources. *Proc. In-*

stn Civ. Engnrs, 4, 692.

Isaac, P. C. G. (1980). Roman public health engineering. *Proc. Instn Civ. Engnrs*, 68 (1), 215.

Kinnersley, D. (1988). *Troubled Waters: Rivers, Politics and Pollution*. London: Hilary Shipman.

Kinnersley, D. (1994). *Coming Clean*. London: Penguin.

Latham, B. (1995). *An Introduction to Water Supply in the UK*. London: CIWEM.

National Rivers Authority (1994). Water – Nature's Precious Resource. Bristol: NRA.

Nicholson, N. (1993). *An Introduction to Drinking Water Quality*. London: CIWEM.

Overseas Development Administration (1996). *Water for Life*. London: ODA.

Price, M. (1996). *Introducing Groundwater*, 2nd edn. London: Chapman and Hall.

Rodda, J. C. (1995). Guessing or assessing the World's water resources. *J. C. Instn Wat. Envir. Managt*, 9, 360.

Shaw, Elizabeth, M. (1990). *Hydrology in Practice*, 2nd edn. London: Chapman and Hall.

Twort, A. C. (1990). *Binnie and Partners: A Short History to* 1990. Redhill: Binnie and Partners.

Wilson, E. M. (1990). *Engineering Hydrology*, 4th edn. London: Macmillan.

World Commission on Environment and Development (1987). *Our Common Future*. Oxford: Oxford University Press.

Wright, L. (1960). *Clean and Decent*. London: Routledge and Kegan Paul.

第 3 章

采 样 和 分 析

为了准确表示水或废水的成分和性质，首先必须确保水样能够真正代表水源。在满足这一条件的基础上，还有必要采用水和废水分析专用的标准方法执行适当的分析程序。

3.1 采　　样

如果水源质量均一，那么采集代表性水样几乎没有问题，只需单一的简单采样即可。如果仅仅是为了通过抽检来判断水源是否符合特定的限制要求，那么简单采样法也适用。然而，大多数原水和废污水在质与量方面都存在很大差异，所以简单采样法对于了解水源性质的意义不大。图 3.1 所示的典型下水道流量和流速变化恰恰说明了这一点。就这种情形而言，要想对水源做出准确的评估，必须使用混合水样，即在整个周期内以特定的时间间隔采集单独水样并同时测量流量，然后根据流量将相应的单独水样按比例混合，即可得到综合的混合水样。溪流和河流的采样往往也需要与此类似的程序，如果河道断面比较大，可能还需要在整个断面的不同深度设置多个采样点。采集混合水样时，可以借助多种自动装置。这些装置有的以时间为采样节点，有的则根据流量按比例采样。相比之下，工

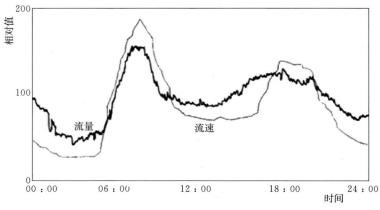

图 3.1　旱季典型下水道流量和流速变化

业废水的采样难度甚至会更大，因为水流往往是间歇性的。这种情况下，一定要充分了解那些产生废水的工艺的性质，以便制定合适的采样方案，才能了解废水的真实情况。

在设计采样方案时，必须明确检测的目的，比如：估算最大或平均浓度，检测变化或趋势，估算百分位数或为工业排污费提供依据。此外还必须明确"结果不确定性"的极限水平，而且一切设计都要从可用于采样和分析的水源出发。举例来说，如果将"结果不确定性"降低几个百分点，则可能需要将样本量翻倍，这会造成检测成本的浪费。因此一定要根据预期目的来设定切合实际的"结果不确定性"水平。理想情况下，所有的分析工作都应该在采样后立即执行。当然，越快完成分析，分析结果就越能真实地反映现场水体的实际性质。由于水样可能存在一些不稳定的特性，如溶解气体、氧化性或还原性等，必须在采样处就地开展分析工作，或者必须对样品进行适当的处理以保持不稳定成分的浓度。低温（4℃）保存有助于延缓水样成分的变化，另外注意避光。要想避免重大误差，水样污染越严重，采样和分析工作之间的时间间隔就应该越短。

3.2 分 析 方 法

由于具有溶剂性质，水中可能含有存在于环境中的数千种无机和有机物质中的一种或多种。其中一些物质是天然存在的，但还有许多是人类活动的结果。不过，大多数物质的浓度都非常低。这样一来，尽管大多数测定都基于相对简单的分析方法，但这些方法往往需要根据低浓度杂质定量分析的有关具体需求进行调整。就某些情况而言，相较于测定单独某种杂质，采用"总括式"测定方法测量同类物质的整体浓度可能更加方便。此方法的一个典型应用便是测定废水中的有机物。测定时，只需测量水中这些物质被氧化的需氧量，然后根据耗氧量即可衡量废污水的污染浓度或污染潜力。

物理和化学分析要借助一系列的重量分析、体积分析和比色分析技术，也可以采用感测电极和专门的仪器分析法。样本吞吐量大的实验室越来越多地使用自动化技术，而针对重要质量参数的远程监测也可以成为抗击水污染的重要武器。由于需要确定微小浓度下的某些参数，所以精密分析仪器的使用越来越普遍，特别是在测定痕量有机物时。水样的微生物参数分析需要使用特定的程序，具体将在第4章中介绍。

在考虑分析方法时，一定要先明确准确度和精密度之间的差别。"准确度"用来衡量检测结果与真实值的接近程度，而"精密度"用来衡量样本再分析中的结果再现性。精密方法可能会得出不准确的结果，而利用精密度欠佳的方法反复分析同一样本也有可能得出相当准确的结果。分析方法和仪器厂商一般都会标明准确度和精密度。标注的数值往往需要在理想条件下才能达到，在常规操作条件下不一定能够实现。

1. 重量分析法

此分析方法需要先通过蒸发、过滤或沉淀程序获取水样中的固体，然后对固体进行称重。由于它所涉及的重量非常小，所以需要使用精密度为0.0001g的天平，并且要用干燥箱来去除样本中的全部水分。因此，重量分析法不适合现场检测。它的用途如下：

（1）测定总固体和挥发性固体：将已知体积的样本置于已知重量的镍盘中，于103℃（废水）或180℃（饮用水）水浴上蒸发至干燥，然后称重，镍盘增加的重量即为总固体量；之后将镍盘置于 500℃ 温度中灼烧，减少的重量即为挥发性固体量。

（2）测定固体悬浮物（SS）：真空条件下，将已知体积的样本通过已知重量的 $0.45\mu m$ 或 $1.2\mu m$ 孔径玻璃纤维滤纸（Whatman GF/C）过滤，然后将滤纸置于 103℃ 条件下干燥，其增加的重量即为总 SS 量，置于 500℃ 条件下灼烧后减少的重量即为挥发性 SS 量。

（3）测定硫酸盐：如果浓度高于 10mg/L，可以通过添加氯化钡后沉淀硫酸钡的方法来测定硫酸盐含量。测定时，需将沉淀物从样本中滤出，干燥后称重。

2. 体积分析法

通过体积分析法可以快速准确地完成多项水质控制测定。使用此方法时，需要测量已知浓度的液体试剂的体积。体积分析法的需求比较简单，如下所述。

（1）移液管：用于将已知体积的样本转移至锥形瓶中。

（2）合适试剂的标准液。为方便起见，标准液的浓度一般需要保证 1mL 标准液与 1mg 分析物在化学上等值。

（3）反应终点指示剂（仪）。有多种指示剂（仪）可以使用，比如电测指示仪、酸碱指示剂、沉淀指示剂、吸附指示剂和氧化还原指示剂。

（4）滴定管：用于准确测量达到终点所需的标准液的体积。

碱度和酸度的测定采用的就是体积分析法。只有强酸和强碱的中和反应才会以 pH 值等于 7 为终点；其他滴定组合的终点为 pH 值等于 8.2 或 pH 值等于 4.5。测定酸度和碱度所用的指示剂一般为酚酞（pH 值高于 8.2 时呈粉红色，pH 值低于 8.2 时无色）和消色甲基橙（pH 值高于 4.5 时呈绿色，pH 值低于 4.5 时呈紫色）。为了在酸碱滴定中实现最准确的测定，可以使用 pH 值计直接测定滴定终点。使用 0.02 N 标准液测定碱度、酸度和硬度时，1mL 滴定溶液含有 1mg $CaCO_3$，所有参数都据此换算后表达。

体积分析法可用于测定水样中碱度的具体存在形式。OH^- 离子的中和在 pH 值等于 8.2 时即完成，而 CO_3^{2-} 离子的中和在 pH 值等于 8.2 时才完成一半，完全中和则需要 pH 值等于 4.5。

$$CO_3^{2-} + H^+ \rightarrow HCO_3^- + H^+ \longrightarrow H_2CO_3$$

如果假设 HCO_3^- 离子和 OH^- 离子不能共存，那么滴定结果可反映碱度的组成。但这并非完全正确。对于需要准确测量的工作，必须做出更加周密的考虑。图 3.2 表明存在以下可能。

（1）OH^- 离子单独存在的情况下，初始 pH 值约为 10。这种情形下：

$$OH^- 碱度 = 苛性碱度 = 总碱度$$

（2）CO_3^{2-} 离子单独存在的情况下，初始 pH 值约为 9.5。所以：

$$CO_3^{2-} 碱度 = 2 \times 苛性碱度 = 总碱度$$

（3）OH^- 离子和 CO_3^{2-} 离子同时存在的情况下，初始 pH 值约为 10 左右。所以：

$$CO_3^{2-} 碱度 = 从 pH 值等于 8.2 滴定至 pH 值等于 4.5$$

$$OH^- 碱度 = 总碱度 - CO_3^{2-} 碱度$$

（4）CO_3^{2-} 离子和 HCO_3^- 离子同时存在的情况下，初始 pH 值大于 8.2 且小于 10.5。所以：

$$CO_3^{2-}碱度 = 2 \times 苛性碱度$$

$$HCO_3^-碱度 = 总碱度 - CO_3^-碱度$$

（5）HCO_3^-离子单独存在的情况下，初始 pH 值小于 8.2。所以：

$$HCO_3^-碱度 = 总碱度$$

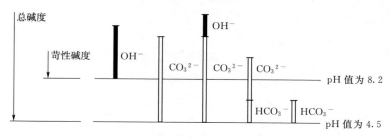

图 3.2　碱度的形式

3. 碱度测定的案例

使用 0.02N 酸（1mL＝1mg 碳酸钙）测定碱度，100mL 水样的测定结果如下所示。

滴定至 pH 值为 8.2　　　　14.5mL 酸

滴定至 pH 值为 4.5　　　　22.5mL 酸（总共）

苛性碱度 ＝ 14.5 × 1000/100 ＝ 145（mg/L）

总碱度 ＝ 22.5 × 1000/100 ＝ 225（mg/L）

滴定至 pH 值为 8.2 ＝ 2 × 从 pH 值为 8.2 滴定至 pH 值减小至 4.5

　　（14.5）　　　　　　　　　　（22.5 － 14.5）

由图 3.2 可知，该水样的碱度是由 OH^-离子和 CO_3^{2-}离子所产生的：

$$CO_3^{2-} = 2 \times (225 - 145) = 160（mg/L）$$

$$OH^- = 145 - 160/2 = 65（mg/L）$$

体积分析法还常用于测定氯化物（硝酸银与铬酸钾沉淀指示剂），有温克勒法溶解氧测定（硫代硫酸钠与淀粉吸附指示剂）和化学需氧量测定（硫酸亚铁铵与铁蛋白氧化还原电位指示剂）。

4. 比色分析法

处理低浓度水样时，比色分析法往往特别合适，并且水质控制工作中的许多种测定都可以通过此分析法快速轻松地完成。

为了达到定量测定的目的，比色分析法必须基于形成具有稳定颜色的完全可溶的产物。有色溶液必须符合以下关系：

比尔定律：吸光度随着吸光溶液浓度的增加呈指数增加。

朗伯定律：吸光度随光路长度的增加呈指数增加。

这些定律适用于所有均质溶液，并且可以合并，如下：

$$OD = \frac{I_0}{I} = abc \tag{3.1}$$

式中：OD 为光密度；I_0 为入射光的光强；I 为出射光的光强；a 为特定溶液的恒定特征；b 为溶液中光路的长度；c 为溶液中吸光物质的浓度。

测量颜色的方法有多种：

（1）目视检查。

1）比色管（纳氏比色管）。制备一系列浓度的分析物标准液，并添加合适的试剂。采用同样方法处理未知样品，置白色背景上，自上向下透视溶液，将之与标准液进行匹配。由于标准液会褪色，所以需要每隔一段时间重新制备，因此非常耗时。

2）色盘。这种方法所用的"标准液"其实是一系列合适的有色玻璃滤色片。检查时，需要透过这些滤色片观察标准深度的蒸馏水或不含成色试剂的样品。样品须置于与纳氏比色管类似的试管中，与色盘进行比较，然后选出颜色最匹配的一个。

这两种方法都在一定程度上依赖于主观判断，所以不同检测员检测的再现性可能不太好。色盘法非常便于现场使用，并且有多种色盘和预装试剂可用。

（2）仪器分析法。

1）吸收光度计或色度计。这种类型的仪器带有玻璃样品池。使用时，利用低压灯产生光束，透射样品池，经由样品池射出的光由光电池检测，并利用仪表显示光电池的输出。此系统通过在光路中插入与溶液颜色互补的滤色片来增强灵敏度，并且可以通过使用不同长度的样品池来扩大测量范围。

2）分光光度计。这种类型的仪器更加精确。其基本原理与吸收光度计相同，不同点在于它采用棱镜来提供所需波长的单色光，所以灵敏度更高。在更加昂贵的仪器上，还可以在红外光区、紫外光区和可见光波段中进行测量。

以上两种类型的仪器首先都利用不含最后成色试剂的空白溶液来设定光密度零点，然后将经过处理的样品置于光路中，测量光密度。采用仪器分析法时，必须通过测定一系列已知标准液的光密度来建立校准曲线。建立校准曲线需要使用最适波长，具体可通过分析参考书籍或实验来确定。无论采用何种形式的比色分析，都必须确保溶液在测量前已经达到完全显色状态并且已经去除一切悬浮物。悬浮物会阻碍光在样品溶液中的传播，从而降低测定方法的灵敏度。除非空白溶液中的悬浮物浓度与样品溶液的完全一致，否则样品溶液中的悬浮物会导致测定结果错误。

样品浊度通常采用比浊法测定。比浊法是一种光电技术，用于测量胶体颗粒对光的散射。

5. 电极法

很多年以来，利用电极法测量 pH 值和氧化还原电位（ORP）等参数的方法得到了广泛使用，而这类电极的有关技术也随之发展得相当成熟。此方法利用玻璃电极产生的电势来测量 pH 值。玻璃电极由特别敏感的玻璃区域和酸性电解液组成，与标准甘汞参比电极配合使用。pH 电极的输出端经由放大器连接至仪表或数字显示器上。pH 值电极品种多样，包括组合式玻璃与参比电极以及适合现场使用的特殊坚固电极。测量 ORP 使用的是氧化还原电位测试探头，其铂电极与甘汞参比电极结合使用。

随着近期电极技术的发展，更多新型电极已经诞生，其中一些在水质控制工作中非常有用。这些新型电极中，最有用的大概就是氧电极了。溶解氧（DO）电极的配置多种多样，包括铅/银、碳/银或金/银电池，采用聚乙烯薄膜包裹。由于氧气可以透过聚乙烯，所以水样中的氧气会进入电池，影响电池的电输出。并且这种影响与氧气浓度成比例。可用于测定工作的离子电极的选择性越来越多，比如 NH_4^+、NO_3^-、Ca^{2+}、Na^+、Cl^-、

Br^-、F^-等。这类电极可以快速检出非常低的浓度，但比较昂贵。灵敏感测表面因生物滋长而受污染以及校准漂移是电极传感器操作上面临的主要问题。

3.3 自动分析、远程监测和传感

近十年来，分析设施在中心实验室日趋集中，许多最初开发这类技术的医学研究领域如此，水务行业亦是如此。中心实验室每年可处理数十万个样本，其发展得益于可靠的自动分析系统。只要将样本加载到自动分析系统中，便可以对样品进行一系列的测定，而无需担心人为干扰。测定结果将记录在计算机上，并按需存档或生成报告。许多自动分析系统都采用比色分析技术。离散样本由自动进样器送入试剂添加和显色单元，然后进入分光光度计流通池中。在自动原子吸收分光光度计中，原子受火焰或电弧激发，产生特殊的发射谱。这类仪器能够检出低至 $1\mu g$ 甚至更低浓度的单种金属。某些分析中，可以使用 X 射线荧光光谱来提高灵敏度或分别测定混合物中的各种金属。色谱法广泛用于检测和鉴定单个有机化合物。它利用有机化合物的差异吸收原理来区分混合物中的各个组分。气液色谱法通过加热使挥发性物质释放，特别适合测定水中的痕量有机物。饮用水标准要求对有机物进行低至 ng/L 级别的定量测定，这种情况下，气液色谱法可以与质谱法联合使用。此方法将分子转化为离子，然后通过质荷比进行分离，这样便可以识别和量化原子与同位素，从而对样品进行全面的化学分析。前文所述的高科技分析仪器一般需要受控环境才能保证可靠运行，并且还需要熟练的操作员和维护员。

在污染控制工作中，往往需要现场测定重要的质量参数，而且这类测定通常要在偏远的恶劣环境中进行。这就要求所用的仪器设备能够长时间运行而无需维护，当然，常规的清洁和校准除外。这种情况下，探头或电极传感器的优势是显而易见的，并且仪器厂商和用户已经进行了许多开发工作。研发可靠的仪器并非易事，所幸这类仪器已经可供使用。英国国家河流管理局开发了一种自动监测装置，配有可自动清洗式探头，可连续记录溶解氧、氨、pH 值、温度和流量等数据。这些数据被传送到控制中心，由控制中心进行遥测，一旦数值超出预设水平，即自动启动离散采样器，从而提供样本以供进一步调查和适时采取法律措施。要想远程监测水中可能存在的所有污染物，是不太可能实现的。然而，就原水供应而言，自动监测潜在有毒物质并自动预警是非常有必要的。目前已有许多用于保护饮用水供应的装置。使用时，使水流经这类装置的试验箱，以检测有毒物质对箱内生物的代谢或行为的影响。硝化细菌对许多有毒物质敏感，如果暴露在这些有毒物质中，它们可能会停止将水中的氨转化为硝酸盐。这时，放置在含有硝化细菌的小柱子出口处的氨电极便会迅速反映出硝化细菌活性的降低。同理，鱼的呼吸速率或某些物种的电荷变化可以及时反映水中有害物质所引起的变化。需要指出的是，这类预警只能表明水已经受到污染，而无法识别具体的污染物。得到预警后，应采取预防措施，并且必须通过合适的分析方法来进一步确定引起污染的物质。

传统电极和探头的主要问题在于，由于其被放置于水或废污水中，因此不仅易于结垢和受损，也同样可能改变测量区域内的污染物的实际分布。如此形势之下，"非侵入式传感器"开始受到关注。目前已经诞生了一种非侵入式的浊度监测器，它利用来自下落水流的光散射作为测量技术。来自卫星传感器的图像似乎有可能在某些水质监测工作中发挥作用，特别是当这些传感器的地面分辨率得到进一步提高时。目前，卫星图像已被用于为流域建模和污染排放检测等工作提供土地利用数据。如果对图像进行一系列的光谱分析，还能够明确某些水体的特殊性质。比如，这类图像已经用于监测大型水库中的藻华现象。目前，我们已经能够利用非侵入式超声波束来监测河流和明渠的流量。相信在不久的将来，我们可以利用激光束的反射和散射来获取水和废污水的有关信息。

拓 展 阅 读

Bartram, J. and Ballance, R. (1996). *Water Quality Monitoring*. London: E & F. N. Spon.

Briggs, R. and Grattan, K. T. V. (1990). The measurement and sensing of water quality: a review. *Trans. Inst. Meas. Control*, 12, 65.

Ellis, J. C. and Lacey, R. F. (1980). Sampling: defining the task and planning the scheme. *Wat. Pollut. Control*, 79, 452.

Finch, J., Reid, A. and Roberts, G. (1989). The application of remote sensing to estimate land cover for urban drainage catchment modelling. *J. Instn Wat. Envir. Managt*, 3, 551.

Garry, J. A., Moore, C. J. and Hooper, B. D. (1981). Sewage treatment effluent sampling—have our means any meaning? *Wat. Pollut. Control*, 80, 481.

Hey, A. E. (1980). Continuous monitoring for sewage – treatment processes. *Wat. Pollut. Control*, 79, 477.

Hinge, D. C. (1980). Experiences in the continuous monitoring of river water quality. J. *Inst. Wat. Engnrs Scientists*, 34, 546.

Hutton, L. G. (1983). *Field Testing of Water in Developing Countries*, Medmenham: Water Research Centre.

Ives, K. J. (1987). Sensing quality without touch. *Water Quality Intnl*, 4 (4), 30.

Morley, P. J. and Cope, J. (1980). Water quality monitoring. In *Developments in Water Treatment*, Vol. 2 (W. M. Lewis, ed.), p. 189. London: Applied Science Publishers Ltd.

Redfern, H. and Williams, R. G. (1996). Remote sensing: Latest developments and uses. *J. C. Instn Wat. Envir. Managt*, 10, 423.

Schofleld, T. (1980). Sampling of water and wastewater: practical aspects of sample collection. *Wat. Pollut. Control*, 79, 477.

Shellens, M. and Edwards, Z. (1987). Optimization of sampling resources. *J. Instn Wat. Envir. Managt*, 1, 297.

标 准 分 析 方 法

American Public Health Association (1995). *Standard Methods for the Examination of Water and Wastewater*, 19th edn. New York: APHA.

British Standards Institution (various dates). *Water Quality Determinations* (Separate booklets for individual determinations). London: BSI.

Department of the Environment (various dates). *Methods for the Examination of Waters and Associated Materials* (Separate booklets for individual determinations). London: HMSO.

习　　题

1. 在 100mL 河水样本的总固体量测定中，得到以下结果：

   灼烧后空碟的重量   56.3125g

   干燥后样本＋碟的重量 56.3825g

   灼烧后样本＋碟的重量 56.3750g

请确定水中的总固体量和挥发性固体量，以 mg/L 为单位。（700，75）

2. 用 0.02N 酸滴定 50mL 地下水样本，得到以下结果：

   滴定至 pH 值为 8.2 时酸的消耗量 6.1mL

   滴定至 pH 值为 4.5 时酸的消耗量 15.3mL

请确定总碱度和苛性碱度，并确定碱度的存在形式。（428mg/L，122mg/L；CO_3^{2-} 244mg/L，HCO_3^- 184mg/L）

第 4 章

水生微生物学与生态学

大多数天然水体的一个特征是它们含有多种微生物并且这些微生物之间形成平衡的生态系统。水中各种微生物的类型和数量与水质及其他环境因素有关。在有机废水的处理中，微生物发挥着重要作用。总体上，水和废污水中的微生物大多对人体无害。但是也有许多微生物是造成各种疾病的原因，它们在水中的存在会导致严重的健康风险。因此，我们有必要了解微生物学的基本原理，从而了解微生物在水质控制中的作用。

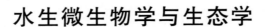

4.1 代 谢 类 型

事实上，所有微生物都需要在潮湿的环境才能活跃生长。但除了这一个共同特征，它们的代谢方式可以分为许多不同的类型。我们可以根据生物体是否需要外部有机物来进行基本分类。

自养生物能够利用无机物来合成其需要的有机物，因此其生长不必借助于外部有机物。实现"自养"的方式有两种。其一是光合作用，许多植物利用无机碳和紫外线照射产生有机物并释放氧气：

$$6CO_2 + 6H_2O \xrightarrow{\text{光照}} C_6H_{12}O_6 + 6O_2$$

其二是化学合成，利用无机化合物的化学能为合成有机物提供能量：

$$2NH_3 + 3O_2 \longrightarrow 2HNO_2 + 2H_2O + 能量$$

异养生物需要从外部获取有机物，主要分为以下 3 种类型：

（1）腐物型。直接从周围环境或通过细胞外消化不溶性化合物来获得可溶性有机物。下至简单的有机碳化合物，上至多种复杂的碳和氮化合物以及其他生长因子，都可以是其养料。

（2）吞噬型。又称"动物式营养型"，可以利用固体有机颗粒来补充自身的有机质。

（3）寄生型。从其他生物体的组织中获取有机物，因此是寄生型。

生物体对氧气的需求不同：好氧生物需要游离氧气，而厌氧生物存在于没有游离氧气的环境中。兼性生物则偏好一种形式的氧气环境，但在另一种形式的氧气环境中也能存活。从温度需求的角度来划分，生物体主要可以分为 3 种：嗜冷生物，生活在接近 0℃ 的环境中；嗜温生物，也是迄今为止最常见的，生活在 $15\sim40℃$ 的环境中；嗜热生物，生活在 $50\sim70℃$ 的环境中。实际上，这些温度范围之间存在一定程度的重叠，因此我们会看到，有些生物在 $0\sim70℃$ 之间的任何温度下都能活跃地生长。

4.2 命 名 法

生物学中使用的命名法在外行人看来似乎非常复杂，但由于生物的多样性，此命名法非常必要。特定类型的生物体采用特定名称来表示，类似的物种又被统一赋予通用的名称，例如：副伤寒沙门氏菌（salmonella paratyphi）是沙门氏菌属（salmonella）的一员，是专门引起副伤寒的细菌；痢疾阿米巴（entamoeba histolytica）是引起阿米巴痢疾的阿米巴原生动物。

漂流的水生微生物如果是植物来源，则统称为"浮游植物"，如果是动物来源，则统称为"浮游动物"。自由浮游式团体称为"自游生物"，其中在水面浮游的称为"漂浮生物"，而在水底生活的则称为"水底生物"。

4.3 微 生 物 类 型

根据定义，微生物是那些肉眼看不到的生物，而且这一类别中有大量的水生生物。就高等生物而言，我们可以很容易地将其辨认为植物或者动物。植物具有刚性的细胞壁，能够进行光合作用并且不能独立移动。而动物有柔软的细胞膜，需要进食有机物并且能够独立移动。然而，这个区分标准难以应用于微生物，这是因为微生物的细胞结构简单。按照惯例，所有微生物统称为"原生生物"。原生生物本身可分为原核生物和真核生物两种类型。原核生物较小（$<5\mu m$），细胞结构简单，具有基本核和一条染色体，一般通过二分裂法来繁殖。细菌、放线菌和蓝绿藻都属于原核生物。相比之下，真核生物较大（$>20\mu m$），结构较复杂，含有许多染色体，可进行无性繁殖或有性繁殖，并且可能具有非常复杂的生命周期。真核生物包括真菌、大多数藻类和原生动物。

除此之外，还有另一类微生物，即病毒。病毒与以上几种分类都不匹配，因此需要单独研究。

1. 病毒

病毒是生物体的最基本形式，大小为 $0.01\sim0.3\mu m$，基本上由核酸和蛋白质构成。病毒都是寄生的，无法在生物体外生长。无论是从宿主还是从其引发的疾病来看，病毒都是具有高度特异性的。人类病毒性疾病包括天花、传染性肝炎、黄热病、脊髓灰质炎和各种胃肠疾病。由于病毒离开合适的宿主便无法生长，所以它们介于有生命物质和无生命化学物质之间。病毒的识别和计数需要借助特殊的设备和技术。污水中通常含有大量病毒，这些病毒也存在于大多数受到污染的地表水中。由于病毒体积小，所以常规的水处理不一定能去除病毒。不过通常的消毒处理往往可以使病毒失活。

2. 细菌

细菌是以可溶性养料为食的单细胞生物，可以是自养生物，也可以是异养生物。细菌

的大小为 $0.5\sim5\mu m$，基本特征如图 4.1 所示。细菌通过二分裂法进行繁殖，某些品种的细菌在有利条件下的传代时间可短至 20min。有些细菌可以形成抗性孢子，从而在不合适的环境中保持长时间休眠，一旦遇到合适环境，即可重新恢复活力。大多数细菌偏爱大致中性的 pH 值，但也有一些品种的细菌可存在于高酸性或高碱性环境中。细菌在自然稳定过程中起着至关重要的作用，并被广泛用于有机废水的处理。目前已知的细菌大约有 1500 种，分类依据可以是细胞大小、形状和结群方式，菌落特征，染色行为，生长条件，运动性，特定化学反应等等。细菌可分为好氧、厌氧和兼性好/厌氧等几种。大多数细菌对环境无害，甚至有益，但也有一些种类的细菌会导致人或其他动物感染，比如，许多胃肠道疾病就是由水或食物中的细菌污染引起的。

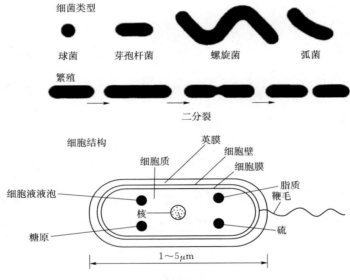

图 4.1　细菌的基本特征

3. 真菌

真菌是好氧多细胞生物，对酸性条件和干燥环境的耐受力比细菌更强。它们与进行化学合成反应的细菌所用的养料大致相同，但由于真菌的蛋白质含量略低于细菌，所以对氮的需求量较低。养料摄取量相同时，真菌形成的细胞物质远远少于细菌。真菌能够降解高度复杂的有机化合物，有些还会对人体致病。目前存在的真菌有 10 万多种，它们通常具有由分枝式线状菌丝形成的复杂结构（图 4.2）。真菌有四或五个不同的生命阶段，通过无性孢子或种子繁殖。真菌存在于污水和生物处理设备中，尤其是 C∶N（碳氮比）较高的条件下，它们会使水中产生味道和气味。

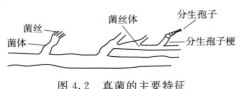

图 4.2　真菌的主要特征

4. 放线菌

放线菌在外观上与真菌类似，具有丝状结构，但细胞大小接近细菌。几乎所有放线菌都是好氧的，它们广泛存在于土壤和水中。水中的放线菌会导致味道和气味问题，所以放线菌对于水质来说也很重要。

5. 藻类

藻类都是可以进行光合作用的植物，大多都是多细胞结构，但也有一些是单细胞结构。大多数淡水藻类利用叶绿素进行光合作用，它们是水生环境中有机物的主要生产者。藻类以无机化合物如二氧化碳、氨、硝酸盐和磷酸盐作为养料来源，合成新细胞和产生氧气。没有阳光时，藻类会进入化学合成模式，消耗氧气。所以在含有藻类的水中，DO 水平会有昼夜变化：白天溶解氧可能会过饱和，夜间氧气则会出现显著耗竭。淡水中存在大量藻类，并且有许多种分类体系。藻类可能是绿色、蓝绿色、棕色或黄色，具体取决于特定颜料的比例。一些藻类是单细胞结构，可借助鞭毛运动或者不能运动，另一些则是多细胞丝状形态（图 4.3）。

存在于同一溶液中的藻类和细菌不会竞争养料，而是形成共生关系（图 4.4）。其中，藻类利用细菌分解有机物所产生的最终产物来生产氧气，维持有氧系统。在没有有机物的情况下，藻类生长取决于水中的矿物质含量。因此在硬水中藻类从碳酸氢盐中获得 CO_2，从而导致水的硬度降低、pH 值升高，有时甚至达到很高水平。因为藻类大多可以固定大气中的氮，所以能够对水产生重要影响，特别是对于含有营养物质的静水或缓慢流

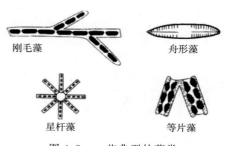

图 4.3 一些典型的藻类

刚毛藻　　舟形藻　　星杆藻　　等片藻

动的水体而言，而其中的磷通常是一个关键因素。许多藻类在一年中的某些时候都会引起味道和气味问题，这在公共供水水源中十分棘手。

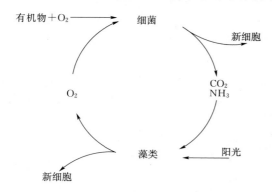

图 4.4 细菌和藻类的共生关系

蓝绿藻能够在磷酸盐浓度相当低的浅水湖泊中大量生长。这些藻类会释放毒素，如果农场和家畜使用或饮用了含有大量此种藻类的水，可能会受到致命的影响。含有藻毒素的水还会对人的皮肤造成刺激，饮用后还可能会导致胃肠疾病。随着水上娱乐活动的日益流行，监测和控制蓝绿藻越来越有必要，包括微囊藻、水花束丝藻、鱼腥藻和颤藻。

6. 原生动物

原生动物是长度为 $10 \sim 100 \mu m$ 的单细胞生物，通过二分裂繁殖。原生动物大多是好氧的异养生物，通常以细菌细胞作为主要食物来源。它们无法合成生长所必需的所有因子，因此需要依靠细菌来获取养分。原生动物广泛存在于土壤和水体中，有时可能在废弃物生物处理过程中发挥重要作用。

原生动物主要分为四种类型（图 4.5）：根足虫类——具有可变形的柔性细胞结构，通过挤压伪足（假足）运动；鞭毛虫——利用鞭毛运动；纤毛虫——通过纤毛（毛发状的触须）运动和捕食，可以自由浮游；孢子虫——不能运动的产孢寄生生物，在水中尚未发

现。在水中发现的一些致病原生动物（贾第虫和隐孢子虫）能够形成对常见消毒剂具有高度抗性的孢子或孢囊，因此即使在温带发达国家也可能形成饮水传染源。

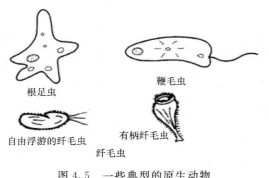

图 4.5　一些典型的原生动物

根足虫

鞭毛虫

自由浮游的纤毛虫

有柄纤毛虫

纤毛虫

7. 更高级的生命形式

天然水中不仅存在微生物，还存在着一些复杂的大型生物体，其中许多是肉眼可见的。水中的大型生物体包括轮虫和甲壳动物。前者是身体弯曲、利用头部纤毛捕食和运动的多细胞动物，后者则是硬壳多细胞动物。这两类大型生物体都是鱼类的重要食物来源，并且由于它们对多种污染物和低溶解氧水平敏感，所以一般只存在于优质水体中。蠕虫和昆虫幼虫等大型无脊椎动物是可以用来评估水质的生物指标。它们还可能存在于一些生物处理过程中。在这些过程中，它们可以代谢那些不易被其他生物分解的复杂有机物。

4.4　微生物检测

微生物体积微小，所以肉眼观察不到。对于一些较简单的微生物，单凭其外貌特征还不足以辨别其类型。就细菌来说，我们需要借助其生化或代谢特征来辨别其种类。活标本基本没有颜色，难以从液体背景中凸显出来，所以不易于观察。某些情况下可以使用染色的死标本，但染色和固定技术本身可能会改变一些细胞特征。

光学显微镜的最高放大倍数约为 1000 倍，分辨率极限约为 $0.2\mu m$。所以，利用光学显微镜只能观察到有限的细菌细胞的结构细节，基本是看不到病毒的。要想实现更细致的检查，需要使用电子显微镜。它的放大倍率高达 5 万倍，分辨率极限约为 0.01nm。

要想判断微生物是否能够运动，需要对活标本进行研究，而这只能在光学显微镜下才能进行。这种情况下，必须使用悬滴玻片，而且必须区分布朗运动和真正的微生物运动。前者是所有胶体都能出现的随机振动运动，后者则是弹射式或扭动式运动。

许多情况下我们都有必要评估水样中的微生物数量。对于诸如藻类这样的较大微生物，可以使用带有已知体积的凹槽的特殊显微镜玻片来估计数量和辨别种类。检测时可借助蚀刻在玻片上的栅格来计算槽内的微生物数量。

利用营养琼脂和平板计数法可以估算水样中的活细菌数量（活细胞计数）。检测时，取 1mL 水样（必要时可稀释）与培养皿中的液化琼脂在 40℃下混合。待琼脂凝成胶冻状，细菌细胞的位置即得以固定。然后将平皿置于适当条件下培养（天然水中的细菌需要在 22℃中培养 72h，人源或动物源细菌需在 37℃中培养 24h）。培养结束时，单个细菌已产生肉眼可见的菌落，并假定菌落的数量是原始样本中活细胞的函数进行估算。在实践中，前述平板计数法不能估算出样本中的总菌群，因为单一的培养基和温度组合无法保证所有细菌都繁殖。不过，使用广谱培养基在两个温度下进行培养所得出的活菌计数确实可以反映出样本的污染史和细菌质量。

为了确定特定菌属或菌种的存在，必须对其特征性的行为进行观察，这就需要采用仅适合这种细菌的特异性培养基和/或培养条件。如第 5 章所述，许多严重疾病都与水的微生物污染有关，而其中大多数是由患有或携带疾病的人的排泄物中的致病菌引起的。我们能够检测水中是否存在特定的病原体。但这还不够，我们需要利用大肠杆菌作为指示生物来进行更灵敏的检测。大肠杆菌是人肠道的正常寄居者并且会被大量排泄。因此，如果水样中存在大肠杆菌，则表明水样受到人类排泄物的污染，进而可知水样中还可能存在致病性粪便细菌，可能具有危险性。大肠杆菌一般能够导致乳糖发酵从而产生酸和气体。因此，检测大肠杆菌时可以将一系列的稀释样本掺入多管乳糖培养基中，再将培养基置于37℃中培养 24h。如果出现酸和气体即阳性结果，则表明样本中存在大肠杆菌。检测结果借助统计表表示为 100mL 水样中的总大肠菌群数。在大肠杆菌实际检测中，将呈现阳性结果的试管置于新鲜培养基中于 44℃传代培养 24h，在此条件下仅大肠杆菌会生长，并产生酸和气体。

前述多管技术目前基本已被细菌学分析领域的一项新技术所取代。这项新技术采用特殊的膜滤纸可以将细菌从悬浮液中分离出来。留在滤纸上的细菌被置于含有适当营养培养基的吸收垫上，放在小的塑料培养皿中培养。之后，便可以根据营养物的类型和菌落的外观（颜色、光泽）来辨别细菌的种类，菌落计数则可提供必要的定量测定信息。膜过滤技术的材料成本可能高于多管分析法，但对于实验室和现场测试都非常方便，而且过滤膜可洗涤后重复使用。这两种方法得出的微生物计数不一定相同。

水中特定病原体的识别和计数并非易事，相关自动检测技术的开发一直在进行。其中一种可能可行的技术可用于检测隐孢子虫卵囊。它使一种荧光染料吸附到活细胞的细胞壁上，再通过自动荧光细胞学检查法检测细胞的存在。另一种针对隐孢子虫卵囊的技术目前正在开发当中，利用的是电旋转测定法。将样本置于旋转电场中，卵囊会在电场的作用下表现出可用于区分活性和非活性样本的特定旋转特征。

4.5 生态学原理

在所有生物群落中，各种生命形式都或多或少地相互依存。这种相互依存基本上是营养层面的，被描述为"萎缩性关系"，有机生产循环、碳循环和氮循环就是很好的例子。生物群落与其所处的环境共同构成生态系统，而这种系统的科学被称为"生态学"。

生态系统中的自养生物，即绿色植物和一些细菌，被称为生产者，因为它们利用无机成分合成有机物质。异养动物被称为消费者，因为它们需要现成的有机食物。它们可以细分为食草动物（植食者）和食肉动物（肉食者）。异养植物则被称为分解者，因为它们分解死亡动植物以及动物排泄物中的有机物质。分解产物一部分用于满足它们自身的生长和能量需求，其余的以适于植物吸收的简单无机化合物释放。图 4.6 所示为简单的碳循环，图中日光照射是唯一的外部能量源，使碳水化合物等有机产物的合成得以实现。这些有机产物与光合作用产生的氧一起进入异养生物消耗阶段。

反过来，由动物和细菌的活动产生的二氧化碳、水和无机盐又返回到自养生物中。需要注意的是，虽然碳在此系统中是反复循环的，但能量流是单向的，所以一定要记住，此

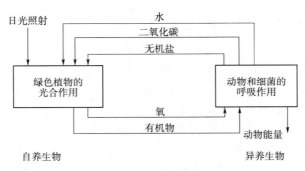

图 4.6　碳循环

系统的运作需要持续不断的能量输入。生物系统中不可避免地会发生一些热量和熵的能量输入损失，这可以理解为类似于机械系统中的摩擦损失。实际上，生物系统的能量转换效率非常低，并且生物体离原始能量输入越远，可获得的能量就越低。

在水生环境中，生物的相互依存性表现为复杂的食物网。在这张网中，不同的物种以猎食者-猎物的关系环环紧扣，形成许许多多的食物链。因此，河流中的典型食物链是：

$$藻类 \rightarrow 轮虫 \rightarrow 蜉蝣 \rightarrow 鲦鱼 \rightarrow 梭子鱼$$

食物链由始至终，个体生物越来越少，但个头越来越大。食物链中的群落可以描绘为埃尔顿数量金字塔（图 4.7）。

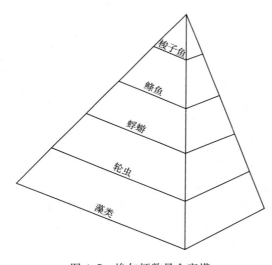

图 4.7　埃尔顿数量金字塔

金字塔的每一级都称为"营养级"。金字塔上同一营养级的生物竞争共同的食物，但上一级的生物会掠夺下一级的生物。在自然条件下，这样的生态系统可以长期保持动态平衡，但水质或其他环境因素的变化完全可能会破坏这种平衡。无论种群密度如何，有毒物质往往会对种群造成一定的杀灭率，而在种群密集的情况下，食物短缺等因素的影响会更为明显。干净的地表水中通常存在许多不同的生命形式，但没有任何一种会占据主导地位，整个群落会保持平衡。而受到有机物严重污染的水不适合大多数较高级的生物生存，所以群落中只剩下一两种简单的生物，并且这种简单生物会由于没有捕食者而大量存在。

由于生态能量利用的低效，金字塔顶部的生物需要底部生物的大量支持。所以自然界中的食物链一般不会超过 5 个或 6 个营养级。

拓　展　阅　读

Abel，P. D. (1996). *Water Pollution Biology*，2nd edn. Windsor：Taylor and Francis.

Bellinger, E. G. (1992). *A Key to Common Algae*, 4th edn. London: CIWEM.

Deere, D., Veal, D., Fricker, C. and Vesey, G. (1997). Automating analytical microbiology, *Wat. Envir. Manager*, 2 (1), 13.

Gaudy, A. E and Gaudy, E. T. (1980). *Microbiology for Environmental Engineers and Scientists*. New York: McGraw – Hill.

Hawkes, H. A. (1963). *The Ecology of Wastewater Treatment*. Oxford: Pergamon.

Macan, T. T. and Worthington, E. B. (1972). *Life in Lakes and Rivers*. London: Fontana.

Mara, D. D. (1974). *Bacteriology for Sanitary Engineers*. Edinburgh: Churchill Livingstone.

McKinney, R. E. (1962). *Microbiology for Sanitary Engineers*. New York: McGraw – Hill.

Mitchell, R. (1974). *Introduction to Environmental Microbiology*. Englewood Cliffs: Prentice Hall.

National Rivers Authority (1990). *Toxic Blue Green Algae*. Bristol: NRA.

Odum, E. P. (1971). *Fundamentals of Ecology*, 3rd edn. Philadelphia: W. B. Saunders.

Sterritt, R. M. and Lester, J. N. (1988). *Microbiology for Environmental and Public Health Engineers*, London: E. & F. N. Spon.

第 5 章

水 质 与 人 体 健 康

由于水在支持人类生活中发挥着重要作用,一旦水受到污染,便极有可能传播各种疾病。在发达国家,水相关疾病很少见,这主要是因为发达国家具备有效的供水和废水处理系统。但在发展中国家,大概有多达 13 亿人得不到安全供水,有近 20 亿人没有适当的卫生设施,相应地,水相关疾病在这些地区造成的损失令人不寒而栗。每年由不安全供水或不良卫生条件导致的死亡多达数百万例,虽然确切数字无从得知,但世界卫生组织的数据表明了问题的严重性。

(1) 每年有超过 500 万人死于水相关疾病。

(2) 年死亡人数中有 200 万是儿童。

(3) 发展中国家 80％的疾病与水有关。

(4) 每时每刻,发展中国家人口中都有半数遭受着一种或多种主要与水相关疾病的折磨。

(5) 在发展中国家出生的儿童有 1/4 会在 5 岁前死亡,其主要死因是与水相关疾病。

每时每刻都有大约 4 亿人患胃肠炎,2 亿人患血吸虫病,1.6 亿人患疟疾,3000 万人患盘尾丝虫病。尽管其他环境因素也有一定影响,但所有这些疾病可能都与水有关。

在发达国家,人们担心饮用水中存在的微量浓度的杂质可能会对健康造成长期危害。其中,潜在致癌化合物受到了特别关注。此外还有一些天然存在或人为造成的化学污染物也会对用水者的健康造成影响。因此,水质控制领域的工程师和科学家必须充分认识到水质与人体健康之间的关系。

5.1 疾 病 特 点

在讨论水相关疾病之前,我们有必要简要概括传染性疾病的主要特征。

疾病得以传播,必须具备传染源、传播途径和易感生物暴露这 3 个基本环节。因此,疾病控制就要立足于治疗患者、打破传播途径和保护易感人群。在疾病控制工作中,工程措施主要涉及打破传播途径,医疗措施则涉及传播链的另外两个环节。值得注意的是,世界卫生组织前总干事指出,每百人水龙头数比医院病床数更能说明人体健康情况。虽然他没有指出水龙头要提供安全的水并且提高卫生设施的水平,但他的基本理念是非常正确的。

人类传染性疾病的病原体需要在人体内才能生存，在人体外的不利环境中只能存活很短的时间。所以这类疾病一般通过直接接触、飞沫传染或类似途径传播。而非传染性疾病的病原体能够在人体外存活一定的时间，所以不一定非要直接接触才能传播。非传染性疾病的传播途径可能比较简单，感染性生物体的体外发育发生在土壤或水中。但大多数情况下，非传染性疾病也有较为复杂的传播途径，在寄生虫发育的过程中需要中间宿主。因此，我们必须充分了解特定疾病的传播模式，才能采取正确的控制措施。如果一种疾病总是出现在特定人群中并且发病率较低，则称之为地方病。如果一种疾病的发病率水平差异较大，则最高水平被称为流行病，全球暴发则被称为大流行病。

5.2 水相关疾病

大约有 24 种传染病的发病率可能受水的影响，见表 5.1。这些疾病可能是由病毒、细菌、原生动物或蠕虫引起的。虽然有关控制和检测工作在一定程度上以致病因子的性质为依据，但考虑感染传播环节中与水有关的方面通常更有帮助。就水相关疾病而言，过去我们对一些术语的认识有所混淆。1977 年布兰得利对水相关疾病进行了更具体的分类，可以区分各种形式的感染及其传播途径。

表 5.1   **与水相关的主要疾病**

疾　病	与水的关系	估计年死亡人数
霍乱		
贾第虫病		
传染性肝炎		
钩端螺旋体病	介水	400 万
副伤寒		
土拉菌病		
伤寒		
阿米巴痢疾		
细菌性痢疾	介水或水洗性	100 万
胃肠炎		
蛔虫病		
结膜炎		
腹泻病		
麻风	水洗性	死亡人数相对较少，但案例较多
疥疮		
皮肤脓毒病和溃疡		
手足癣		
沙眼		

疾　　病	与水的关系	估计年死亡人数
龙线虫病	水域性	20 万
血吸虫病		
疟疾	水相关昆虫病媒	100 万
盘尾丝虫病		
睡眠病		
黄热病		

1. 介水疾病

介水疾病是水相关疾病最常见的形式，当然也是在全球范围内造成伤害最大的水相关疾病，包括受人类粪便或尿液污染的水传播的疾病。这类疾病的感染循环途径如图 5.1 所示。致病生物进入水中后，对该疾病无免疫力的人饮用受到致病生物污染的水，即可能发生感染。这类疾病大多是典型的粪-口传播疾病，如霍乱、伤寒、细菌性痢疾等，其暴发特征为使用相同水源的人群同时患病。应当指出的是，这类疾病虽然是介水传染病，但也可以通过直接摄入此病患者的排泄物等其他途径传播。食品处理和制作工人的个人卫生不良显然就是一个感染途径。有些情形更为复杂，比如有些人可能是伤寒等疾病的携带者，所以尽管他们没有表现出疾病的外在病征，但其排泄物中含有病原体。因此，供水行业的应聘者往往必须接受筛检，以明确其是否是携带者。但筛检是否是有效的预防措施，医学界看法不一。

图 5.1　典型介水疾病感染循环途径

另外一些介水疾病的感染模式则不这么简单。威尔氏病（钩端螺旋体病）可通过染病老鼠的尿液传播，而且致病生物能够穿透皮肤，所以体外接触受污染污水或洪水也有可能感染此病。

2. 水洗性疾病

如上所述，那些通过受粪便污染的水传播的疾病也能够通过更直接的途径传播，即粪-口传播。在由于洗涤用水不足而导致卫生条件较差的情况下，可以通过增加供水来减少感染的传播，水质问题则另当别论。这种情况下的水只作为清洁剂，因为不被直接摄入，所以正常的水质要求不会被放在首位。显然，介水粪-口传播疾病也可以归为水洗性疾病，且热带地区的许多腹泻感染都表现为水洗性疾病而非介水疾病。

还有一类疾病也可以归为水洗性疾病。许多通常不致命但可导致患者身体严重衰弱的皮肤和眼部感染就属于这一类，比如细菌性溃疡、疥疮以及沙眼。这类疾病往往与炎热干燥的气候有关，如果有足够的水用于个人清洗，便可以大幅度降低发病率。这类疾病并不像第一类疾病那样兼具介水性质。

3. 水域性疾病

许多传播疾病的致病生物需要在水中或生活在水中的中间宿主身上度过其生命周期的一部分。这样一来，人摄入或接触患者排泄的生物体后不会立即出现感染症状。这类疾病中的许多种都是由蠕虫引起的。蠕虫感染患者并产卵，虫卵随患者的粪便或尿液排出并造成污染，蠕虫感染的途径往往是皮肤渗透，而不是直接摄入。

这类疾病最重要的代表大概就是血吸虫病了。血吸虫病的传播模式比介水疾病复杂，如图 5.2 所示。患者的排泄物进入水中以后，虫卵孵化成幼虫。幼虫在水中只能存活 24h，但是如果找到一种特殊的蜗牛作为中间宿主，则可进一步发育。找到蜗牛的幼虫会在蜗牛的肝脏中发育成包囊，大约 6 周之后，包囊裂开，释放出微小的、可以自由游动的尾蚴。

尾蚴能够穿透人类及其他动物的皮肤，然后在大约 8 周的时间内通过皮肤、静脉、肺、动脉和肝脏在体内迁移。之后，这种寄生虫会在膀胱壁或肠道的静脉中形成蠕虫。蠕虫可存活数年并会释放出大量的虫卵。

不幸的是，血吸虫病往往会通过灌溉系统传播。灌溉系统如果没有经过特别设计和操作，便容易为蜗牛宿主提供合适的栖息地并增加农业工人与水接触的可能性。除了防止排泄物污染水源以外，针对血吸虫病的控制措施还包括：制造不利于蜗牛存活的条件，防止人类接触可能受污染的水，

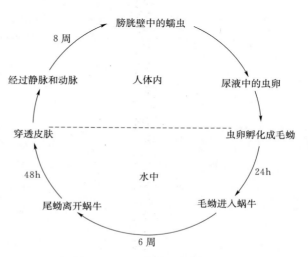

图 5.2 血吸虫病的侵染循环

以及在清除蜗牛后 48h 内禁止用水。可惜这些措施并不容易实施，并且控制血吸虫病的需求与通过灌溉方案获取农业和经济效益的愿望之间往往存在冲突。在灌溉方案中，某种程度的水接触是不可避免的。

麦地那龙线虫病是热带地区另一种广泛存在的水域性疾病。这种寄生虫的中间宿主是一种名为剑水蚤的小型甲壳动物，人在摄入受剑水蚤感染的水体后会致病。患者的皮肤上会形成溃疡，溃疡破裂后释放虫卵，虫卵在水体中可以存活一到两周。虫卵被剑水蚤摄入后，便会在两周内发育成幼虫。剑水蚤被人摄入并消化后，幼虫脱离剑水蚤，通过人体组织迁移到下肢，并在大约 9 个月后排出虫卵。病媒类剑水蚤主要存在于有机物含量达到一定水平的死水中。控制麦地那龙线虫病可以显著改善人口健康，主要靠保护水源，特别是保护泉水和井水来实现。在水源周围建设倾斜的硬面层和护栏可以有效防止虫卵进入水源。

4. 水相关昆虫病媒

有许多疾病通过在水域附近繁殖或摄食的昆虫传播，因此其发病率可能与人群和水源的接近程度有关。但是，这类疾病的感染与人对水体的消耗或接触无关。传播疟疾等众多

疾病的蚊子偏爱水池、湖边和蓄水池中的浅层积水。所以给排水工程一定要保证不给蚊子提供合适的栖息环境，如果实在做不到这一点，则应设置有效的隔离装置来防止蚊子进入。传播盘尾丝虫病（河盲症）的蚋喜在急流、瀑布或者堰、消能设施等工程结构所造成的湍流水域繁殖，一般可通过在上游注入杀虫剂来控制。

5. 发达国家的水相关疾病

前文介绍了在世界大部分地区对公共卫生构成巨大危害的主要水相关疾病。这些疾病中的多数，特别是霍乱和伤寒等胃肠道疾病，在 19 世纪曾在欧洲和北美普遍存在，后来由于公共供水和卫生条件的改善，这些疾病在发达国家几乎消失。但是介水疾病暴发的可能性始终存在。近期在英国和北美出现了多例由公共水源中的致病性原生动物引起的肠道感染。这些疾病的暴发是由隐孢子虫和贾第虫属引起的。这两种原虫都能够以微小包囊的形式存在，并且由于它们存在于多种动物的粪便中，所以能够在环境中广泛传播。砂滤处理一般能去除这些包囊，但也不完全都能去除。而且这些包囊（尤其是隐孢子虫）具有抗氯性，所以常规的消毒方法不太可能会杀死这类生物。人们越来越担忧水体中这些原虫可能带来的健康风险，这也许会促使快砂滤池的运行模式发生变化以防止过滤后的水中存在包囊，并且还有可能促进新消毒技术的实施。后者尤为重要，特别是在处理未经过滤的地表水时。有些人担心隐孢子虫病的影响可能会变得更大，因为它似乎对免疫力低下的人特别有害。隐孢子虫的另一个问题在于，它的感染剂量似乎非常低，可能 20 个活的卵囊即可致病，而沙门氏菌需要大约 2000 个活细胞才能引起感染。

军团病的暴发近期有所突显，许多证据表明这种有时会致命的肺炎的发病率与生活热水供应、淋浴头、冷却水及其他可产生飞沫或细雾的水体系统中存在的嗜肺军团菌有关。由此可见，此病的感染途径不是饮用受微生物污染的水，而是吸入受污染的水雾。事实上，致病微生物确实存在于天然水源中，通常是存在于地下水源中。并且由于其对常规水处理具有抗性，所以能够在供水系统的建筑物中滋生，特别是那些环境温暖的水系统中。此外，还有一些证据表明某些淡水变形虫可以借由细小的水滴进入体内并引起呼吸道感染。这类水传播疾病在发达国家和水上娱乐活动盛行的地区引起的问题可能更加严重。游泳、帆板和独木舟等水上活动需要人浸泡在水中或暴露于水雾之中，在某种程度上确实增加了活动者胃肠道及耳鼻喉感染的风险。

5.3　化学物质相关疾病

由于水具有溶剂特性，所以天然水中可能存在多种物质，其中一些物质可能对人体有害。所幸的是，天然水中有害杂质的浓度通常很低。但是农业、生活和工业中使用的成千上万种化合物有可能会进入地表水和地下水。在探讨化学物质对人体健康的影响时，首先要认识到影响分为两种类型：一种是急性影响，即使用受污染的水后危害会立即显现出来；另一种是慢性影响，即持续摄入受污染的水会产生长期危害。如果饮用水中有害物质的浓度足以产生急性影响，唯一可能的原因便是集水区或水处理过程中发生了意外。无论是哪个环节的意外，一定都会促使当局采取适当的预防措施。此外，如果水源受到了如此严重的意外污染，很有可能会带有令人不悦的味道和气味，所以不太可能会被大量摄入或使用。由此看来，供水的主要问题便是水中可能存在的低浓度污染物，它们可能会在长时间暴露后，也许需要多年的累积后才会对健康产生显著的影响。某些潜在有害物质似乎具有阈值效应，只要其浓度保持在某个临界水平以下，就不会造成伤害。另一些污染物则没有阈值效应，所以只要摄入便有可能产生伤害，而那些致癌物质通常都属于这一类。就慢性影响型污染物而言，由于缺乏可用于衡量其影响严重程度的科学证据，所以难以确定其在饮用水中的容许浓度。此外，由于污染物众多，而饮用水仅仅是饮食摄入途径中的一种，对特定食物的摄入可能有着更重要的影响，所以情况更加复杂。就阈值效应型污染物而言，可以按照体重70kg、每日用水量2L来计算日均容许摄入量。计算得出的数值要先减去通过食物及其他饮料摄入的污染物量，剩下的才是通过饮用水摄入的量，而前者会远远高于后者。对于其他类型的污染物，特别是潜在致癌物质，如多环芳烃（PAH）、三卤甲烷（THM）、有机氯和有机磷化合物以及消毒副产物（DBPs），建议将其在饮用水中的浓度控制在尽可能低的水平。这可能意味着这类物质的容许浓度需要控制在检测下限水平或尽量接近该水平。这种控制方法遵循的是预防原则，而不是像流行病学那样依据实际危害给出证据。

1. 铅

铅是最早的饮用水化学污染物质之一，由生活用水系统中的含铅管道和水箱引起。来自上游流域的弱酸性水通常具有高度溶铅能力，能将大量的铅溶于水中，特别是在供水管道中停滞一晚以后。铅是一种具有生物累积性的毒物，持续暴露最终会产生毒性作用。多年来，大多数国家都在努力减少环境中的铅含量，比如提倡使用无铅燃料和油漆等。另外，减少饮用水中的铅含量这一举措也备受关注。欧盟目前的饮用水标准要求铅含量不高于 $50\mu g/L$，而这一限值最终可能会降为世界卫生组织指导文件中提出的 $10\mu g/L$，但这个限值在使用含铅供水管道的地区难以实现。虽然在配水之前向水中添加石灰或苛性钠能够降低水对铅的溶解能力，但要想达到 $10\mu g/L$ 的限值要求，可能必须得更换含铅管道。但是更换管道无疑会给用水者造成不菲的成本，因为这些管道大多是屋主自行连接的，而不在供水企业的责任范围内。

2. 硝酸盐

天然硝态氮存在于多种土壤中，所以在大多数地下水和许多地表水中都能够发现硝态氮。在许多发达国家，由于使用氮肥和改变自然水系格局的集约化农业增长迅速，导致地下水的硝酸盐浓度持续上升。此外，污水处理厂出水中也含有大量的氮，且通常为硝态氮。虽然尚未发现饮用水中硝酸盐的存在对儿童或成人的伤害，但有可能对6个月以下人工喂养的婴儿构成威胁。这是因为这个年龄段婴儿的肠道中尚未形成正常菌群，所以无法适应胃中硝酸盐还原生成的亚硝酸盐。如果使用硝态氮浓度超过 $10\sim20mg/L$ 的水为婴儿冲泡奶粉，那么它在婴儿体内生成的亚硝酸盐就有可能被血液吸收，从而阻碍氧气运输，引起高铁血红蛋白血症，即"蓝色婴儿综合征"。尽管有些地下水总是含有高浓度的硝酸盐，而且许多含水层的硝酸盐含量都有增加的趋势，但20世纪的高铁血红蛋白血症发病人数极少，而且其中大部分是与私人供水中的高硝酸盐含量有关。

3. 氟化物

氟化物存在于某些天然水域中，并且经证明饮用水中的氟化物能够抑制蛀牙，特别是抑制幼儿蛀牙。正是由于这一作用，一些卫生机构建议饮用水中的含氟量应达到 1mg/L。在某些领域被作为大规模药物治疗却遭到了大力反对。因为氟化物含量高于 1.5mg/L 时，有可能会造成牙齿黄斑，含量更高时还会引起氟中毒导致骨质损伤。由此看来，低浓度的氟化物是有益的，高浓度则有害。饮食中的许多化学物质也都具有类似的效应。

4. 铝

铝在一些原水中天然存在，并且通常在水处理过程中用作絮凝剂。正常情况下，铝会转化成不溶物从而从水中去除。但水中仍有可能存在一些可溶性铝，而通过此途径摄入的量可能只占总膳食摄入量的一小部分。烹饪时，特别是在炖酸味水果时，使用铝制炊具会大大提高铝的摄入量，而且摄入水平远远超过通过饮用水摄入的水平。铝含量过高对健康造成许多影响。1988 年，英格兰西南部的卡姆尔福德发生了浓硫酸铝意外进入饮用水中的事件，引起了人们对净水操作程序的担忧。有人指出，饮用水中存在的小剂量可溶性铝离子能够在体内代谢，从而增加阿尔茨海默病（一种老年性痴呆症）的发病率。虽然尚未有确凿证据表明铝的这种效应，但这种可能性使得一些水处理厂采用铁盐来取代铝盐作为絮凝剂。不过，需要指出的是，1993 年世界卫生组织指导文件中并没有将铝列为与健康有关的物质。铝在水中的存在能够引起特异性健康危害，即如果肾透析机的供水中含有可溶性铝，那么将对患者造成致命影响。

5. 砷

在某些地区，特别是在阿根廷、智利、中国、印度、墨西哥的部分地区，每升地下水中的砷浓度可能高达数毫克。世界卫生组织关于砷限值的临时指导水平为 $10\mu g/L$，现行 EC MAC 的规定限值则为 $50\mu g/L$。经常摄入砷浓度较高的水会导致皮肤色素沉着和各种胃肠道、血液和肾脏疾病。

6. 碘

某些元素对生命至关重要，有时，饮用水中某些元素的缺乏会导致群体性健康问题。出现这一问题的最著名的例子便是碘缺乏导致地方性甲状腺肿和克汀病。全世界有多达 10 亿人面临着碘缺乏的风险，其中大多数为发展中国家。在这些国家，贫穷和饮食不足可能是导致碘缺乏的原因。缺碘水源一般存在于偏远的内陆地区，而沿海地区的降雨中一般含有从海上携来的碘。发达国家通常使用加碘食盐来防范缺碘风险，但缺碘风险高的部分发展中国家却无力实施这一措施。

7. 硬度

强有力的统计数据表明，在硬度不超过 175mg/L 的范围内，饮用水硬度越高，某类心脏病发病率越低。这意味着硬水软化处理可能会对健康产生不利影响。某些软化处理会增加水中的钠含量，这对于罹患某类心脏和肾脏疾病的患者来说是不可取的。

参 考 文 献

Bradley, D. J. (1977). Health aspects of water supplies in tropical countries. In *Water*, *Wastes and Health in Hot Climates* (R. G. Feachem, M. McGarry and D. D. Mara, eds). Chichester: Wiley.

拓 展 阅 读

Ainsworth, R. G. (1990). Water treatment for health hazards. *J. Instn Wat. Envir. Managt*, 4, 489.

Bragg, S., Soliars, C. J. and Perry, R. (1990). Water quality for renal dialysis. *J. Instn Wat. Envir. Managt*, 4, 203.

British Geological Survey (1996). *Groundwater, Geochemistry and Health*. Wallingford: BGS.

Britton, A. and Richards, W. W. (1981). Factors influencing plumbosolvency in Scotland. *J. Instn Wat. Engnrs Scientists*, 35, 349.

Cairncross, S. and Tayer, A. (1988). Guinea worm and water supply in Kordofan, Sudan. *J. Instn Wat. Envir. Managt*, 2, 268.

Colbourne, J. S. and Dennis, P. J. (1989). The ecology and survival of *Legionella pneumophila*. *J. Instn Wat. Envir. Managt*, 3, 345.

Craun, G. F. (1988). Surface water supplies and health. *J. Am. Wat. Wks Assn*, 80 (2), 40.

Craun, G. F., Swerdlow, D., Tauxe, R., *et al*. (1991). Prevention of waterborne cholera in the United States. *J. Amer. Wat. Wks Assn*, 83 (11), 40.

Dadswell, J. V. (1990). Microbiological aspects of water quality and health. *J. Instn Wat. Envir. Managt*, 4, 515.

Feachem, R. G., Bradley, D. J., Garelick, H. and Mara, D. D. (1983). *Sanitation and Disease—Health Aspects of Excreta and Wastewater Management*. Chichester: Wiley.

Galbraith, N. S., Barrett, N. J. and Stanwell-Smith, R. (1987). Water and disease after Croydon: A review of water-borne and water-associated disease in the UK 1937-86. *J. Instn Wat. Envir. Managt*, 1, 7.

Herwaldt, B. L., Craun, G. F., Stokes, S. L. and Juranek, D. D. (1992). Outbreaks of waterborne disease in the United States 1989-90. *J. Amer. Wat. Wks Assn*, 84 (4), 129.

Jones. F., Kay, D., Stanwell-Smith, R. and Wyer, M. (1990). An appraisal of the potential health impacts of sewage disposal to UK coastal waters. *J. Instn Wat. Envir. Managt*, 4, 295.

Lacey, W. F. (1981). *Changes in Water Hardness and Cardiovascular Death Rates*, TR 171. Medmenham: Water Research Centre.

Lacey, R. F. and Pike, E. B. (1989). Water recreation and risk. *J. Inst Wat. Envir. Managt*, 3, 13.

Le Chevallier, M. W. and Norton, W. D. (1995). *Giardia* and *Cryptosporidium* in raw and finished waters. J. *Amer. Wat. Wks Assn*, 87 (9), 54.

Neal, R. A. (1990). Assessing toxicity of drinking water contaminants: An overview. *J. Am. Wat. Wks Assn*, 82 (10), 44.

Overseas Development Administration (1996). *Water for Life*. London: ODA.

Packham, R. F. (1990). Chemical aspects of water quality and health. *J. Instn Wat. Envir. Managt*, 4, 484.

Packham, R. F. (1990). Cryptosporidium and water supplies—the Badenoch report. *J. Instn Wat. Envir. Managt*, 4, 578.

Pontius, F. W., Brown, G. and Chen, C. -J. (1994). Health implications of arsenic in drinking water. *J. Amer. Wat. Wks Assn*, 86 (9), 52.

Smith, H. V. (1992). *Cryptosporidium* and water. *J. Instn Wat. Envir. Managt*, 6, 443.

World Health Organization (1992). *Our Planet, Our Earth*. Geneva: WHO.

第 6 章

有 机 物 的 生 物 氧 化

　　水质控制的许多问题都是由天然水源或废污水排放中存在的有机物造成的。这些有机物一般能够在生物作用下得以稳定，而其中涉及的微生物机制分为有氧氧化和厌氧氧化两种。

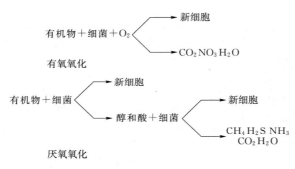

图 6.1　生物氧化模式

　　有氧氧化发生在氧气存在的条件下，部分有机物会在此过程中被氧化并形成新的微生物，其余部分则被转化为相对稳定的最终产物，如图 6.1 所示。厌氧氧化发生在没有氧气的条件下，它会产生新的细胞和不稳定的最终产物，比如有机酸、醇、酮和甲烷。

　　废水处理领域所采用的厌氧甲烷生成系统包括两个阶段。首先，生酸微生物将有机物转化为新细胞以及有机酸和醇。然后，另一组微生物，即甲烷细菌利用部分有机物继续进行氧化以合成新细胞并将剩余物转化为甲烷、二氧化碳和硫化氢。厌氧反应比有氧反应慢得多，而且能量转化效率低；例如，葡萄糖的有氧氧化所释放的能量是厌氧氧化的 30 倍左右。

6.1　有 机 物 的 性 质

　　水质控制所涉及的有机物主要有 3 类：

　　（1）由碳、氢和氧（CHO）组成的碳水化合物。典型代表为糖类，比如葡萄糖、淀粉、纤维素。

　　（2）由碳、氢、氧、氮（含硫）（CHONS）组成的含氮化合物。这类有机物的主要代表是分子结构高度复杂的蛋白质、氨基酸（蛋白质的构建单元）和尿素。这类化合物中的氮在氧化时以氨的形式释放出来。

　　（3）由碳、氢和少量氧（CHO）组成的脂质或脂肪。这类有机物仅微溶于水，但可溶于有机溶剂。

由于废污水中含有大量的有机化合物，所以分离这些化合物基本没什么意义，甚至不可行。一般来说，只需要确定水中有机物总量（CHONS）即可。

6.2 生 化 反 应

微生物以有机物作为养料来源发生一系列复杂反应。这些反应可能是分解代谢的形式，即食物被分解以释放能量，也可能是合成代谢的形式，即利用能量来合成新的微生物细胞。生化反应中，能量转移的一个重要环节是化合物三磷酸腺苷（ATP）的磷酸键断裂，形成二磷酸腺苷（ADP），前者存储的能量在这一过程中释放。然后，生物利用有机物中的能量将 ADP 再转化为 ATP，进而进行更多的能量转移反应。

生化反应受酶的控制。酶是由生物体产生的有机催化剂，能够加快反应速度但是不会在该过程中被消耗。酶是高分子量的蛋白质，能够催化特定的生化反应。酶的性能受温度、pH 值、底物浓度和抑制剂等因素的影响。酶有许多不同类型，其英文名称均以 - ase（氧化酶 oxidase、脱氢酶 dehydrogenase 等）作为后缀，并且根据其控制的反应进行分类。在水质控制中，重要的酶催化反应包括以下几种：

（1）氧化——加氧或除氢。

（2）还原——加氢或除氧。

（3）水解——加水。

（4）脱水——除水。

（5）脱氨基——除去 NH_2 基团。

在微生物细胞外发生的反应由位于细胞表面的水解胞外酶催化。当底物经水解作用分解成能够穿过细胞壁并接受胞内酶催化的单元时，即发生氧化反应。

6.3 生物生长的性质

要实现生物的生长，必须满足某些需求。

（1）碳源和氮源。细菌细胞的实验式是 $C_{60}H_{87}O_{23}N_{12}P$，这意味着如果要对废污水实施生物处理，废污水中需要具备这些元素。由此看来，细菌的生长离不开碳和氮，并且一定程度上还需要磷。实际上，15～30kg 的 BOD 需要 1kg 的有机氨态氮，而 80～150kg 的 BOD 需要 1kg 的磷。

（2）能量源。微生物的代谢活动需要能量，且必须通过化合物的能量释放来满足需求。化合物最初在由其基本成分结合而成时，便结合了这些能量。

（3）无机离子。微生物的生长离不开微量的多种无机离子，主要是钙、镁、钾、铁、锰、钴等金属离子。供水水源中一般都含有这些离子，所以废污水中同样也含有。

（4）生长因子。与其他生物一样，微生物也需要维生素等生长因子。同样的废污水中一般也含有这类成分。

上述任何成分的缺乏都会对废污水的生物处理产生重大影响，所以在某些情况下可能需要向废污水中添加相应的成分。例如，蔬菜加工产生的废污水往往含氮量低，因此可能需要添加铵盐才能确保有效的生物处理。

如果将种菌添加到含有所有必需营养素和生长因子的合适底物中，那么系统中的生物生长情况将与图 6.2 所示的典型曲线一致。如果细菌不曾在特定底物中生长，则可能出现滞后期。期间，微生物会产生适应酶，以便其能够利用底物。

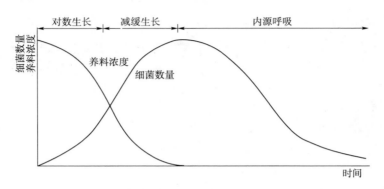

图 6.2　生物生长曲线

在最初的活跃生长阶段，养料极其充分，所以生长速度仅取决于微生物的繁殖速度。

此时的生长速率是呈对数增加的，并且微生物（或生物质）的增加速率与系统中存在的微生物的质量成正比，即

$$\frac{\mathrm{d}X}{\mathrm{d}t} = -\mu X \tag{6.1}$$

式中：X 为生物质浓度；t 为时间；μ 为比生长速率。

由此可得

$$X_t = X_0 \mathrm{e}^{-\mu t} \tag{6.2}$$

或

$$\log_e X_t = \log_e X_0 + \mu t \tag{6.3}$$

式中：X_t 为时间 t 时的生物质浓度；X_0 为时间 $t = 0$ 时的生物质浓度。

这样，通过在半对数坐标纸上对照时间轴绘制实验测定的生物质数据，即可利用曲线的线性部分的斜率得出比生长速率 μ 的值。

在减缓生长阶段，生长速率越来越受限于养料浓度的降低以及系统中有毒最终产物的积累。当所有底物消耗殆尽时，微生物将停止生长，并且在自体消化或内源呼吸阶段开始减少。此时，死亡的细胞溶解并释放一些营养物质，为仍然存活的生物体提供养料。内源呼吸以指数下降的速率发生，与放射性同位素的衰变类似。

这种情况下：

$$\frac{\mathrm{d}X}{\mathrm{d}t} = -bX \tag{6.4}$$

式中：b 为内源呼吸常数。

或

$$X_t = X_0 \mathrm{e}^{-bt} \tag{6.5}$$

式中：X_0 为内源呼吸阶段开始时，即 $t = 0$ 时的生物质浓度；X_t 为内源呼吸阶段进行到时间 t 时的生物质浓度。

并非所有的微生物细胞都能够被其他微生物利用，所以在存在内源呼吸的情况下，活细胞质量与生物材料质量之间的关系不会保持恒定，我们一定要认识到这一点。

在考虑废污水处理时，显然需要将底物浓度降至尽可能低的水平。但是从图 6.2 中我们可以清楚地看出，完全去除底物的时间与生物质浓度的最大时间一致。生物质产量实际上等同于污泥产量。允许内源呼吸作用发生，可以在一定程度上减少污泥量，但这要以增加反应时间为代价，这意味着需要更大规模的污水处理厂，从而增加了运营成本。需要说明的是，图 6.2 所示的曲线基于间歇反应，而大多数处理过程是以连续模式运作的，反应固定在时间轴上的某一点。我们有必要对底物产生污泥的潜力做一定的测量，此参数表示为产率系数 Y：

$$Y = \frac{X_t - X_0}{S_0 - S_t} \tag{6.6}$$

式中：S_0、S_t 分别为时间 0 和 t 时的底物浓度；X_0、X_t 分别为时间 0 和 t 时的生物质浓度。

产率系数的实际值受处理过程中的底物性质和微生物类型以及其他环境因素的影响。如果是单一底物，Y 值可能是在 0.29～0.70 之间变化。但就通常为复合底物的废污水而言，为方便起见，可以将 Y 表示为单位需氧量产生的挥发性悬浮固体（VSS）的质量。在有氧废水处理系统中，Y 值通常以 COD 计为 0.55；对于厌氧系统，合适的 Y 值通常取 0.1。

在前文讨论指数生长阶段时，我们假定比生长速率不受底物浓度的影响。而在极限情况下，这一假设不再适用，系统进入减缓生长阶段。无论是任何系统，我们都有必要预测底物浓度在哪个水平开始成为生长的限制因素。有关比生长速率与底物浓度关系的实验研究表明，在纯培养物的单底物系统中，随着底物浓度的增加，比生长速率逐渐地接近其最大值。这个概念促成了 Michaelis - Menten 方程：

$$\mu = \frac{\mu_m S}{K_s + S} \tag{6.7}$$

式中：μ_m 为最大比生长速率；S 为底物浓度；K_s 为 $\mu = 0.5\mu_m$ 时的底物浓度。

此方程对于简单反应的建模是有用的，但对于存在混合微生物培养物的复杂底物（比如大多数废水）来说，其有效性存疑。

6.4 有氧氧化中的需氧量

在水质控制中，十分有必要明确系统中存在的有机物的量以及将其稳定所需的氧气量。如果是像葡萄糖这样的简单化合物，我们能够写出其完全氧化的反应式：

$$C_6H_{12}O_6 + 6O_2 \longrightarrow 6CO_2 + 6H_2O$$

即每个葡萄糖分子需要 6 个氧分子才能完全转化为二氧化碳和水。可是对于大多数水样中发现的更为复杂的化合物而言，比如蛋白质等，其反应更加难以理解。

这种情况中，除了稳定含碳物质所需的氧以外，含氮化合物硝化过程也需要大量的氧：

$$2NH_3 + 3O_2 + 硝化细菌 \longrightarrow 2NO_2^- + 2H^+ + 2H_2O$$

$$2NO_2^- + O_2 + 2H^+ + 硝化细菌 \longrightarrow 2NO_3^- + 2H^+$$

完全稳定某种废物所需的氧气量可以根据样品的化学分析来计算，但是这种测定方法难以实施且耗时。目前已有若干种在已知样本的各种特性的前提下计算理论需氧量的方法，例如：

$$最终需氧量（UOD）（mg/L）=2.67 \times 有机碳（mg/L）+4.57（有机氮+ 氨态氮）（mg/L）$$

$$+1.14 \times 亚硝态氮（mg/L） \tag{6.8}$$

使用高锰酸钾或重铬酸钾进行的化学需氧量测定只能测出 UOD 的一部分（重铬酸盐法测出的比例较大）。可惜，这些方法有两个固有的缺点，即它们没有表明底物是否可以生物降解，也没有表明生物氧化的反应速率，所以无法明确生物系统的耗氧速率。正是由于这些缺点，目前大部分废水浓度测定工作仍然采用皇家认可调查委员会在 20 世纪初针对污水处理研发的生化需氧量（BOD）测定法。

BOD 测定法测量的是细菌的耗氧量以及有机物在有氧条件下氧化的耗氧量。在标准的 5 天培养期内，氧化进程相对缓慢，并且通常不够彻底。像葡萄糖这样的简单有机化合物能够在 5 天内近乎完全被氧化，但生活污水只有约 65% 被氧化，而复杂的有机化合物在此期间可能只有 30%～40% 被氧化。通常认为 BOD 法的施用最初遵循一级反应原理，但有证据表明生物氧化过程实际上不一定如此简单。在一级反应中，氧化速率与剩余可氧化有机物的浓度成正比，并且一旦形成合适的微生物群落，反应速率仅受可用养料量控制，即

$$\frac{dL}{dt} = -KL \tag{6.9}$$

图 6.3 BOD 的依据

式中：L 为剩余有机物浓度，或最终 BOD；t 为时间；K 为水中具体有机物或底物的特定常数。

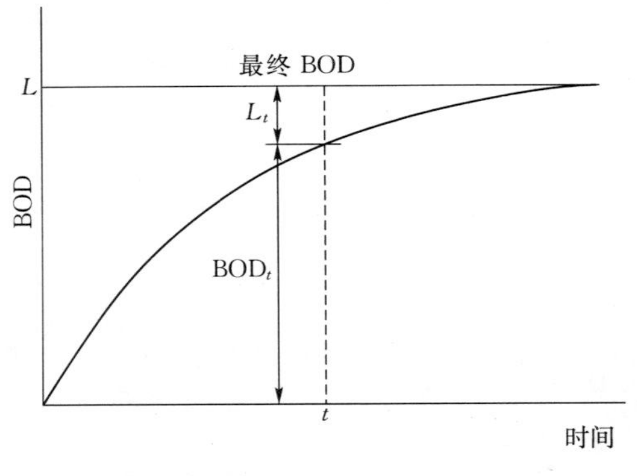

整合后可得

$$\frac{L_t}{L} = e^{-Kt} \tag{6.10}$$

式中：L_t 为时间 t 时的剩余 BOD，如图 6.3 所示。

通常使用 $\log_{10}$ 而不是 $\log_e$，这可以通过改变常数来实现：

$$\frac{L_t}{L} = 10^{-Kt} \tag{6.11}$$

式中：$k = 0.4343K$，k 为速率常数。

关注点一般是耗氧量，即 BOD，而不是剩余需氧量。

$$BOD_t = (L - L_t) = L(1 - 10^{-kt}) \tag{6.12}$$

如图 6.4 所示，k 值决定氧化速率，可用于表示底物的生物降解特征。就生活污水而言，20℃温度条件下 k 值约为 0.17/d。如果是其他温度 T，可以利用下式计算 k 值：

$$k_T = k_{20} \times 1.047^{(T-20)} \tag{6.13}$$

$$L_T = L_{20}[1 + 0.02(T-20)] \tag{6.14}$$

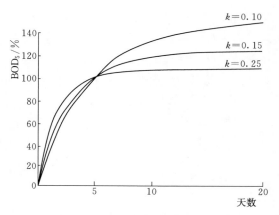

图 6.4 k 值对需氧量的影响

单凭 5 天 BOD 的测定当然无法计算出样本的 L 值和 K 值。要确定这两个值，有必要测定诸如 1～6 天或其他时间段的 BOD，并对测得数据进行某种形式的拟合处理。托马斯（1950）提出的简单拟合法主要依托于 $(1-e^{-Kt})$ 和 $Kt(1+Kt/6)^{-3}$ 的计算结果基本接近这一事实。因此，表达式 $BOD_t = L(1-e^{-Kt})$ 可以约等于 $BOD_t = LKt(1+Kt/6)^{-3}$，即

$$\left(\frac{t}{BOD_t}\right)^{1/3} = (KL)^{-1/3} + \frac{K^{2/3}}{6L^{1/3}}t \tag{6.15}$$

通过对照 t 轴绘制 $(t/BOD_t)^{1/3}$，可得到一条直线，其截距 $a = (KL)^{-1/3}$，斜率 $b = K^{2/3}/6L^{1/3}$。由此可得

$$K = \frac{6b}{a} \tag{6.16}$$

和

$$L = \frac{1}{Ka^3} \tag{6.17}$$

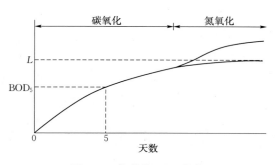

图 6.5 典型的 BOD 曲线

实际上，BOD 曲线的形状会受硝化作用需氧量的影响（图 6.5），而且由于硝化细菌生长速度缓慢，原废污水样本需要 8～10天硝化作用的影响才会变得显著。但是在经过处理的废污水中，由于存在大量硝化细菌，所以硝化作用只需要 1～2 天即可变得明显。添加烯丙基硫脲（ATU）可以抑制 BOD 样本中的硝化作用，从而仅测量碳质的需氧量。但是硝化作用确实存在大量的氧气需求，这一点需要牢记。有人认为，废水中的硝酸盐可以起到氧源的作用，在河流遭到进一步污染时可被利用。

但可惜的是，硝酸盐中的氧只有在 DO 降至 1.0mg/L 以后才会释放，而此时水中的大部分生命都已死亡。由于 BOD 测定法是一种生物化学方法，所以其再现性极少优于 ±10%，并且采用前述方式转化实验结果时，只能得出近似于线性关系的结果。

BOD 测定法的初衷是模拟废污水排入河流后的条件，虽然试验条件与地表水条件之间可能有一些相似之处，但试验条件与生物处理厂中的主要条件之间几乎没有任何关系。

BOD 测定法采用小规模的微生物培养物，并在静止、恒温和有限 DO 供应的条件下用这些微生物来稳定有机物。而生物处理厂则使用高浓度的微生物并不断搅拌，以使其与浓缩底物保持接触，并提供过量 DO。BOD 测定法的另一个缺点在于，标准 5 天周期的测定结果无法表明耗氧率。而要了解这一数据，需要采用其他的试验周期并且每天测定 BOD。

由于 20℃ 时氧气在水中的溶解度仅为 9.1mg/L，所以许多样本会在 5 天周期还没结束时就将 DO 耗尽。为了测定大多数样本的 BOD 值，有必要估算可能的结果，然后将样本稀释，以便在试验周期结束时还剩余 1～2mg/L 的 DO。对稀释后的样本和稀释水进行充气，并测定其 DO 浓度，然后分别装入 BOD 瓶中培养 5 天。培养结束后，测定稀释样本瓶和稀释水瓶中的 DO 浓度，即可计算 BOD 值，下文将举例说明。

BOD 测定样例：

工业废水按 1：5 稀释，DO 测定结果如下：

稀释样本的初始 DO	9.10mg/L
稀释样本的最终 DO	4.30mg/L
稀释水的初始 DO	9.10mg/L
稀释水的最终 DO	8.70mg/L

稀释样本的耗氧量 (9.10 − 4.30) mg/L 是由瓶中所含的 1/5 废水产生的，而瓶中另外 4/5 是稀释水。稀释水本身也会产生小的 BOD，其整瓶 BOD 为 (9.10−8.70) mg/L。因此，稀释样本瓶中的 BOD 总值应当减去瓶中 4/5 的稀释水所产生的 BOD，然后再乘以稀释系数，即可得出未稀释废水的 BOD。

所以废水的 BOD 计算如下：

$$BOD = [(9.10−4.30)−(9.10−8.70)×4/5]×5$$
$$= (4.80−0.40 × 4/5)×5$$
$$= 4.48×5 = 22.40 \ (mg/L)$$

在尝试获得更贴近生物污水处理厂实际条件（即高养料浓度和大量微生物）下的耗氧量数据方面，呼吸测定仪已经取得了一些成功。简单的呼吸测定仪带有密封烧瓶，瓶内放置合适的生物质和养料源样本，并通过磁力搅拌器持续搅拌。微生物呼吸作用产生的二氧化碳被苛性碱溶液吸收，致使烧瓶内气压下降，下降值由压力计测量得出。较为复杂的呼吸测定仪则使用 DO 电极来持续测量样本中的氧浓度，从而可以计算耗氧率。另外还有一种呼吸测定仪，它利用压降来激励电解氧发生器，可以将足够的氧气引入烧瓶中，从而使压力恢复到标准值，而氧气发生器的运行时间可以换算成氧转移量。虽然呼吸测定法在研究甚至在过程控制领域具有相当大的价值，但对于大多数用途而言，BOD 仍然是标准的需氧量测定方法。

有一个关键点我们必须认识到，即任何生化试验法都有可能在存在抑制性或有毒物质的条件下产生错误结果。所以，如果遇到不熟悉的样本，应当谨慎地并行测定 BOD 与COD 值。COD/BOD 比率在 1～3 之间的底物一般是可以生物降解的，但如果该比率超过5，则应引起重视。这种情况表明有机质不易生物降解，或至少要经过一个适应期才能开始生物降解，也可能存在其他会阻碍或抑制生物氧化的成分。无论是哪种情况，都必须通过进一步的检测来确定 COD 和 BOD 值存在较大差异的原因。应当注意，随着可生物降解样本的生化氧化的进行，高耐受或不可降解物质的比例升高，这会导致样本中 COD 的比例升高，从而致使 COD/BOD 比率上升。所以，初始 COD/BOD 比率为 2.5 的废污水在经过集中有氧氧化处理后，其 COD/BOD 比率可能达到 6 或 7。如果污水排放法规针对 COD 设定了限值，那么这种情况就可能会产生问题，详见第 7 章。

6.5 厌 氧 氧 化

对于某些高浓度有机废水，比如污泥水、屠宰场废水等，有氧稳定处理的需氧量很高，并且物理上难以维持反应釜中的有氧条件。这种情况下，尽管厌氧处理效率较低且反应速度较慢，但利用厌氧反应来稳定大部分有机物仍不失为合适的方法。有氧氧化和厌氧氧化之间的基本区别在于：在有氧系统中，氧是最终受氢体并且其结合过程可释放大量能量；而在厌氧系统中，最终受氢体可能是硝酸盐、硫酸盐或各种有机化合物，而且其结合过程释放的能量要少得多。厌氧系统无法彻底稳定全部有机物，如果需要将厌氧系统的流出物直接排放到受纳水体中，通常需要在排放前通过有氧系统做进一步处理。

如图 6.1 所示，厌氧氧化包括两个阶段，因此存在一定的操作问题。其中，负责第一分解阶段的生酸细菌对环境条件有着相当强的适应性，但负责第二分解阶段的甲烷细菌则对环境更敏感。具体来说，甲烷细菌只有在 pH 值为 6.5～7.5 的范围内才能有效运作，这就需要我们对条件加以控制，以便甲烷细菌能够适应。然而，生酸细菌反应很快，能够迅速生成过量的酸从而降低 pH 值，导致甲烷细菌停止反应，剩下特别难闻刺鼻的化合物。如果放任酸的进一步生成，pH 值将进一步降低，最终就连生酸细菌都会受到抑制，导致所有反应全面停止，此时便只能通过使用化学药品（通常是石灰）调整 pH 值来解决问题。不过，针对这一问题的更好的解决办法在于预防，即密切监测 pH 值和挥发性酸的浓度。生酸细菌和甲烷细菌都喜温，厌氧氧化的最佳温度约为 35℃ 或 55℃。

参 考 文 献

Thomas，H. A. (1950). Graphical determination of BOD rate constants. *Wat. Sew. Wks*, 97, 123.

拓 展 阅 读

Aziz, J. A. and Tebbutt, T. H. Y. (1980). Significance of COD, BOD and TOC correlations in kinetic models of biological oxidations. *Wat. Res.*, 14, 319.

Horan, N. J. (1989). *Biological Wastewater Treatment Systems*. Chichester: Wiley.

McKinney, R. E. (1962). *Microbiology for Sanitary Engineers*. New York: McGraw – Hill.

Simpson, J. R. (1960). Some aspects of the biochemistry of aerobic organic waste treatment, *and* Some aspects of the biochemistry of anaerobic digestion. In *Waste Treatment* (P. C. G. Isaac, ed.). Oxford: Pergamon.

Tebbutt, T. H. Y. and Berkun, M. (1976). Respirometric determination of BOD. *Wat. Res.*, 10, 613.

Tyers, R. G. and Shaw, R. (1989). Refinements to the BOD test. *J. Instn Wat. Envir. Managt*,

3，366.

习　题

1. 废污水成分分析结果如下：有机碳 325mg/L，有机氮 50mg/L，氨态氮 75mg/L，亚硝态氮 5mg/L。请计算最终需氧量。（1445mg/L）

2. 工业废水的实验室测定结果表明，其最终 BOD 为 750mg/L，20℃时 k 值为 0.20/d。请计算 5 天 BOD。如果 k 值降至 0.1/d，那么 5 天 BOD 是多少？（675mg/L，510mg/L）

3. 三个样本的 5 天 BOD 都是 200mg/L，但各自 k 值分别为 0.10/d、0.15/d 和 0.25/d。请确定每个样本的最终 BOD。（295mg/L，244mg/L，212mg/L）

4. 20℃下，一生活污水的 5 天 BOD 为 240mg/L。如果 k 值为 0.1/d，请计算 13℃时的 1 天和 5 天 BOD。（46.5mg/L，171mg/L）

5. 为计算最终 BOD 和速率常数，对一样本进行了一系列 BOD（ATU）测定。样本稀释浓度为 5%，培养温度为 20℃，样本和对照组的初始饱和 DO 都是 9.10mg/L。

天　　数	样本的终末 DO/(mg/L)	稀释水的终末 DO/(mg/L)
1	7.10	9.00
2	6.10	9.00
3	5.10	8.90
4	4.20	8.90
5	3.90	8.80
6	3.50	8.70
7	3.00	8.60

利用托马斯算法计算样本的 L 和 k 值。（126mg/L，0.145/d）

第 7 章

水污染物类型与水污染控制技术

我们一定要认识到所有天然水体都含有因侵蚀、浸析和风化作用而产生的各种杂质。除天然杂质外，排入海洋、陆地、地下及地表水系的生活和工业废水也会增加水中的杂质。

任何水体中都存在稀释和自净因子，所以能够接受一定量的污染物而不受污染的严重影响。但是一旦污染超过水体的自净能力，受纳水体的性质就会发生变化，受纳水体各种用途的适用性将随之受到损害。因此，了解污染的影响及其控制措施对于水资源的有效管理具有不容忽视的重要意义。

7.1 水污染物类型

污染物在水中表现出多种类型特征。其中，大多数有机物、部分无机物和微生物都属于非守恒物质，这类物质的腐败速率因其本身的特征，可以受到受纳水体的质量、温度和其他环境因素的影响，能够在水体自净过程中被降解，其浓度会随着时间的推移而降低。还有许多无机物不受自然过程的影响，属于守恒污染物，只能通过稀释来降低其浓度。守恒污染物通常不受常规水和废水处理过程的影响，所以会对所在水源的用途造成限制。

除根据守恒和非守恒特征分类外，下列污染物成分类型也很重要：

（1）导致水中生物活性受到抑制或破坏的有毒化合物。这类物质大多来自于工业排污，如来自抛光和电镀作业的重金属、来自纺织业的防蛀剂，以及除草剂和杀虫剂等。某些藻类还会释放强效毒素，且已有牛饮用含有藻类毒素的水后死亡的案例。

（2）任何可能影响水中氧平衡的物质，包括：①耗氧物质，可能是生化氧化类的有机物，也可能是无机还原剂；②阻碍氧气在气-水界面传递的物质，油类和洗涤剂会在气-水界面形成隔膜，降低氧转移速率，从而放大耗氧物质的影响；③热污染，水中 DO 随温度升高而下降，所以温度上升会扰乱氧平衡。

（3）高浓度的惰性悬浮或溶解固体会引起水质问题，如瓷土洗涤水会覆盖河床，阻碍鱼类食物的生长，从而消灭附近的鱼类，效果堪比直接投毒。盐矿排出的废水也会导致水体不再适宜用作供水水源。

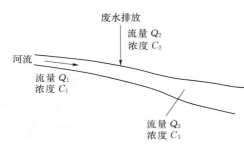

图 7.1　河流污染中的质量平衡概念

显然，定量评估具体的污染排放对受纳水体的影响是非常重要的，定量评估的第一步是使用质量平衡法。如图 7.1 所示为一条接收废水的河。

以瞬时混合与质量守恒为前提，我们可以确定下游的污染物浓度：

$$Q_1 C_1 + Q_2 C_2 = Q_3 C_3 \qquad (7.1)$$

由于抵达和离开排放点的流量必然相同（即 $Q_3 = Q_1 + Q_2$），所以很容易计算下游浓度 C_3。如果已知流速，便可以算出河水流经两点所用的时间，这样便可根据污染物的性质计算出距离排放点更远的下游浓度。

质量平衡样例：

河水流量为 $0.1 \mathrm{m}^3/\mathrm{s}$，氯化物浓度为 $52 \mathrm{mg/L}$，接收流量为 $0.025 \mathrm{m}^3/\mathrm{s}$、氯化物浓度为 $1250 \mathrm{mg/L}$ 的矿坑排水。

根据质量平衡理论，$0.1 \times 52 + 0.025 \times 1250 = (0.1 + 0.025) \times$ 下游浓度；可得下游浓度 $= (5.2 + 31.25)/0.125 = 291.6$（$\mathrm{mg/L}$）。

氯化物是守恒污染物，所以只有当有氯化物浓度更低的水进入水流后，总体浓度才会降到 $291.6 \mathrm{mg/L}$ 以下。而非守恒污染物则会发生腐败反应，所以下游浓度会低于初始浓度。

7.2　自　净

天然水的自净能力体现为生物循环（图 7.2），即水体能够在一定范围内自行调节以适应环境条件的变化。

在有机物含量低的河流中，生命所需的营养物质非常少，所以尽管可能存在许多不同类型的生物，但每种类型的数量相对较少。而在富含有机物的河流中，DO 浓度水平可能会严重降低，致使水中条件不适合动物及高等植物生存。这种情况下，细菌会占据主导地位。不过，在经过足够长的时间之后，有机物会逐渐分解稳定，使需氧量降低，多种多样的生命形式又会重新出现。

自净包括下列方式中的一种或多种：

（1）沉淀，可能会以生物或机械手段作为辅助。沉淀的固体会形成水底沉积物，如果它们是有机物，则会发生厌氧腐败，如果被洪流再次卷起，会使系统需氧量突然升高。

（2）硫化物等还原剂的化学氧化。

（3）天然水体环境一般不适合肠道和致病细菌生存，所以会发生细菌腐败。

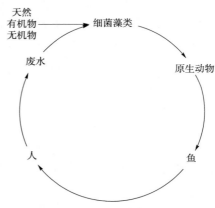

图 7.2　自净循环

(4) 生化氧化。这是目前最重要的自净方式。为了防止严重污染，有必要维持有氧条件；这意味着 BOD 耗氧量与大气再曝气的供氧量不能受到严重干扰。

1. 再曝气

在不混入外来物质的条件下，水中溶解氧的浓度最终会因分子扩散运动而变得均匀。如菲克定律所述，分子扩散速率与浓度梯度成正比。

$$\frac{\partial M}{\partial t} = k_d A \frac{\partial C}{\partial l} \tag{7.2}$$

式中：M 为时间 t 内的质量转移；k_d 为扩散系数；A 为发生转移的横截面积；C 为浓度；l 为转移方向的距离。

式 (7.2) 的解是

$$C_t = C_s - 0.811(C_s - C_0)\left(e^{-K_d} + \frac{1}{9}e^{-9K_d} + \frac{1}{25}e^{-25K_d} + \cdots\right) \tag{7.3}$$

$$K_d = k_d \pi^2 t / 4l^2$$

式中：C_0 为时间 0 时的浓度；C_t 为时间 t 时的浓度；C_s 为饱和浓度。

扩散系数 k_d 通常表示为 mm^2/s。20℃下，水中氧气的扩散系数为 $1.86 \times 10^{-3} mm^2/s$。

气体在液体中的溶解度规律体现为两大物理定律，即道尔顿分压定律和亨利定律。

道尔顿分压定律指出，气体混合物中特定气体的分压是该气体在混合气体中所占比例与总压力的乘积。

亨利定律指出，在恒定温度下，气体在液体中的溶解度与气体的分压成比例。

氧气的溶解速率与饱和差 D 成正比，即

$$\frac{dD}{dt} = -KD \tag{7.4}$$

式中：K 为曝气常数。

由此可得

$$D_t = D_a e^{-K_2 t} \tag{7.5}$$

式中：D_t 为时间 t 时的 DO 饱和差；D_a 为初始 DO 饱和差；K_2 为再曝气常数。

以 DO 浓度来表示式 (7.5)，可得

$$\log_e \frac{C_s - C_t}{C_s - C_0} = -K_2 t \tag{7.6}$$

再曝气常数取决于流速、水道形状和温度。用于预测 K_2 值的经验关系式有很多，其中大多数取决于给定温度下的流速和流动深度，如下所示：

$$K_2 = \frac{cv^n}{h^m} \tag{7.7}$$

式中：v 为平均流速，m/s；h 为平均深度，m；c、n、m 为常数，取值分别为 2.1、0.9 和 1.7。

相比于再曝气常数 K_2，有时更适合采用单位面积的 DO 复氧率，一般称为交换系数 f，可由下式得

$$f = K_2 \frac{V}{A} \tag{7.8}$$

式中：V 为气-水界面下方的水量；A 为气-水界面的面积。

K_2 (V/A) 被称为曝气深度，采用速度单位。

表 7.1 罗列了交换系数的典型值。针对英国众多河流的研究（Owens et al. 1964）表明，20℃时以 mm/h 为单位的 f 值可以利用下式得出：

$$f = 7.82 \times 10^4 U^{0.67} H^{-0.85} \tag{7.9}$$

式中：U 为水的流速，m/s；H 为平均流动深度，mm。

温度每上升 1℃，f 值增加约 2%；同理，温度的下降会降低再曝气速度。

表 7.1　　　　　　　　　　　　　交换系数 f 的典型值

水体类型	$f/$（mm/h）	水体类型	$f/$（mm/h）
死水	4~6	远海	130
流速 0.6m/min 的沟渠水	10	流速 15m/min 的沟渠水	300
严重污染的河流	20	湖区湍流	300~2000
泰晤士河口	55	沿 30°坡流动的水	700~3000
流速 10m/min 的沟渠水	75		

注　引自 Klein（1962）。

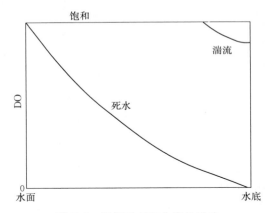

图 7.3　湍流对 DO 曲线的影响

河流研究遇到的问题之一是确定河流的再曝气特征。氧气的溶解只能发生在气-水界面处，此处的水膜能够迅速饱和，但进一步的再曝气则取决于氧气在主水体中的扩散，而这是一个缓慢的过程。在湍流中，这层饱和水膜会被打破，使再曝气能够更快速地进行（图 7.3）。

溪流再曝气特征的现场测定（Gameson et al. 1955）采用还原剂（亚硫酸钠加钴催化剂）对溪流进行部分脱氧并测量下游站点的 DO 吸收量。假设相应河段内没有显著的 BOD 或光合作用：

$$f = \frac{V}{t} \frac{1}{A} \log_e \frac{C_s - C_1}{C_s - C_2} \tag{7.10}$$

式中，C_1 和 C_2 是添加试剂处下游两个站点的 DO 浓度，这两个站点之间的水流时间为 t，$V/t = Q$，即流速。

2. 氧垂曲线

图 7.4 所示为河流只接收一种污染负荷的情形。如果河流最初 DO 饱和，那么污水与河水混合后 BOD 的耗氧量曲线体现的就是河流的累计脱氧。一旦 BOD 开始被利用，DO 便降至饱和水平以下，此时再曝气随之开始。随着饱和差的增大，再曝气速率加快，直至达到脱氧速率与再曝气速率持平的临界点。在这个临界点上，DO 水平达到最低，然后立即升高。

假设这其中涉及的过程只有生物氧化作用导致的 BOD 衰减和大气再曝气的 DO 补充，就可以推导出斯特里特-费尔普斯方程：

$$\frac{\mathrm{d}D}{\mathrm{d}t} = K_1 L - K_2 D \qquad (7.11)$$

式中：D 为时间 t 时的 DO 饱和差；L 为最终 BOD；K_1 为 BOD 反应速率常数；K_2 为再曝气常数。

以 10 为底数进行积分和换乘（$k = 0.4343 K$），可得

$$D_t = \frac{k_1 L_\mathrm{a}}{k_2 - k_1}(10^{-k_1 t} - 10^{-k_2 t}) + D_\mathrm{a} 10^{-k_2 t}$$

$$(7.12)$$

式中，D_a 和 L_a 是 $t = 0$ 时的值，时间 t 时的最终剩余 BOD 为 $L_t = L_\mathrm{a} 10^{-k_1 t}$。

临界点，即饱和差最大的点，可以通过下式计算得出：

$$\frac{\mathrm{d}D}{\mathrm{d}t} = 0 = K_1 L - K_2 D \qquad (7.13)$$

由此可得

$$D_\mathrm{c} = \frac{k_1}{k_2} L_\mathrm{a} 10^{-k_1 t_\mathrm{c}} \qquad (7.14)$$

$$t_\mathrm{c} = \frac{1}{k_2 - k_1} \log \frac{k_2}{k_1} \left[1 - \frac{D_\mathrm{a}(k_2 - k_1)}{L_\mathrm{a} k_1} \right]$$

$$(7.15)$$

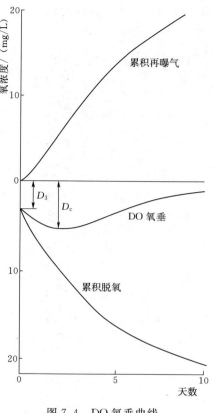

图 7.4 DO 氧垂曲线

式中：D_c 为时间 t_c 时出现的临界饱和差。

此方程可以用于许多领域，但理论上它只在研究河段不出现稀释或污染负荷变化的条件下才有效。

对于比较复杂的河流系统，可以采用逐步计算法。首先，将污染和/或流量不同的各个河段视为单独的个体，然后将一个河段的 BOD 和 DO 测定值作为接下来的下游河段的输入值。可以根据需要重复计算过程，以便为特定的河流系统建立预测数学模型。利用与 DO 的斯特里特-费尔普斯表达式类似的理论或经验衰变关系，这种模型还可以用于其他非守恒污染物。

氧气平衡受多种因素的影响，其中影响最大的可能是悬浮液中有机物的沉积以及底泥冲刷所导致的再悬浮。在浅而宽的河道中，底泥可形成相当大的需氧量；在窄而深的河道中，底泥形成的需氧量较小。洪水能够使底泥再次悬浮，从而产生非常高的需氧量。

DO 氧垂还可能受其他因素影响，包括：①地表径流导致的 BOD 增加；②底泥消耗 DO；③可溶性有机物从底部沉积物中释放，致使 BOD 增加；④底泥微生物降解有机物的过程消耗溶解氧；⑤净化底部沉积物中释放的气体会消耗溶解氧；⑥植物光合作用增加

DO；⑦夜间植物呼吸消耗 DO；⑧通过纵向弥散重新分配 DO 和 BOD。

Dobbins（1964）开发了一种至少在一定程度上考虑了上述因素的方法。结果表明，大多数淡水水流中 BOD 和 DO 的纵向弥散可以忽略不计，而准确测量水面的再曝气才是最重要的。

3. DO 氧垂样例

一条河，流量为 $0.3m^3/s$，DO 为 7mg/L，BOD 为 2mg/L，接收的废水流量为 $0.2m^3/s$，DO 为 1.2mg/L，BOD 为 22mg/L。河流的 BOD 速率常数 k_1 为 0.1/d，再曝气速率常数 k_2 为 0.35/d。请计算河水自废水排放点向下游流动 3 天处的 DO 浓度。饱和 DO 为 9.1mg/L。

初始 DO＝（0.3×7＋0.2×1.2）/（0.3＋0.2）＝4.68（mg/L）

初始 DO 饱和差＝9.1－4.68＝4.42（mg/L）

初始 BOD＝（0.3×2＋0.2×22）/（0.3＋0.2）＝10.0（mg/L）

需要利用方程式（6.12）将初始 5 天 BOD 换算为最终 BOD：

初始最终 BOD＝$10/(1－10^{-0.1×5})$＝14.60（mg/L）

现在，利用式（7.12）可计算出 3 天后的 DO 饱和差如下：

$D_3 = [(0.1×14.60)/(0.35-0.1)](10^{-0.1×3}-10^{-0.35×3}) + (4.42 × 10^{-0.35×3})$

$= 2.8$（mg/L）

因此，3 天后的 DO 浓度为 9.1－2.8 ＝ 6.3（mg/L）。

7.3　有　毒　物　质

鱼类对有毒污染敏感，所以常被用作检测指标。但实际情况复杂，因为多种环境因素都可能严重影响特定物质的毒性。如果是以鱼类作为指标，那么环境因素中最重要的两项便是 DO 和温度。鱼类的正常活动需要一定的氧气浓度，其所需的最低氧气浓度阈值下至某些杂鱼可适应的 1.5mg/L，上至垂钓鱼所需的 5mg/L。如果 DO 水平达到或接近这一阈值下限，鱼类的活动便可能受到不利影响，其对有毒物质的敏感性往往也会随之增加。重金属等一些有毒物质会干扰鱼类的呼吸，所以在低 DO 的条件下引起的损害会更大，因此，在 DO 仅达到饱和浓度 50％的水中，重金属浓度只要达到其在氧饱和的水中开始产生毒性的浓度水平（毒害浓度）的 70％便开始产生毒性。

鱼的代谢率与温度密切相关，温度每升高 10℃，需氧量便会增加 2～3 倍。不幸的是，DO 饱和浓度会随着温度的升高而下降，所以温度升高既会导致需氧量增加，同时还会降低氧气供应。粗略估计，温度上升 10℃ 会使物质开始产生毒性所需的浓度水平降低大约一半。

另一个对毒性有重要影响的因素是 pH 值，氨基化合物便是最好的例子，它在低 pH 值条件下相对无害。而在碱性条件下，氨可以对鱼类产生相当大的损害，pH 值从 7.4 升至 8.0 可使毒害浓度减半。似乎非离子氨才是氨的有毒形态，而在低 pH 值条件下占主导地位的离子氨的毒性则低得多。一般来说，与离子形态的物质相比，非离子形态的物质更容易被鱼类吸收。

水中存在的溶解盐更是一个可以影响某些物质毒性的因素。比如，溶液中钙离子的存在会大大降低铅和锌等重金属的毒害作用。而高浓度的钠、钙和镁则可通过与重金属形成络合物来阻止重金属的毒性作用。举例来说，软水中 1mg/L 的铅可能会导致鱼类迅速死亡，但是在钙硬度为 150mg/L 的硬水中，1mg/L 的铅不会有害。

正如某些生物测定形式所展现的那样，河流中潜在有毒物质的影响通常是通过其对鱼类的作用来衡量的。此方法需要先对可疑物质做一系列的稀释处理，然后在标准条件下使试验鱼暴露其中。它采用的急性毒性指标是半数忍受限 TL_m，又称半数致死量 LD_{50}，指的是受试物的浓度。在这个浓度水平上，50％的试验鱼在指定的暴露时间内（一般是 48h 或 96h）能够存活。表 7.2 列出了一些典型的毒性水平指导值。不过，由于检测程序和环境条件的诸多变化，不能说鱼类只能容忍特定物质的某个浓度。在慢性毒性测定方面，此法存在着用鱼数量大和耗时长的缺点，所以现在兴起了其他方法。一些使用甲壳动物、大型溞和羊角月芽藻作为新型毒性测定方法在污染控制领域得到了广泛的应用。

表 7.2   一些对鱼类有毒的化合物

物　质	来　源	$LD_{50}/(\mathrm{mg/L})$
吖啶	煤焦油废物	0.7～1.0
艾氏剂	杀虫剂	0.02
烷基苯磺酸盐	污水排放	3～12
氨	污水排放	2～3
氯胺	氯化废水	0.06
氯	氯化废水	0.05～0.2
硫酸铜	金属加工 水库藻类控制	0.1～2.0
氰化物	电镀废物	0.04～0.1
DDT	杀虫剂	<0.1
合成洗涤剂（包装）	污水排放	15～80
氟化物	铝冶炼	2.5～6.0
六氯化苯	杀虫剂	0.035
硫化氢	底泥，污泥	0.5～1.0
甲硫醇	炼油厂 木浆加工	1.0
萘	煤焦油废物 煤气水	10～20
对硫磷	杀虫剂	0.2
重铬酸钾	流量测定	50～500
硝酸银	摄影废物	0.004
锌	电镀 人造丝生产	1～2

注　以上数据仅供参考，特定情况下的实际 LD_{50} 取决于环境因素、所涉鱼类及暴露时间。

此外，还有商用毒性检测仪可用。其原理依据的是有毒物质能够阻碍或抑制添加到样本中的化学发光酶或生物发光细菌的活性。此方法使用经过校准的仪器测量处理过的样本的发光度，以便定量测定抑制程度，由此确定毒性使用。

此类方法在所有的毒性测定过程中，都需要将试验菌或试验酶暴露在一系列的可疑物质稀释液中，以便测定"最大无影响浓度"NOEC。我们一定要明白，没有哪一种特定类型的毒性测定法能对所有毒性物质都更为敏感的，所以有时可能需要进行一系列的检测才能得到所需的数据。

在考虑饮用水水源时，必须始终将有毒物质的存在视为潜在危害。如果使用低地河流作为饮用水水源，无疑会由于有毒物质的意外排放而增加潜在危险。遗憾的是，对原水进行全部已知有毒化合物测定是不可能的，并且对有毒化合物意外排放的检测基本上都需要快速报告。针对低地河流原水推荐的 7 天岸边贮水法能够起到一定的保护作用，但是仍需要借助一些监测设备来警示有毒物质的存在。在这一点上，不太可能有通用的监测设备。不过，许多使用鱼类或微生物的方法至少能在一定程度上监测有毒物质的急性毒性水平，但监测微量水平的有毒化合物则困难得多。

由于一些工业排放，人们可能担心各类物质的复杂混合会对受纳水体中的水生生物有害。即使是需氧量低于检测限的污染物浓度水平也有可能造成这种损害，甚至一些根本不需要氧气、不含有机碳的无机物也可能会造成这类损害。在保护水环境方面，要分析所有可能的有毒成分是非常困难且耗时的，况且其浓度还会因取样时所处的工业过程阶段的不同而变化。

7.4　水污染的总体影响

在考虑废水的污染时，除了会造成 DO 缺乏之外，当然还有其他影响。它会导致水中溶解的固体、有机物含量以及氮和磷等营养成分大量增加，颜色和浊度显著加重，具体取决于稀释物的可用性。所有这些成分都可能引起水质的不良变化，对于下游汲水而言问题尤其严重。营养物质的积累在湖泊和流动非常缓慢的水域中可能是一个棘手的问题，但对于河流来说不会太严重。但我们也应该注意到有许多河流抽水供水方案中，需要将原水贮存在大型浅水库中等待处理。在这种情况下，即使是浓度非常低的营养成分也可能会导致藻类季节性过度生长，有时会造成水库水比原来的河水更难以处理。

所有湖泊的特征都会发生自然变化，在没有人类活动干预的情况下，这个变化过程可能需要数千年的时间。在"旷野"流域，流入湖泊的水来自于近乎贫瘠的周边，所以湖中聚集的有机养料和无机营养物极少。这种缺乏营养物质的水被称为"贫营养水"，其特征是 TDS（总溶解浓度）水平低、浊度非常低并且生物种群少。随着流域"年龄"的增长（几乎需要以地质时间尺度来衡量），水中营养物水平逐渐上升，生物生产力也相应提高，随之而来的便是水质恶化。随着营养物水平和生物生产力的提高，水最终变得营养丰富，称为"富营养水"。营养物会被循环利用，在极端情况下，水可能会受到植物的严重污染，而且植物腐烂会导致 DO 浓度降低，在阴暗的环境中也会使厌氧条件更容易形成。所有湖泊最终都逃不过富营养化的命运，但是人类活动导致的人为富集会大大加速这一进程。在富营养化的环境中，氮和磷是最重要的营养物质。由于一些藻类可以固定大气中的氮，所以通常认为磷是水中的限制性营养素。导致藻类过度生长的磷浓度临界点取决于多种因素，但就英国的情况而言，冬季磷酸盐水平低于 $5\mu g/L$ 的水体不太可能表现出富营养化趋势。污水中的磷酸盐一部分来自于人体排泄，一部分来自于合成洗涤剂。

严重污染常见于工业化地区，它会对河流水系产生非常深远的影响。而要减少这些水系中的污染，无疑成本不菲而且往往需要许多年的时间。理想的情形当然是每条河川都不受污染，水中鱼类成群，令人赏心悦目。但在工业化国家，杜绝一切河流污染在经济上是无法实现的，所以我们有必要全面了解水资源，并根据用途对河流进行分类。

有很多理由都表明河流污染显然是令人不能接受的：水源污染——增加水处理厂的负担；娱乐用途受限；影响鱼类生活；产生公害——影响外观和气味；沉积固体高筑，影响航行。

因此，典型的用水分类可以是（按质量要求降序排列）：生活用水、工业用水、商业捕鱼、灌溉、娱乐和游乐、运输、废物处理。

每种用途都有特定的水质水量要求，而且同一类水可能无法用于多种用途。灌溉属于消耗性用途，因为灌溉用水不会返回到河流水系中。相当大量的冷却水也会通过蒸发而消耗。另外一些用途则基本不具有消耗性，但往往能对水质产生不利影响，比如生活用水最后会作为污水返回到水系当中。水资源的保护有赖于尽可能地提高水的综合利用。

7.5 地 下 水 污 染

一般来说，土壤和岩石在水渗透过程中的过滤作用足以除去受污染渗流中的悬浮杂质。但需要指出的是，过多的悬浮固体会在孔隙中积聚，最终阻塞含水层，阻断进一步的水补给。某些土壤和岩石的离子交换属性可以去除水中的一些可溶性杂质，但并非对所有污染物均能奏效。含水层的污染会严重影响水的用途，这一问题在许多国家越来越受到重视。有些地区面临的主要问题是地下水的硝酸盐含量太高，这是由排水量增加和施肥过量导致的，而施肥过量往往是集约化耕作的结果。欧盟针对硝酸盐问题颁布了指令，要求将含水层中硝态氮浓度可能超过 $50mg/L$ 的区域划分为"硝酸盐脆弱区"（NVZ），并在该区域内建立实施对影响地下水中硝酸盐浓度的农业等活动加以控制的行动计划。但上述相关措施可能需要实施多年以后才能使得地下水中的硝酸盐水平呈现显著的下降。

使用渗水坑来排放生活和工业废水以及收集地表径流的做法是导致地下水水质问题的主要原因，并且燃料储存设施和输油管道也具有潜在的危害。固体垃圾倾倒场的渗液可造成严重污染，许多地区通过实施严格的规划控制来阻止建造这类可能导致地下水污染的设施。

有机物进入含水层后，其稳定过程即变得非常缓慢，这是因为它会很快耗尽水中的氧气，形成厌氧环境。这会使水中生成具有不良味道和气味的化合物，并致使周围岩石所含的铁溶入水中。地下水污染方面的一个主要问题在于地下水缺乏有力的自净能力，所以含水层一旦受到污染，在可预见未来的时间内都无法用作供水水源。英国约30%的公共供水来自地下水，美国的这一数据为 50%，丹麦则高达 99%。由此可见，保护地下水质量是水质控制和水资源保护领域至关重要的课题。重要含水层必须得到特殊保护。某些情况下，只有在确保含水层与潜在污染源完全隔离的前提下，才可以将废水排入地下或建造有渗液风险的固体垃圾倾倒场。为了保护含水层，我们可以先评估单个含水层面对污染的脆弱性，再据此来制定地下水保护策略。然后依照保护策略建立保护区，确保对水域内可能导致污染的活动加以严密控制，将污染风险降至最低。英格兰和威尔士对地下水采取的保护政策是将汲用地下水周边区域进行类别划分：

（1）一类区域（内部水源保护区）：紧邻汲用地下水，界限为汲用水 50 天行程范围。

（2）二类区域（外缘水源保护区）：汲用水 400 天行程范围。

（3）三类区域（水源流域）：水源所在的整个流域。

一类区域内禁止任何类型的垃圾填埋；二类区域内仅允许生活垃圾、惰性垃圾和建筑垃圾填埋，并且必须采取充分的作业保障措施；高污染的工业废物填埋场只能建在三类区域，并且必须配置工程封闭系统。各区域的废液、污泥和泥浆的地下处置以及地表水排放和废水排放同样适用类似规定。

7.6　有潮水域污染

多年以来，有潮水域附近的社区一直利用这类水体作为便利的垃圾处理途径。远海具有相当大的稀释和分散污染物的能力，并且自净能力也十分强大。但这并不意味海洋可以无限度地帮我们处理废弃垃圾，也不意味所有有潮水域都适合污水排放。在污染吸纳方面，潮汐河口的上游与非潮汐河段可能具有相似的特性。但狭窄潮汐河口或内陆河口的水流特征往往却比较复杂，这意味着废水在前往远海的路上需要几天时间才能前进一小段距离。而另一方面，随强劲潮汐流排入开阔深海的污水则可能很快便会消失无踪。环保组织施加了很大的压力，要求禁止将未经处理的污水排入任何有潮水域，不出几年，这种排放行为在欧盟国家就会变成违法行为。该项全面禁令的科学有效性在大多数情况下仍是被存疑的，尽管其在某些情况下被证明是合理的。如果通过长距离排水口向远海排放废水，并在海床上放置巧妙设计的扩散器，那么任何环境影响都可以忽略不计。如果排污口附近有泳滩和贝类养殖区，或者环境温度高且潮汐作用有限，则有必要建造与内陆类似的综合常规污水处理厂。如果涉及浴水，还可能需要在排放之前先进行消毒。内陆河口和海湾处可能出现富营养化，藻类的大量增长会形成公害，所以在某些情况下，集水区还需要有营养物控制措施。此外，营养物还可能促进沿海水域甲藻类生物的增长，某些甲藻能够释放出强效毒素，对区域内以贝类为食的生物构成威胁。

7.7　水污染控制技术

由于需要协调对水生环境和水资源的各种需求，大多数国家都设立了专门的污染控制机构来维持和改善水质。引用欧盟委员会的定义，水污染的意思是"人类向水生环境中排放物质，导致对人类健康造成危害、对生物资源和水生生态系统造成危害、对设施造成损害或破坏水的其他用途。"

由此看来，如果要将排放界定为污染，必须要有证据表明其已经造成实际危害或损害。

7.7.1 水质管理

要列举水管理中的现代理念，我们有必要以英格兰和威尔士为例，说明国家河流管理局（NRA）是如何在 1989 年开始全面控制水循环的各个方面的。管理局分区运作，各分局分别负责一条主要河流或多条河流流域内的水质监测、污染控制、公共供水水源管理、有效防洪措施的提供、渔业的改善和发展、水环境的养护和保护以及水上娱乐活动的促进工作。NRA 还负责授予污水排放许可，向地表水和地下水排放的污水必须达到一定的成分和流量标准才能获得该许可。如果废水中存在表 7.3 所列的某些特殊有害物质（"红色清单"），则需由皇家污染监察署（HMIP）与 NRA 商议决定是否授予排放许可。为了确保废水的无害，必须避免或尽量减少这类特殊物质的排放。

表 7.3 英国"红色清单"中的有害物质

序号	有害物质	序号	有害物质
1	汞及其化合物	13	三苯基锡化合物
2	镉及其化合物	14	敌敌畏
3	六氯化苯	15	氟乐灵
4	DDT	16	1，2-二氯乙烷
5	五氯苯酚（PCP）	17	三氯苯
6	六氯苯（HCB）	18	谷硫磷
7	六氯丁二烯（HCBD）	19	杀螟硫磷
8	艾氏剂	20	马拉硫磷
9	狄氏剂	21	硫丹
10	异狄氏剂	22	阿特拉津
11	多氯联苯（PCB）	23	西玛津
12	三丁基锡化合物		

这是"综合污染防治"（IPC）政策的一部分，旨在确保此类物质不会污染环境的任何部分。大多数发达国家的区域级或国家级监管机构也都采用类似的机制。由于公众对水环境关注度的提高，水污染控制工作得到了更高的重视，并且"最佳可用技术"（BAT）处理过程的采用有可能成为强制性规定，尤其是在工业废水方面。随着技术的发展，废水水质有望提高，所以 BAT 理念可能会对排放批准条件形成"棘轮"效应。相比于以往的处理技术，BAT 可能会产生相当大的额外成本，这一点已经引起注意，并因此产生了"不会产生过高费用的最佳可用技术"（BATNEEC）一词。随着污水排放标准日益严苛，其给公众和工业带来的财务负担也会加重，以致于最终的经济解决之道可能是"停止排放"。这种解决办法对生活污水排放来说并不实际，但某些情况下可能会成为工业企业的选择，引发工艺流程改革或者工厂关闭。当然，后一种结果会导致失业，引起重大的政治影响。到那时，在一个公众高度敏感的领域里巧妙地平衡环境效益与失业率将成为必需。

1996 年，英格兰和威尔士成立了新的环境署，接管了作为地方政府组成部分存在的

NRA、HMIP 和废物管理局的职能与责任。新的环境署提出了全面综合的环境管理办法，要求确保空气、土地和水资源的质量得到维护和改善。地方环境署计划（LEAP）旨在达成获得一致同意的解决方案，并借鉴 NRA 在制定流域管理计划（CMP）方面取得的经验。苏格兰环境保护署（SEPA）在苏格兰也扮演着与此类似的角色。

流域管理规划流程使得独立监管机构能够平衡同一河流水系中所有用户的竞争性需求和不同利益，这样便可以在水质、水量和物理特征等诸多方面实现流域的环境潜能。流域管理计划围绕河流及河流廊道来分析影响流域的问题，并提出解决问题和冲突的方案。流域的许多问题需要通过其他机构、组织或行业的配合与协助才能解决，所以 CMP 的编制必须与当地社区及其他利益相关者进行磋商。

水污染控制标准可以基于受纳水体所需达到的质量水平（"水质目标"法，或简称 WQO 法），也可以不考虑受纳水体相关条件而直接应用于排放（"排放标准"法）。WQO 法顾及到可用的稀释物和受纳水体的其他用途，所以更加合乎逻辑。但在有新的废水排入水系中时，这种方法也可能引起麻烦。这种情况下，所有现有的排放许可标准都必须向下修订，否则新的排放就会被要求达到一个无法实现的高标准。由于各个河段的同化能力有差异，所以同样的废水如果排入不同的河段，对其处理力度的要求也会不同。排放标准法可全面应用于所有类似的排放，所以在行政管理方面比较方便。然而，由于此法不考虑具体河段的专有特征，比如自净能力和下游用水，所以经济上和科学上往往不够合理。在实践中，将固定排放标准法与 WQO 法相结合可以获得一些实用性和经济性上的优势。无论采用何种方法控制水污染，主要目的都是保护公共和工业用水的汲取、保护公众健康、维护和改善渔业、维护和恢复水质以及保护水生动植物。

多年来，英国的水污染控制主要基于皇家污水处理委员会的开创性工作，该委员会在其第八次报告（1912 年）中建议采用与受纳水体中的主导性条件相适的污水标准。该委员会的研究结论指出，水道中的 BOD 上限应为 4mg/L，超出此限值则表明存在严重污染。清洁河水的 BOD 被认为是 2mg/L，如果典型污水处理厂出水的 BOD 为 20mg/L，那么要使下游河水的 BOD 不超过 4mg/L，需要达到 8∶1 的稀释比例。基于这一构想，皇家委员会提出的污水标准为 20mg/L BOD 和 30mg/L SS，此限值基于第 75 百分位值。许多情况下，污水排放是符合 20∶30 标准的，但如果稀释不够，仍可能导致严重污染。必须指出的是，委员会选择 4mg/L BOD 作为限值是有些保守的。事实上，许多水道具有氧合能力，其能够抵消的需氧量远远超过 4mg/L BOD，并不会对环境造成严重损害。

由英国政府、工业界和研究理事会资助的城市污染管理（UPM）大型研究项目已在英国展开，它侧重于城市河流问题，旨在帮助制定污染控制战略。该项目涉及雨水溢流性能、风暴剖面对系统性能的影响以及悬浮物在污染负荷中的角色。在城市地区，合流制排水系统溢流井（CSO）的污水排放可能是河流污染的主要原因，特别是在污水处理系统需要修复的地方。为了有效地升级污水处理系统，有必要定量测定暴雨水溢流对受纳水体水质的影响。利用一系列计算机模型可以模拟特定的河流系统，从而制定出合理的排放许可标准和控制政策，并能提供有用信息，帮助优化投资，实现最高水平的环境改善。

7.7.2　水质分类

英格兰和威尔士已经利用地方排放标准设立排放许可标准，最早被用来使用的标准是

1970 年国家水理事会（NWC）制定的水质分类方案，见表 7.4。

表 7.4 NWC 河流水质分类

河流等级	质量标准	备注	潜在用途
1A	DO 高于 80％饱和水平，BOD 不高于 3mg/L，氨浓度不高于 0.4mg/L，符合 A2 级水质水平，对鱼无毒*	平均 BOD 不高于 1.5mg/L，没有明显的污染迹象	饮用水供应，休闲渔业，高端游乐
1B	DO 高于 60％饱和水平，BOD 不高于 5mg/L，氨浓度不高于 0.4mg/L，符合 A2 级水质水平，对鱼无毒*	平均 BOD 不高于 2mg/L，平均氨浓度不高于 0.5mg/L，没有明显的污染迹象	同 1A
2	DO 高于 40％饱和水平，BOD 不高于 9mg/L，符合 A3 级水质水平，对鱼无毒*	平均 BOD 不高于 5mg/L，可有一定的颜色和泡沫	深度处理后用于饮用水供应，粗渔业，一般游乐
3	DO 高于 10％饱和水平，没有形成厌氧条件，BOD 不高于 17mg/L		低级供水，污染至不存在鱼类的程度
4	DO 低于 10％饱和水平，偶尔形成厌氧条件		严重污染，产生公害
X	DO 高于 10％饱和水平		不重要水体，只需防止公害

* 欧洲内陆渔业咨询委员会（EIFAC）术语。A2 和 A3 是指 EC 指令 76/464/EEC 下的处理要求（表 2.5）。

水质分类的总体目标是确保不发生水质恶化，消除第 4 类水，并尽量将第 3 类水升级至第 2 类。实现这些目标所必需的污水排放许可标准通常基于使用第 95 百分位值的 BOD、SS 和氨态氮浓度。NWC 方案的问题在于，分类方案中没有涉及的化学物质也有可能存在于水中，而这种情况则意味着相关水体无法支持该类水体原本可以支持的水生生物。比如，重金属可能对某些被鱼类作为食物的微生物有毒，但这些重金属并没有出现在水质分类的化学参数中。1993 年，国家河流管理局通过了修订版河流水质分类方案，即 GQA（一般水质评估）方案（表 7.5）。该方案依然局限于化学参数，但百分位值的使用为采样和分析中的统计误差留出余地。此次修订的目的是为评估污染预防措施所带来的水质长期变化提供更可靠的依据。

表 7.5 河流和运河的 GQA 化学分级

水质	等级	DO/（％饱和水平）（第 10 百分位值）	BOD（ATU）/（mg/L）（第 90 百分位值）	氨/（mg N/L）（第 90 百分位值）
良好	A	80	2.5	0.25
	B	70	4	0.6
一般	C	60	6	1.3
	D	50	8	2.5
较差	E	20	15	9.0
很差	F	一项或多项测定物水平次于 E 级		

如前所述，通过参考水的用途来控制污染是有其优势的，因为这样可以从特定用途出发，有针对性地制定水质目标。正因为如此，NRA 制定了"法定水质目标"（SWQO）原则。但出于政治和经济方面的考量，这一原则的启用遭到了一定程度的延误，其初始试行阶段直到 1996 年 4 月 NRA 被并入环境署后才开始。SWQO 的目的是从法令的角度出发来设定目标，为监管机构、排放者、汲水者和河流使用者提供统一的规划框架。SWQO 原则可以为现有的排放许可标准提供法律基准，帮助解决来自与水无关的工业领域的排放、农业及其他面源污染以及新建或改造汲水设施所产生的影响，从而维系至今已实现的水质改善。

SWQO 原则要求根据供水、灌溉、渔业和娱乐等不同用途来制定一套水分类标准。首先，为涵盖水道的基本"健康"要素，NRA 制定了"河流生态系统分类"方案（表7.6），为 1996 年实施的 SWQO 试点项目奠定了基础。

表 7.6　　　　　　　　　　　　　　　河流生态系统分类标准

等级	DO /（%饱和水平）（第 10 百分位值）	BOD（ATU）/（mg/L）（第 90 百分位值）	氨		pH 值（第 5~95 百分位值）	硬度（CaCO₃）/（mg/L）	溶解铜/（μg/L）（第 95 百分位值）	总锌/（μg/L）（第 95 百分位值）
			总氨/（mg/L）（第 90 百分位值）	非离子氨/（mg/L）（第 95 百分位值）				
RE1	80	2.5	0.25	0.021	6~9	<10	5	30
						>10，<50	22	200
						>50，<100	40	300
						>100	112	500
RE2	70	4.0	0.6	0.021	6~9	<10	5	30
						>10，<50	22	200
						>50，<100	40	300
						>100	112	500
RE3	60	6.0	1.3	0.021	6~9	<10	5	300
						>10，<50	22	700
						>50，<100	40	1000
						>100	112	2000
RE4	50	8.0	2.5	—	6~9	<10	5	300
						>10，<50	22	700
						>50，<100	40	1000
						>100	112	2000
RE5	20	15.0	9.0	—	—	—	—	—

可以看出，除了 NWC 和 GQA 方案中使用的化学参数外，河流生态系统方案还纳入了影响水生生物的其他参数。比如，铜和镍等金属的毒性受 pH 值和硬度等其他水环境特征的影响，而这种效应被纳入到前述分类方案当中。

当然，水生生物本身就可以作为现场监测指标，促成生物分类系统的建立。水中生物体的目视鉴别与计数使得生物学检查耗费大量时间并且需要技术娴熟的水生生物学家来完成。不过基于定期调查数据的生物分类方案确实可以帮助评估水的总体质量。由 NRA 开发、现由环境署采用的生物分类方案是根据大型无脊椎动物群体（分类单元），比如蜉蝣稚虫、蜗牛、虾和蠕虫。之所以选用这类生物，是因为它们在水中的位置基本不变、寿命较长并且能够对水的物理和化学性质做出反应。因此，它们会受到罕见污染事件的影响，而 GCA 监测所采用的定点采样往往会遗漏这类事件。生物学评估需要使用 85 组大型无脊椎动物，每组都要包含若干种污染耐受力相近的物种。耐污染组得分为 1，污染耐受力越小，分值越高，耐受力最小的组得分为 10。如果水中存在不耐污染型分类单元，说明该处水质优于仅存在耐污染型分类单元处的水质。对指定地点的分类单元进行整体评估后，将其与未经污染的同类型水中预期存在的分类单元进行对比，见表 7.7。

表 7.7   **GQA（一般水质评估）生物分类方案**

等级	大　纲　说　明
A（优秀）	近似或优于预期；分类单元高度多样化，每个分类单元都有若干个物种；几乎没有优势分类单元
B（良好）	略次于预期；污染敏感型分类单元略少；耐污染型分类单元有适度增加
C（较好）	次于预期；缺少许多敏感型分类单元或个别物种数量减少；耐污染型物种显著增加，且有些数量很大
D（一般）	次于预期；敏感型分类单元稀少；存在耐污染型分类单元且某些物种数量很大
E（较差）	仅存在耐污染型物种且某些分类单元在个别物种的数量上占优势；没有或几乎没有敏感型分类单元
F（很差）	仅存在少量超耐污染的分类单元；通常只有蠕虫、孑孓、水蛭和水猪虱且数量非常多；最糟糕的情况下根本没有生命

此分类程序以未经污染的水的数据作为基线，而这类数据有时很难获得。对此，英国采用的解决办法是利用水及其所在流域的物理数据来建立预测模型 RIVPACS（河流无脊椎动物预测与分类系统），然后利用该模型生成未受污染的同类型水中的预期分类单元数据。

1976 年，欧盟委员会颁布了一项用于饮用水源的地表水质量的指令。这体现了根据特定用途设定水质目标的理念。见表 2.5，该指令包含大量的物理化学参数和微生物参数，并就这些参数提出了指导值，同时还针对关键参数设定了强制上限值。

7.7.3 排放许可

向水道中直接排放污水前，须达到针对特定污水所含成分的排放许可条件。在水污染方面，环境署通过控制面向水道的排放来维持和改善受纳水体的水质，并负责签发相关法律文件，即"排放许可"。环境署会基于成本回收原则收取费用，用于制作许可证和监测执行情况。有关许可条件的初步估计一般通过简单的质量平衡计算来进行，但对于影响重大的排放，则越来越倾向于采用统计和数学建模方法。每个受纳水体和污水都有许多流量和质量特征，其平均值几乎没有意义。所以，要想确定污水排放在一系列环境条件下对受纳水体的影响，一般需要确定流量和重要质量参数的频率分布。涉及大规模排放时，适合使用蒙特卡罗模拟技术，它可以量化达到给定水质目标的可能性。

排放许可需在运作两年后接受复查，它可以有以下几种形式：

（1）数值形式——详细列明各个参数浓度的绝对值或第 95 百分位值，根据常规抽样程序对照检索表来判断是否符合要求（就系列样本而言，第 95 百分位值一般是平均浓度的两倍）。

（2）非数值形式——环境容许性取决于美学而非浓度。

（3）描述形式——适用于环境破坏潜力小的小规模排放，指明所需的处理类型。

目前，数值形式的排放许可大多只规定两个或三个参数，一般是 BOD、SS 和氨。但是最近几次污染事件引起的担忧表明，除了数值型参数外，总体要求还有必要包含一些文字说明，比如："……并且不得含有任何可能对受纳水体的其他正常用途有不利影响的其他成分。"

虽然这项额外要求加重了排放者的责任，但有可能减少污染事件的数量。

水污染控制工作中的一个重要领域是针对工业废水排放的污染防治。工业废水可能会直接排入受纳水体，这需要达到基于河流水质目标建立的排放许可条件，而这类条件一般会列明绝对限值而非百分位值。不过，工业废水通常会排放到城市污水管道中，与生活污水混合后接受处理。这种情况下，水务公司或污水处理机构要对排放物的成分施加约束（工业污水排放许可条件），以防止污水管道中出现危险和避免处理过程受到干扰。表 7.8 列举了工业废水向城市污水处理系统排放的典型标准。这种情况下，工业企业需要缴纳相应的费用。收费依据为需要处理的水量以及使废水达到污水处理厂排放许可标准所需的工作量。

表 7.8　　　　　　　　　　工业废水向下水道排放的典型标准

参数/（单位 mg/L，另有说明的除外）	工业排放中的最大浓度	参数/（单位 mg/L，另有说明的除外）	工业排放中的最大浓度
pH 值	6～11	铬	50
硫酸盐	1500	润滑脂/油	500
硫化物	10	沉淀性固体	1000
氰化物	10	汽油	0
氨	100	温度/℃	43

有关工业废水收集和处理的收费方案一般以莫格登公式理念为基础，如下：

$$收费/m^3 = R + V + \frac{O_i}{O_s}B + \frac{S_i}{S_s}S \qquad (7.16)$$

式中：R 为收集和输送费用，p/m³；V 为体积测定和初级处理费用，p/m³；B 为沉淀污物的生物氧化费用，p/m³；O_i 为工业污水沉淀后的 COD，mg/L；O_s 为沉淀污物的 COD，mg/L；S 为初沉污泥的处理和处置成本，p/m³；S_i 为工业废水总 SS，mg/L；S_s 为入厂污水总 SS，mg/L。以上因子的典型数值（1996 年价格）列于表 7.9。

这种类型的收费方案能够促使工业排放者采取严格的程序控制或工艺流程改进等措施来降低废水的体积和浓度。除非收费合理，否则以处理工业废水排放为目的的"污染者付费"政策可能无法取得令人满意的结果。某些情况下，工业企业可能更愿意以营运成本的形式支付其造成污染所产生的费用，而不愿投资建设处理厂。这种选择可能会对水质产生普遍性的不利影响。

表 7.9　　　　　　工业平均因子排污费（1996 年英格兰和威尔士价格）

式（7.16）中的因子	1996 年平均值	式（7.16）中的因子	1996 年平均值
R	15.3p/m³	S	12.5p/m³
V	13.8p/m³	O_s	542mg/L
B	19.1p/m³	S_s	351mg/L

在英国，水质目标法被视为实现水污染控制和环境保护的最合理方式。但尽管如此，所有欧盟国家都要遵循有关废水处理标准的指令。该指令规定了各种情况下的最低处理水平（表 7.10）。至 2005 年，这些要求将适用于欧盟国家所有城市的污水排放。

表 7.10　　　　　　城市污水处理指令的主要要求（91/271/EEC）

受纳水体类型	污水标准或净化要求
普通水体	BOD 25mg/L MAC 或净化率 70%～90%，COD 125mg/L 或净化率 75%
敏感地区水体（稀释能力差）	总磷 1～2mg/L MAC 或净化率 80%，总氮 10～15mg/L MAC 或净化率 70%～80%（人口当量大于 100000 时，MAC 水平须更低）
自然分散能力强的水体（河口/海洋）	BOD 净化率 20%，SS 净化率 50%

对于人口当量小于 2000 的内陆和河口排放，以及人口当量小于 1 万的沿海排放，只需要"适当处理"。该指令还适用于直接排放到天然水体的有机工业废水。自该指令在英国实施以来，已有一些实例表明这种固定排放标准法似乎会导致监管过度，从成本效益的角度分析可能不尽合理。

还有许多国家也采用排放标准作为污水排放的主要控制措施，表 7.11 列举了日本的标准。见表 7.11，国家污水标准涉及的是与健康相关的成分和对环境影响重大的成分。国家标准被作为最低可接受水平，各县可以根据自身特殊要求制定更严格的标准。

表 7.11　　　　　　日　本　污　水　标　准

参数/（单位 mg/L，另有说明的除外）	国家标准	典型县级标准
健康相关参数		
镉	0.1	0.01
氰化物	1.0	不得检出
有机磷化合物	1.0	不得检出
铅	1.0	0.1
铬（六价）	0.5	0.05
砷	0.5	0.05

续表

参数/(单位 mg/L，另有说明的除外)	国家标准	典型县级标准
汞	0.005	0.0005
烷基化合物	不得检出	不得检出
PCB	0.003	不得检出
环境相关参数		
BOD	160	25
SS	200	50
苯酚	5	0.5
铜	3	1
锌	5	3
铁（可溶）	10	5
锰（可溶）	10	5
氟化物	15	10
矿物油	5	3
脂肪	30	10
pH 值	5.8～8.6	5.8～8.6
大肠杆菌/(MPN/mL)	3000	3000

　　美国采用国家污染物排放削减（NPDES）许可证制度，旨在基于水质标准和/或技术相关限制来保护和维持受纳水体的有益用途。其受纳水体水质标准通常以低流动性为条件，对应 10 年回归期的连续 7 天流量，并考虑稀释和各污染物的特征。此外，美国还采用二级处理等效性作为针对城市污水排放的国家最低标准，示例见表 7.12。如果二级处理不足以保证指定的受纳水体水质，则个别处理厂还可能需要进行额外的深度处理。

表 7.12　　　　　　　　　　　　美国二级废水处理最低国家标准

参　数	30 天平均值	7 天平均值
5 天 BOD，最严格的		
污水/(mg/L)	30	45
净化率	85	
悬浮固体，最严格的		
污水/(mg/L)	30	45
净化率	85	
pH 值	始终在 6.0～9.0 范围内	
粪大肠菌群/(MPN/100mL)	200	400

　　对于潮汐水，可以根据内陆排放标准所使用的常规物理和化学参数来调节排放标准，留出稀释的余地。这样，如果能达到充分的稀释，那么经过过滤或破碎处理的污水也许可以直接排放。对于泳滩和贝类养殖区的水体，污水污染所产生的细菌学影响可能是首要关

注点。尽管潮水细菌污染对健康的影响很难量化，但各个部门已制定了基于大肠菌群计数的浴水标准，低至加利福尼亚的 100/100mL，高可至欧盟的 1 万/100mL（表 2.9）。这里同样可以看出，基于特定气候和环境条件的地方标准似乎比通用标准更加合适。

传统的废水处理过程并不是专为去除有害微生物而设计的，所以典型污水处理厂出水中含有大量的大肠杆菌和其他肠道细菌。在需要将这些污水排放到内陆或沿海浴用水体的情况下，添加最终消毒阶段以确保流出物符合浴水质量标准的做法变得越来越普遍。由于氯或臭氧等化学消毒剂可能会产生消毒副产物，所以紫外消毒一般被视为唯一可接受的浴水消毒方法。

我们必须认识到，尽管污水处理厂和下水道溢流井等点源的有效水污染控制措施已经相当成熟，但这些点源并不是水污染的唯一来源。诸如地面排水和铺砌面的地表水径流等也会产生大量污染。随着点源控制的加强，面源污染的影响变得越来越重要。举例来说，如果污水处理厂的排放水中含有营养物，则会引起水体富营养化，这就可能需要在排出前采取除氮除磷的措施。在某些流域，这种做法在防止水体富营养化方面十分有效。但是在农业流域，即使是将污水处理厂出水中的营养物清除殆尽，可能依然影响甚微，因为农田径流中含有营养物。

废弃矿区的排水可能会对某些河流的水质产生严重影响，因为这类水的高铁浓度和酸度水平会严重扰乱自然平衡。在工业化地区，受污染土地的径流和渗液（即使在有关活动停止多年以后依然可能产生）可能携带重金属和复杂有机物等有毒物质，致使受纳水体无法为生命提供支持，破坏地下水，使其无法用作供水水源。这种情况下，污染控制通常是困难且昂贵的。

当针对点源实施了有效控制措施后，非点源污染在污染总量中所占的比例可能会显著提高。在制定污染控制政策时，一定要考虑非点源污染，否则就有可能高估控制政策为环境带来的益处。

参 考 文 献

Dobbins，W. E. (1964). BOD and oxygen relationships in streams. *Proc. Amer. Soc. Civ. Engnrs*, 90, SA3, 53.

Gameson，A. L. H. , Truesdale，G. A. and Downing，A. L. (1955). Re - aeration studies in a lakeland beck. *J. Instn Wat. Engnrs*, 9, 571.

Klein，L. (1962). River Pollution. 2. *Causes and Effects*, p. 237. London：Butterworths.

Owens，S. M. , Edwards，R. W. and Gibbs，J. W. (1964). Some reaeration studies in streams. *Int. J. Air Wat. Pollut.* 8, 469.

Royal Commission on Sewage Disposal，Eighth Report，Cmd 6464. HMSO，London，1912.

拓 展 阅 读

Agg，A. R. and Zabel，T. E (1989). EC Directive on the Control of Dangerous Substances (76/464/EEC)：its impact on the UK water industry. *J. Instn Wat. Envir. Managt*, 3, 436.

Balmforth，D. J. (1990). The pollution aspects of storm - sewage overflows. *J. Instn Wat. Envir. Man-*

agt, 4, 219.

Bicudo, J. B. and James, A. (1989). Measurement of reaeration in streams: Comparison of techniques. *J. Envir. Engng Am. Soc. Civ. Engnrs*, 115, 992.

Biswas, A. K. (ed.) (1981). *Models for Water Quality Management*. New York: McGraw – Hill.

Burn, D. H. (1989). Water quality management through combined simulation – optimization approach. *J. Envir. Engng Am. Soc. Civ. Engnrs*, 115, 1011.

Cole, J. A. (1974). *Groundwater Pollution in Europe*. New York: Water Information Center.

Department of the Environment (1986). *River Quality in England and Wales* 1985. London: HMSO.

Environment Agency (1997). *Groundwater Pollution*. Olton: EA.

Fiddes, D. and Clifforde, I. T. (1990). River basin management: developing the tools. *J. Instn Wat. Envir. Managt*, 4, 90.

Foundation for Water Research (1994). *Urban Pollution Management (UPM) Manual*. Marlow: FWR.

Garnett, P. H. (1981). Thoughts on the need to control discharges to estuarial and coastal waters. *Wat. Pollut. Control*, 80, 172.

Harryman, M. B. M. (1989). Water source protection and protection zones. *J. Instn Wat. Envir. Managt*, 3, 548.

James, A. (ed.) (1993). *An Introduction to Water Quality Modelling*, 2nd edn. Chichester: Wiley.

Johnson, I. W. and Law, F. M. (1995). Computer models for quantifying the hydroecology of British rivers. *J. C. Intern Wat. Envir Mangt*, 9, 290.

Kay, D., Wyer, M., McDonald, A. and Woods, N. (1990). The application of water – quality standards to UK bathing waters. *J. Instn Wat. Envir. Managt*, 4, 436.

Kinnersley, D. (1989). River basin management and privatization. *J. Instn Wat. Envir. Managt*, 3, 219.

Kubo, T. (1991). Historical factors and recent developments in wastewater treatment in Japan. *J. Instn Wat. Envir. Managt*, 5, 553.

Mance, G. (1993). Effluent and river quality: How the UK compares with other EC countries. *J. Instn Wat. Envir. Managt*, 7, 592.

Martingdale, R. R. and Lane, G. (1989). Trade effluent control: prospects for the 1990s. *J. Instn Wat. Envir. Managt*, 3, 387.

Mather, J. D. (1989). Groundwater pollution and the disposal of hazardous and radioactive wastes. *J. Instn Wat. Envir. Managt*, 3, 31.

Mclntosh, P. I. and Wilcox, J. (1979). Water pollution charging systems in the EEC. *Wat. Pollut. Conotrol*, 78, 183.

Miller, D. G. (1988). Environmental standards and their implications. *J. Instn Wat. Envir. Managt*, 2, 60.

National Rivers Authority (1990). *Discharge Consent and Compliance Policy: A Blueprint for the Future*. London: NRA.

National Rivers Authority (1991). *Proposed Scheme of Charges in Respect of Discharges to Controlled Waters*. London: NRA.

National Rivers Authority (1991). *Proposals for Statutory Water Quality Objectives*. Bristol: NRA.

National Rivers Authority (1992). *Policy and Practice for the Protection of Groundwater*. Bristol: NRA.

National Rivers Authority (1992). *The Influence of Agriculture on the Quality of Natural Waters in England and Wales*. Bristol: NRA.

National Rivers Authority (1994). *The Quality of Rivers, Canals and Estuaries in England and Wales* 1993. Bristol: NRA.

National Rivers Authority (1994). *Water Quality Objectives*. Bristol：NRA.

National Rivers Authority (1994). *Contaminated Land and the Water Environment*. Bristol：NRA.

National Rivers Authority (1994). *Abandoned Mines and the Water Environment*. Bristol：NRA.

Newson，M.，Marvin，S. and Slater，S. (1996). *Pooling Our Resources – A Campaigners' Guide to Catchment Management Planning*. London：CPRE.

Novotony，V. and Chesters，G. (1981). *Handbook of Nonpoint Pollution*. New York：Van Nostrand Reinhold.

Ross，S. L. (1994). Setting effluent consent standards. *J. Instn Wat. Envir. Managt*，8，656.

Tebbutt，T. H. Y. (1979). A rational approach to water quality control. *Wat. Supply Managt*，3，41.

Tebbutt，T. H. Y. (1990). *BASIC Water and Wastewater Treatment*，Chapter 4. London：Butterworths.

Velz，C. J. (1984). *Applied Stream Sanitation*，2nd edn. New York：Wiley – Interscience.

习　　题

1. 一处静止水体深度为 300mm，DO 浓度为 3mg/L。如果水面空气温度为 20℃，请计算 12 天后的水底 DO 浓度。20℃下，k_d 为 $1.86 \times 10^3 \, mm^2/s$。（4mg/L）

2. 一个拥有 2 万人口的城镇将处理过的生活污水排放到最低流量为 0.127m³/s、BOD 为 2mg/L 的河中。旱季每人每天排放 135L，人均 BOD 每天贡献量为 0.068kg。如果要求排放口下游的河水 BOD 不超过 4mg/L，请计算最大容许的出水 BOD 以及处理厂需要达到的净化率。（12mg/L，97.5%）

3. 一条 BOD 为 2mg/L、DO 饱和的河，正常流量为 2.26m³/s，接收同样 DO 饱和、流量 0.755m³/s、BOD 为 30mg/L 的污水处理厂出水。请计算未来 5 天的 DO 饱和差并据此绘制氧垂曲线。请计算临界 DO 饱和差以及出现饱和差的时间。假设温度全部为 20℃。20℃下，饱和 DO 为 9.17mg/L，污水/水混合物的再曝气常数 k_1 为 0.17/d，河水的再曝气常数 k_2 为 0.40/d。（2.38mg/L，1.61 天）

4. 一条河，流量为 0.75m³/s，BOD 为 3.3mg/L，DO 饱和（20℃时 9.17mg/L）。污水以 0.25m³/s 的流量排入河中，污水 BOD 为 20mg/L，DO 为 5.0mg/L。如果平均流速为 0.2m/s，请计算下游 35km 处的 DO 饱和差。假设温度为 20℃，污水/水混合物的再曝气常数 k_1 为 0.10/d，河水的再曝气常数 k_2 为 0.40/d。（1.87mg/L）

5. 一条河，流量为 4m³/s，BOD 为 1mg/L，氧饱和。A 点处，污水处理厂出水以 2m³/s 的流量排入河中，污水 BOD 为 20mg/L，DO 为 4mg/L。在 A 点下游 20 km 处的 B 点，一条流量为 2m³/s 的支流汇入河中，支流 BOD 为 1mg/L，DO 为 8mg/L。B 点下游 20km 处的 C 点，又有污水以 2m³/s 的流量排入河中，污水 BOD 为 15mg/L，DO 为 6mg/L。假设温度恒定为 20℃，此温度下的饱和 DO 为 9.1mg/L。请计算 C 点下游 20km 处的 D 点的 DO 饱和差。所有河段的再曝气常数都是 $k_1 = 0.1/d$，$k_2 = 0.35/d$，流速 = 0.3m/s。（2.2mg/L）

第 8 章

用水需求和废污水排放量

　　人的基本生理需水量约为每天 2.5L，但在炎热天气下劳作时，每天可能需要摄入高达 20L 的水才能避免因排汗造成的脱水。随着人类生活水平的提高，居家生活所需的水量也相应增加，而且增加的部分往往并不是摄入的水。生活用水大部分以废水的形式回归，并且许多行业都会排放与其用水量相近的废水量。农业用水，尤其是发展中国家的农业用水，对水资源的需求最大。

8.1　生 活 用 水 需 求

　　除维持生命之外，水还有许多非常重要的生活用途，比如个人卫生、烹饪、洗涤器具和衣物等。生活用水的消耗量取决于社区生活方式和水的可用性，需要从水量和成本的角度来判断。经研究发现，在非常原始的文明中，日耗水量接近最低水平，即 2.5L。而随着生活方式的发展，在没有管道供水的情况下，每人每天的耗水量通常在 10L 左右。在采用中央储水管的村庄，人均日耗水量上升至 25～30L。每户一个水龙头的情况下，人日均耗水量进一步上升至 50L。在发达国家以及发展中国家的高价值城市住房中，多个水龙头、冲水马桶、洗衣机和洗碗机、大型庭院和游泳池等设施导致生活用水量大幅度增加，高达每人每天数百升。表 8.1 给出了英国典型生活用水量的信息。由表可知，温带发达国家生活用水的合理消耗量为每人每天 140～150L。冲水马桶在生活用水量中占有相当大的比例。虽然它在卫生方面非常有利，却需要使用大量的水将人类排泄物经由大型下水道输送至污水处理厂。污染物质在处理厂集中，并耗费相当高的费用。

表 8.1　　　　　　　　　　　　　英国典型生活用水量

用　途	每人每天消耗量/L	用　途	每人每天消耗量/L
马桶冲水	50	庭院浇灌	7
沐浴淋浴	35	饮用	3
烹饪洗碗	25	洗车	2
洗衣	20	合计	142

有些国家和地区水量充沛、用水成本低，所以用水来冲洗和输送废物的做法相当有吸引力，但从资源可持续发展的角度来看，这种做法不是很可取。在英国，新建物业安装的都是6L规格的节水型马桶水箱。早期尝试使用的大便9L／小便4L规格的双模式水箱由于使用不当和频繁故障而基本告败。比较新型的马桶水箱均采用6L高效设计。部分地区使用的冲水马桶水箱要大得多，比如美国和热带国家的城市地区。在这些地方，马桶冲水再加上空调和庭院浇灌用水累计起来，人日均生活用水量在500L以上。

8.2 工业用水需求

大多数工业作业除了工人用水外，还有其他的用水需求。而制造业的工业用水需求可能等于甚至超过生活用水需求。表8.2列举了一些典型的工业用水需求。实际上，这些用水需求在很大程度上受到诸如工厂使用年数、水的成本以及厂内循环用水的潜力和激励等因素的影响。许多工业用水都不需要达到饮用水的水质等级，并且越来越多地使用未经处理的河水和污水厂出水等水质等级较低的水。工业用水量与工业生产率密切相关，因此可能会在经济环境的影响下出现迅速变化。尽管水依旧是比较便宜的原料，但供水和废水处理成本的上涨已经致使许多工业用户降低耗水量。工业用户日益认识到，水的消耗和能源消耗是可控的支出。

表8.2 **工业用水示例**

产品或服务	用水量	单位	产品或服务	用水量	单位
煤炭	250	L/t	地毯制造	34	L/m²
面包	1.3	L/kg	纺织染色	80	L/kg
肉制品	16	L/kg	混凝土	390	L/m³
牛奶装瓶	3	L/1	纸	54000	L/t
酿造	5	L/1	乳品业	150	L/(牛·天)
软饮料	7	L/1	养猪	15	L/(猪·天)
化学制品	5	L/kg	家禽养殖	0.3	L/(只·天)
轧钢	1900	L/t	学校	75	L/(人·天)
铸铁	4000	L/t	医院	175	L/(人·天)
铝铸件	8500	L/t	酒店	760	L/(员工·天)
汽车	5000	L/辆	商店	135	L/(员工·天)
电镀	15300	L/t	办公室	60	L/(员工·天)

清洁技术概念正在降低耗水量和废水生成量，这同时为工业和环境带来益处。

在欧洲，取水量的53％用于工业用途，26％用于农业，19％为生活用水。随着粮食生产需求的不断增加，特别是在发展中国家，用于灌溉的农业用水成为目前全球最大的用水分支，占总用水需求的65％左右。但是许多灌溉系统的用水效率非常低，实际到达植物的水量相对较少。滴灌法可以将少量水直接输送给单株植物，这类更加高效的灌溉方法越来越受到重视。

8.3　需　求　管　理

据称，许多国家都对用水户进行水量计量，但公寓楼中通常只有一个水表，账单由各户分摊。英国没有针对家庭用户制定基本的通用计量政策，但所有重要工业用户都配有水表。不过，随着水资源压力的增加，以及"水费应尽可能以实际使用为依据"的呼声渐涨，家用水表正逐渐走进千家万户。在英国，新建的居住型物业都配有水表，并且作为鼓励措施，会为现有用户免费安装水表或者只收取少量费用。尽管如此，已安装水表的家庭用户还不足 10%，大部分人仍是按照固定费用来支付水费。固定费用基本以物业规模和价值作为依据，所以没有安装水表的用户没有节约用水的动力。长期以来一直存在这样一个争议，即安装和读取家用水表的成本远远超过其可能产生的节水价值。水是一种廉价产品，目前在英国的交付价格约为 0.6/t 英镑，而安装水表的初始成本则在 200 英镑以上，具体取决于安装位置。来自实施了家庭用户用水计量的国家的证据有时是相互矛盾的，也根本无法确定通用生活用水计量政策的实施能否持续大力地推动用水量的减少。为了确定生活用水计量的成本和可行性，并同时评估水表在需求管理中的价值，英国几个地方开展了大规模试验。试验结果表明，使用水表倾向于使生活用水量减少最高 10%，但不能确定这种减少是否能够长期维持。与电力和天然气等公共设施一样，配水系统的规模必须能够满足最大需求，但最大需求往往一年里只出现几天。如果使用能够实时记录的精密水表，就可以实现分时收费，减少用水高峰的使用量，但这种复杂方法在英国的可行性值得怀疑。

还有一种简单得多的方法也有助于消减过度用水，即阶梯收费：对一定量以内的生活用水使用一个价格，超过部分则大幅增加收费。这种方法需要使用累计式水表。这种做法有助于在供水短缺时削减庭院浇灌的过度用水，而且不会抑制正常用水。切记，充足的安全供水是维持公共卫生的基本要素，所以不应当以经济手段使社区中比较贫穷的人被迫减少自己基本必要的用水。供水系统的需求管理政策的目的是影响需求模式，以使可用的资源能够满足这些需求。安装水表和季节性费率仅仅是需求管理方案的一部分。值得注意的是，英国的水表试验结果表明，安装水表似乎确实对一般由庭院浇灌导致的高峰需求率产生了显著影响，普遍使高峰用水率下降 15%～30%。

我们必须认识到，在大多数配水系统中，大约 25% 的水由于泄漏、浪费和用户擅自连接管道而不知去向。而且英国由于没有安装家用水表，所以很难准确评估损失和泄漏情况。这样一来，要想估算不知去向的水量，只能借助于从配水系统输入量中减去实测需求量和估计的生活用水量，而如此计算显然存在误差。不过，通过对配水区进行密切的夜间计量，还是有可能比较准确地测出泄漏和浪费的。即使是在声称已全面安装水表的国家，漏水率往往也高达 25% 以上，发展中国家的漏水率有时甚至能够达到 50%。配水系统的漏水量在很大程度上取决于系统的使用年数和复杂程度。所以一般来说，新建社区的新系统很容易就能够将不知去向的水量控制在 10% 以下，而破败城区中，百年老管道的漏水率则可能高达 35% 以上。测量漏水量的一种常用方法是夜间区域水表计量，表示为每套物业每小时漏水升数。英国每套物业每小时平均漏水 12L，典型范围为每套物业每小时 5～201L。

在减少泄漏方面，配水压力控制发挥着主要作用。如果没有准确的压力控制，夜间的低流量会使得配水系统内压力太高，从而增加泄漏量。压力管理的目的是时刻避免主管道压力超过最低服务水平，这一水平在英国为 40～50 落差压力。压力管理是一项低成本措施，如能有效执行，有望将漏水量减少 30% 之多，而且不会对消费者产生明显的不利影响。目前，许多配水网运营商都希望将漏水量降至 10% 左右，如果想要在该水平上进一步降低，其所需的成本很有可能远远超过节水价值。

综上，管道减压和漏水控制策略是需求管理战略的重要组成部分。如果偶尔禁止使用浇灌软管和庭院喷淋器，可能会给消费者带来一定的烦恼。但是如果不这样做，就需要相当大的资金投入才能减少用水需求，这会导致水费增加，而这是消费者更加不愿看到的。把控平均需求和高峰需求的需求管理战略能够延迟额外资源投资需求，促进对现有资源的可持续利用。为了保护珍贵的水资源，我们还可以采取下列措施来降低用水需求：

（1）安装低流量龙头和管道配件。

（2）使用"灰水"冲洗马桶。

（3）就地收集雨水，用于冲洗马桶和浇灌庭院。

（4）开发节水型家用电器。

（5）循环利用废水出水，可通过双供水系统实现。

尽管上述所有提议都能够在一定程度上减少生活用水量，但由于安装和运行成本的原因，以及饮用水系统和二次供水系统交叉连接可能引发污染风险，所以这些提议难免有其固有的缺点。

水处理厂及其相关的收集和输送系统属于昂贵的资本支出项目，所以其使用寿命被设计得比较长。许多水处理设施的设计寿命至少为 30 年，地下管道和下水道往往使用百年以上。由于这些特点，再加上我们需要以有效方式开发和利用水资源，所以我们有必要设法尽可能准确地预测将来的用水需求。生活用水需求是人均需求与用水人口的乘积。人均需求趋于接近与社区生活水平及其环境条件相关的上限值。在英国和大多数北欧国家，过去 10 年里屋内生活用水情况似乎变化不大，但庭院浇灌用水需求却增加了。因此，人均生活用水消耗总量可能以每年约 1% 的速度增长。

然而值得注意的是，洗衣机和洗碗机等家用电器的设计现在更加注重节能和节水功能。所以在生活水平较高、居民环保意识比其他地方更强的地区，生活用水消耗量有可能减少。英国等国家的工业用水需求在规模上可能与生活用水需求相似，但受经济因素影响很大。一个地区的经济繁荣受工业生产力的影响，而这会体现在工业用水量上。地区工业性质的变化可能会导致水需求的突然变化，而且这些变化难以预测，并可能对水务企业产生重大的经济影响。

8.4 人 口 增 长

我们在第 6 章讨论了典型的生物生长曲线。虽然它可以被视作预测人类人口增长的依据，但由于诸多因素的影响，该曲线模型在这方面的用途有限。目前来看，大多数发达国家的人口增长几乎可以忽略不计，但欠发达国家的情况则非常不同，其人口可以在几年之

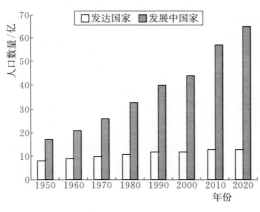

图 8.1　世界人口增长

内实现翻倍，如图 8.1 所示。在过去 100 年里，发达国家生活水平的提高和医疗技术的进步使得人的寿命延长了大约 50%。国家或地方经济的变化会影响出生率，战争和内乱也是一样。工业方面的变化可以完全改变一个地区的增长趋势，一个产业的衰退可能会导致周边地区人口减少。

世界大部分地区都会每隔 10 年进行一次人口普查。虽然发展中国家人口普查的准确性并不明朗，但利用这类信息来辅助人口预测工作是合乎逻辑的。利用现有记录预测未来人口的方法有很多种。如果认为人口增长呈线性，则可以采用以下表达式：

$$Y_m = \frac{t_m - t_2}{t_2 - t_1}(Y_2 - Y_1) + Y_2 \tag{8.1}$$

式中：Y_m 为未来 t_m 年的人口；Y_1、Y_2 分别为 t_1 年和 t_2 年的人口。

如果认为是几何增长，则可将式（8.1）改为

$$\log Y_m = \frac{t_m - t_2}{t_2 - t_1}(\log Y_2 - \log Y_1) + \log Y_2 \tag{8.2}$$

有些部门倾向于将复杂多项表达式与人口普查数据拟合。但是使用数学关系可能会导致预测结果的精度虚假。许多情况下，最好的方法莫过于绘制人口数据曲线，再利用与相应地区未来发展相关的全部信息进行外推，算出指定时间段的数据。

8.5　废污水排放量

在气候温和地区，生活和工业废污水大部分会进入下水道中。庭院浇灌等消耗性用途所造成的水耗可由污水处理系统中普遍存在的地下水渗流补偿。地下水渗流能够显著增加下水道的水量，这在状况不佳的老旧污水处理系统中尤为明显。针对渗流的典型设计余量为相应地区人均用水量的 10%，但实际数值具有很高的位点特异性，大致是旱季流量的 15%~50%。由此看来，旱季的废污水量可能与同地区的供水量在同一个数量级上。相比之下，炎热地带由于相当大一部分供水被用于庭院浇灌或以其他方式蒸发损耗，所以进入下水道的废污水量大概只有供水量的 17%~80%。

废水的体积和性质取决于污水处理系统的类型和使用年数。在老旧系统中，污水可能会从破损的下水道和接头流入周围土地，反过来，地下水渗流还会增加废污水量。较老的社区使用的一般是合流制排水系统，即淋浴、清洁和厕所排水等污水与降水形成的地表径流统统汇入同一个下水道中。即使是降水量中等的地区产生的地表径流也会比建筑区在干燥天气时的废污水排放量大得多，而要消纳这些径流，下水道必须大到不符合经济效益的规模。所以习惯上社区会采用合流制排水系统溢流井（CSO），将超过旱季流量 6 倍、9 倍或

12 倍的水流改道至附近的水道。这不可避免地会造成严重污染。不过，接纳风暴降水排放的水道在降水的作用下也会有较高的流量。CSO 排放的一个主要问题在于纸品、塑料和卫生用品的排入。这些物品会影响受纳水体两岸的美观。水力设计也是合流制排水系统的问题之一，因为既需要在低流量时维持足以自清洁的流速，又需要在水满时防止流速过快。需要指出的是，让下水道保持自清洁流速在热带地区尤为重要，因为在这些条件下，有机沉积物会迅速进入厌氧状态，而由此产生的硫化氢会对下水道造成严重损害。由于合流制排水系统的缺点，大多数新开发项目都采用分流制系统进行排污，设一条较小的污水道和一条雨水道。其中，污水道中的废水都要接受处理，雨水道则只接收相对干净的、可以安全排入当地水道中的径流。分流制系统的成本自然高于合流制系统，但是许多情况下污、雨水管道至少有部分路段可以合槽施工。

在英国，旱季流量 d. w. f. 一般按下式计算：

$$d. w. f. = PG + I + E \tag{8.3}$$

式中：P 为用水人口；G 为平均生活污水排放量，$m^3/(人 \cdot d)$；I 为渗流，m^3/d；E 为 24h 工业废水排放量，m^3。

按惯例，合流制排水系统溢流井（CSO）排放量的计算采用住房部和地方政府的公式：

$$Q = d. w. f. + 1.36P + 2E \tag{8.4}$$

式中：Q 为输往全面处理厂的流量；其他符号含义与式（8.3）中的一致。

实施 UPM 程序意味着所有的非小型排水系统方案都可以采用更合理的方法来设定 CSO 排放水平，而不是采用式（8.4）所依据的实用主义方法。

地表径流的速率取决于降雨强度和排水面的抗渗系数。抗渗系数因排水面性质而异（表 8.3）。降雨强度因风暴间隔期和持续时间而异，并且不同地理位置有各种降雨强度相关的经验关系可用。

就英国而言，可以利用比尔哈公式来初步估计降雨强度：

$$R = \frac{14.2F^{0.28}}{t^{0.72}} - \frac{2.54}{t} \tag{8.5}$$

式中：R 为降雨强度，mm/h；F 为风暴间隔期，年；t 为风暴持续时间，h。

表 8.3   地 面 抗 渗 系 数

表　　面	抗渗系数	表　　面	抗渗系数
防水屋顶	0.70～0.95	毛地	
沥青路面	0.85～0.90	平地	0.10～0.20
混凝土石板	0.50～0.85	坡地	0.20～0.40
碎石路	0.25～0.60	陡峭岩质斜坡	0.60～0.80
砾石路	0.15～0.30		

当风暴持续时间达到相应区域的汇流时间时，该区域即达到最大径流。汇流时间由两部分组成：一部分是进入时间，即雨水沿沟渠和排水管流入排水系统中的时间，另一部分是其在排水系统中流动的时间。

排水区的径流可按下式计算：

$$Q\ (\mathrm{m^3/s}) = 0.278A_\mathrm{p}R \tag{8.6}$$

式中：A_p 为抗渗面积，$\mathrm{km^2}$；R 为降雨强度，$\mathrm{mm/h}$。

　　大型城市地表水排水方案使用更详细的降雨强度估算法和风暴剖面，并且通常借助于某些水文模型来进行设计。其中 Wallingford 软件是英国最常用的软件。它以全国环境研究委员会（NERC）洪水研究报告的结果作为依据，能够根据流域特征、降雨事件轮廓和间隔期预测城市径流量。据此，便可以根据需要，通过优化程序来确定排水系统管道的直径和斜度。

8.6　流　量　变　化

　　虽然我们可以算出一个社区的平均用水需求和污水旱季流量，比如每人每天 150L，但流量在 24h 的变化可能会相当大。这种变化的幅度取决于相关人口的规模。就每小时用水量的最大值与年平均值之比而言，如果只有数百人，这个比值为 3，如果社区人口有 5 万，则比值约为 2.2，若社区人口达到 50 万，则比值约为 1.9。天气炎热时，庭院喷淋器可导致每小时最大用水量达到相当高的水平，有时可达到平均值的 6 倍。排水系统的旱季流量也存在类似的变化。不过，排水管道越长，其对流量变化的平滑作用就越大。当然，合流制排水系统的峰值流量会因地表径流而大幅度增加。即使是在分流制排水系统中，污水管道的流量也会受到降雨的影响，因为污水道上常常有非法的沟渠连接和抗渗表面。

　　水处理厂一般能够利用配水系统和配水库来平衡需求的波动，从而保持恒定的输出。但是由于阶梯电价，夜间水处理的费用可能会比较高。就污水处理厂而言，处理系统内部可在一定程度上平衡入厂污水流量，但是处理厂的设计必须保证其能够应对波动流量并具备与 FTF 相应的正常最大容量：

$$FTF = 3PG + I + 3E \tag{8.7}$$

式中：FTF 为全面处理流量；其他符号含义与式（8.3）中的一致。

拓　展　阅　读

Bartlett, R. E. (1979). *Public Health Engineering: Sewerage*. 2nd edn. Barking: Applied Science Publishers.

Bartlett, R. E. (ed.) (1979). *Developments in Sewerage*, Vol. 1. Barking: Applied Science Publishers.

Central Water Planning Unit (1976). *Analysis of Trends in Public Water Supply*. Reading: CWPU.

Department of the Environment (1992). *Using Water Wisely*. London: DOE.

Department of the Environment (1995). *Water Conservation – Government Action*. London: DOE.

Dovey, W. J. and Rogers, D. V. (1993). The effect of leakage control and domestic metering on water consumption in the Isle of Wight. *J. Instn Wat. Envir.* Managt, 7, 156.

Edwards, A. M. I. and Johnston, N. (1996). Water and waste minimization in the Aire and Calder project. *J. C. Instn Wat. Envir. Managt*, 10, 227.

Gadbury, D. and Hall, M. J. (1989). Metering trials for water supply. *J. Instn Wat. Envir. Managt*, 3, 182.

Gilbert, J. B., Bishop, W. J. and Weber, J. A. (1990). Reducing water demand during drought years. *J. Am. Wat. Wks Assn*, 82 (5), 34.

Males, D. B. and Turton, P. S. (1979). *Design Flow Criteria in Sewers and Water Mains*. Reading:

CWPU.

Mills，R. E. (1990). Leakage control in a universally metered distribution system：Pinetown Water's experience. *J. Instn Wat. Envir. Managt*，4，235.

National Rivers Authority (1994). *Water – Nature's Precious Resource*. London：HMSO.

National Rivers Authority (1995). *Saving Water*. Bristol：NRA.

Office of Water Services (1996). *Report on Recent Patterns for Water Demand in England and Wales*. Birmingham：OFWAT.

Shaw，Elizabeth M. (1990). *Hydrology in Practice*，2nd edn. London：Chapman and Hall.

Shore，D. G. (1988). Economic optimization of distribution leakage control. *J. Instn Wat. Envir. Managt*，2，545.

Smith，A. L. and Rogers，D. V. (1990). Isle of Wight water metering trial. *J. Instn Wat. Envir. Managt*，4，403.

Smith，E. D. (1997). The balance between public water supply and environmental needs. *J. C. Instn Wat. Envir. Managt*，11，8.

Sterling，M. J. H. and Antcliffe，D. J. (1974). A technique for prediction of water demand from past consumption data. *J. Instn Wat. Engnrs*，28，413.

Thackray，J. E. (1992). Paying for water：Policy options and their practical implications. *J. Instn Wat. Envir. Managt*，6，505.

Thackray，J. E. and Archibald，G. G. (1981). The Severn – Trent studies of industrial water use. *Proc. Instn Civ. Engnrs*，70 (1)，403.

Thackray，J. E.，Cocker，V. and Archibald，G. G. (1978). The Malvern and Mansfield studies of domestic water usage. *Proc. Instn Civ. Engnrs*，64 (1)，37.

Water Services Association (1996). *Water facts '96*. London：WSA.

White，J. B. (1986). *Wastewater Engineering*，3rd edn. London：Edward Arnold.

习　题

1. 根据下表中的两个社区的人口普查数据，分别利用算术法、几何法和图形法预测 2001 年人口。（此问题没有标准答案。计算结果取决于现有数据的使用量。）

单位：人

年份	发达国家城市	发展中国家城市	年份	发达国家城市	发展中国家城市
1921	64126	257295	1961	75321	1227996
1931	67697	400075	1971	75102	2022577
1941	69850	632136	1981	73986	2876309
1951	74024	789400	1991	74390	3723467

2. 请利用比尔哈公式计算间隔期分别为 1 年、5 年和 10 年、风暴持续时间为 15min 的降雨强度。（28.4mm/h，50.4mm/h，63.5mm/h）

3. 利用上一题目计算得出的降雨强度，计算平均抗渗系数为 0.45 的 $3km^2$ 区域相应的径流值。（$10.7m^3/s$，$18.9m^3/s$，$23.8m^3/s$）

第 9 章

处 理 过 程 简 介

从前文中可以看出，水和废污水通常组成关系复杂，并且一般需要对其组成进行改性才能适合特定用途或避免环境恶化。所以我们需要一系列的处理，消除水中可能存在的各种污染物。

污染物可能存在形式如下：

（1）漂浮的固体或大的悬浮固体：比如水中的树叶、树枝等，废污水中的纸张、碎布、泥沙等。

（2）小的悬浮固体或胶体：比如水中的黏土和淤泥颗粒、微生物，废污水中的大型有机分子、土壤颗粒、微生物。

（3）溶解固体：比如水中形成碱度、硬度的物质、有机酸，废污水中的有机化合物、无机盐。

（4）溶解气体：比如水中的二氧化碳、硫化氢，废污水中的硫化氢。

（5）不混溶的液体：比如油和油脂。

物质种类的区分取决于实际粒度，而实际粒度取决于物质比重等物理特性，并且各类别之间没有清晰的界限。在某些情况下，可能需要向水或废污水中添加某些物质来改善其特性，比如通过加氯可以为水消毒，通过加氧促进有机物的生物学稳定。

9.1 处 理 方 法

水处理过程主要有以下 3 种，其主要作用范围如图 9.1 所示。

（1）物理处理，主要取决于杂质的物理性质，比如粒度、比重、黏度等。这类处理过程的典型代表包括筛滤、沉淀、过滤、气体转移。

（2）化学过程，取决于杂质的化学性质，通过添加试剂改变其化学性质。化学过程的典型代表包括聚沉、沉淀和离子交换。

（3）生物学过程，利用生化反应去除可溶性或胶体杂质，通常是有机物。其中，需氧生物学过程包括生物过滤和活性污泥法。厌氧氧化过程用于稳定有机污泥和高浓度有机废物。

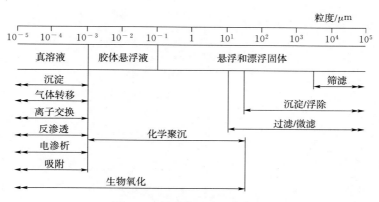

图 9.1　主要处理过程的应用

　　某些情况下，使用一种处理过程即可满足改变水中成分的需求，但大多数情况下需要若干种过程相结合才能实现处理目的。例如，沉淀法能够去除河水中的一些悬浮物质，但无法全部去除。向水中加入化学聚沉剂，然后轻轻搅拌（絮凝），可以使胶体微粒聚集，之后利用沉淀法可以除去大部分聚集物。余下的大部分不能沉淀的固体可以通过沙床过滤去除。对于前面几道处理工序没能消除的有害微生物，可以用消毒剂去除。

　　表 9.1 列举了利用各种水源生产饮用水所需的处理过程。表 9.2 为各种出水水质所对应的典型生活污水处理方法。传统水处理厂和生活污水处理厂的流程图及典型设计标准分别如图 9.2 和图 9.3 所示。

表 9.1　　　　　　　　　　　各种原水的可能处理方法

水源	可能的处理方法	可能的补充方法
上游流域	筛滤或微过滤、消毒	沙滤、稳定、除色
平原河	1. 筛滤或微过滤、聚沉、快速过滤、消毒； 2. 筛滤或微过滤、快速过滤、慢速过滤、消毒	储存、软化、稳定、吸附、脱盐、除硝酸盐
深层地下水	消毒	软化、稳定、除铁、脱盐、除硝酸盐

表 9.2　　　　　　　　　　面向各种受纳水体的生活污水处理方法

受纳水体	典型出水标准/(mg/L)		可能的处理方法
	BOD	SS	
远海	—	—	筛滤或离析，或与排入潮汐河口的处理方式相同，具体按法规执行
潮汐河口	150	150	筛滤后进行初级沉淀，污泥作陆上废物处理或焚烧处理
平原河	20	30	筛滤后进行初级沉淀、有生物氧化、二次沉淀和污泥稳定化，污泥作陆上废物处理或焚烧处理
优质河流	10	10	前期与排入平原河的处理方式相同，并增加三级处理程序，包括沙滤、草地、芦苇地或池塘污水处理

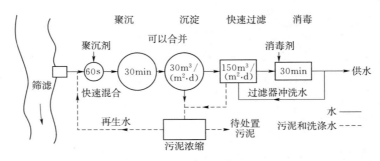

图 9.2 传统水处理厂的典型设计标准

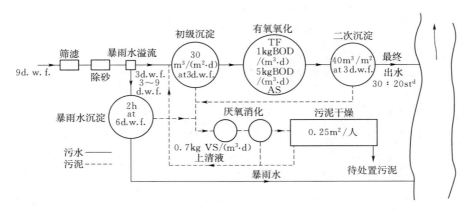

图 9.3 传统污水处理厂的典型设计标准

AS—活性污泥；TF—跟踪过滤器；VS—挥发性固体

9.2 优 化 设 计

如上所述，处理设施通常由一系列的处理单元或操作设施构成。大多数处理厂在设计时都采用相当标准的指标，其类型如图 9.2 和图 9.3 所示。这些设计指标历经多年研发，其所能达到的水平一般能够令人满意，但用这种方法产生的设计相对保守。与此相比，更合理的方法是将"处理单元作为整体系统"，各单元设计专门执行一种功能，作为处理系统的一个的模块，这样，整个系统从经济上就能得到优化。资本和运营成本的不断上涨意味着我们必须慎重对处理厂的投资，最大限度地实现"物有所值"。

虽然水和废污水的处理可以对公共卫生产生有益影响，但也应进行合理性分析。

如果获得可靠的性能和成本数据，通过系统分析概念开发处理厂的数学优化模型，可以为设计者提供有用的帮助。优化模型要求每个单元过程均能发挥各自的作用，将输入、输出的量与特征参数相关联。性能关系可以根据对特定过程理论来建立，或者根据该过程的经验模型来建立。在任何情况下，所开发的模型能够代表相应的过程，结果确实能够令人满意。

就处理成本而言，资本成本和运营成本都是设计中需要考虑的重要因素，由于地点条件的不同，要建立可靠的成本函数却并非易事。由于地面条件或场地结构对成本产生显著影响，所以不同处理厂的资本成本存在较大差异，并且导致各处理厂的数据比较存在一定的困难。但大多数处理厂都具有明显的规模效益，村庄的人均水费或废水处理成本比城市的高几倍。

性能关系与成本函数的综合考虑，可以生成完全处理装置的数学模型。设计人员可以利用该数学模型来评估多种处理方案，从而实现最佳设计。现在有许多商业处理厂模型，如水研究中心（WRC）的 STOAT 软件就是很有代表性的动态性能模拟模型。

9.3 控 制 与 操 作

水和污水处理厂涉及许多相互作用的运行过程。可以依靠人工操作，也越来越多地依靠自动控制系统执行。信息技术（IT）的发展促进了 SCADA（监测控制和数据采集）系统的应用。该系统实现了中央单元操作，只需少数监测人员便可以运行复杂的联合处理厂甚至多组处理厂。通过将这一方案进一步扩展，使智能知识系统结合到控制框架当中，基本上不需要人工干预。但这类 IT 系统购置成本较高，并且需要高技术人员进行安装、校准和维护。

处理厂有 3 种基本方案可选，如下所述：

（1）全人工操作控制，所有决策和调整均由人工执行。根据流量、水质的要求，对各阀门等控制装置进行人工调节。

（2）人工操作与自动控制相结合，由操作员制定决策，并从中央单元处手动启动阀门等控制装置的操作。

（3）全自动操作和控制，所有常规决策都由集成到智能系统中的本地或中央的编程逻辑控制器来制定和执行。

大体上看，以上 3 种方案的投入成本逐渐增加，对人力的需求逐渐减少。不过，全自动系统依然需要少量高技术人员来维护，当系统出现故障或失灵时需要人工采取措施。

全人工系统需要根据口头或书面形式执行调节流量或水质的操作，如调节阀门、启动或停止泵机及其他机械设备、调整化学投药、清洗水池和反冲洗过滤器。全人工系统需要实地操作，要对处理厂的各个环节定期进行目视查勘。但在夜间和恶劣天气等可能存在安全隐患的条件下，该系统相对不利。

相比之下，自动化人工系统对人工的需求较低。它一般利用远程传感器来收集流量和水质信息，并将有关信息发送给中央管理员，再由中央管理员通过远程控制来更改或调整处理厂的相应部分，无须现场访问。这类系统提高了处理厂的一体化水平，降低了对实地访问的需求。为了检验远程位置是否执行了管理员启动的控制动作，安装警报系统是有必要的。

在全自动系统中，流量和相应水质参数信息以及各个组件状态报告会一起发送给中央计算机。中央计算机则一般以本地编程逻辑控制器作为辅助，利用处理厂组件模型来制定决策和采取行动。这类系统需要精准设置和校准，并利用防故障操作控制和警报装置来及时指示人工干预需求。最先进的自动化系统带有学习模式，能够通过学习来提高智能水平，从而逐渐减少对人工干预的需求。早期的自动化系统只能基于"是/否"来制定决策，所以有一定的局限性。而较新型的系统能够像人类大脑一样使用"模糊逻辑",根据收到的信息作出"可能"或 $x\%$ 正确的决策。

本质上,过程控制意味着利用信息将流量或水质参数维持在指定的范围内。比如,当操作员发现流量计读数稳定下降时,可调节阀门使流量恢复至指定值。同理,微芯片也可以利用其获得的各种读数来实现同样的目的。控制系统有如下两种基本类型:

(1)前馈控制:利用处理单元进给物的测量值来调节处理条件。前馈控制需要借助一个利用测量值来预测过程状态的模型。这个模型会根据控制变量的目标值来决定调节器位置的变化(阀门开度、化学投药等)。

(2)反馈控制:利用排出物的测量值来相应地调整过程状态。控制器通过比较控制变量的测量值和目标值来确定误差值,并根据误差的大小来生成校正值。当过程变量恢复为目标值时,控制信号的效果信息被传送回控制器。

反馈控制有 3 种方案可用:

(1)比例控制:校正信号与误差成比例。

(2)积分控制:校正信号与误差的时间累计值成比例。

(3)导数控制:校正信号与误差的变化率成比例。

简单的比例控制可能会导致平衡值偏离目标值,并且灵敏系统可能会在目标值周围以较大幅度振荡或"摇摆"。如果采用比例加积分控制,那么只要存在误差,就会持续进行调整,以能够进一步减小误差,并最终消除偏移。比例加导数控制能够通过预测未来误差和采取预先措施来加快控制行动。这有助于减少振荡,但是在存在恒定误差的情况下,可能会出现偏移平衡。比例加积分加导数控制(三项控制)利用积分作用来消除偏移,利用导数作用来加快对偏差的响应速度和减少振荡。随着控制器日益复杂,其成本渐增,并且初次设置和校准的难度越来越大。因此,我们有必要选择一个能够满足处理厂的特殊需求并适应处理厂特点的控制系统。对于比较稳定的处理过程而言,复杂的 PID 控制器不见得是最合适的;而对于具有快速响应时间的不稳定过程而言,PID 控制器可能是必不可少的。但是无论对于水处理还是废水处理来说,这样的不稳定过程都是不可取的。

拓 展 阅 读

American Water Works Association (1989). Water Treatment Plant Design, 2nd edn. Denver: AWWA.

American Water Works Association (1990). Water Quality and Treatment, 4th edn. Denver: AWWA,

Chartered Institution of Water and Environmental Management. Handbooks of UK Wastewater Practice.

   London: CIWEM.

Primary Sedimentation (1973).

Activated Sludge (1987).

Biological Filtration (1988).

Preliminary Processes (1992).

Tertiary Treatment (1994).

Sewage Sludge: Stabilization and Disinfection (1996).

Sewage Sludge: Utilization and Disposal (1996).

Sewage Sludge: Dewatering, Drying and Incineration (1997).

Dudley, J. and Dickson, C. M. (1994). Dynamic Modelling of STWs, UM 1287. Swindon: WRC.

Hall, T. and Hyde, R. A. (1992). *Water Treatment Processes and Practices.* Swindon: WRC.

Metcalf and Eddy Inc. (1990). *Wastewater Engineering: Treatment Disposal Reuse*, 3rd edn. New York: McGraw – Hill.

Montgomery, J. M. (1985). *Water Treatment: Principles and Design.* New York: Wiley.

Rhoades, J. (1997). *An Introduction to Industrial Wastewater Treatment and Control.* London: CIWEM.

Tebbutt, T. H. Y. (1978). Developments in performance relationships for sewage treatment. *Pub. Hlth Engnr*, 6, 79.

Twort, A. C. , Law, F. M. , Crowley, F. W. and Ratnayaka, D. D. (1994). *Water Supply*, 4th edn. London: Edward Arnold.

Water Environment Federation (1992). *Design of Municipal Wastewater Treatment Plants.* Alexandria: WEE.

Water Research Centre (1995). *Wastewater and Sludge Treatment Processes.* Swindon: WRC.

第 10 章

预 处 理 过 程

大型漂浮和悬浮固体如树叶、树枝、纸张、塑料、碎布等可能阻塞处理厂水流或损坏处理设备，为了保护主要处理单元，促进其有效运作，去除这些漂浮物是必要的。

10.1 筛 滤 和 粗 滤

为了除去较大的固体，预处理的第一步包括简单的筛滤或粗滤。在水处理中，往往使用倾斜式保护栅栏或约 75mm 筛孔的粗筛网来过滤除去进水口处的大块异物。主筛网的筛孔一般为 5～20mm，通常为连续带式、盘式或筒式结构，布置在水的必经之路上（图 10.1）。筛

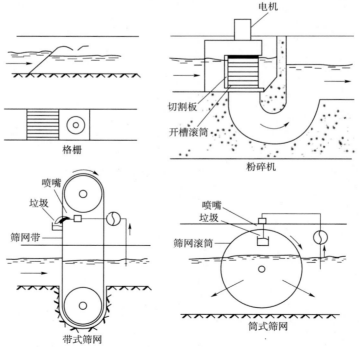

图 10.1　预处理单元

网通常缓慢旋转，以便及时除去滤出物，避免水压损失。从水中分离出的滤出物通常会被送回到抽水点下游。

污水中，纸张、碎布和塑料的含量通常很高，由于这类物质的性质，筛网自身往往难以保持清洁。因此一般先使用间距为 10~60mm 的格栅进行初步过滤。小型处理厂可以间歇性地采用手动清洁筛网，而大型处理厂往往会配备自动机械清洁设施，根据时间或筛网上的累计水压损失来启动清洁程序。近期，已有更多类型和尺寸的筛网投入使用，比如移动带式筛网、旋转筛网和筒式筛网。粗筛网的孔径在 50mm 以上，中筛网孔径为 15~50mm，细筛网孔径为 3~15mm，而微细筛网的孔径一般在 0.25~3mm 之间。孔径越小，阻挡力度越大，滤出物的产生速率也越大。但是如果不能有效除去滤出物，后续处理过程就会遇到麻烦。因此，大多数污水处理厂普遍采用细筛网，并且往往将孔径保持在 6mm 以内。

生活污水滤出物的量并非恒定不变，但一般在每千人每小时 0.1~0.3m³ 的范围内。

污染控制机构经常要求对 CSO 排放进行有效的筛滤，并且已经做出相当大的努力来改善筛滤性能，以确保消除或减少其在美学角度上对 CSO 下游水道的污染。目前，新型流体动力固体分离器在性能上比筛网更可靠，因而在某些地区得到了相当大的普及。为了减少美学污染问题，英国已经开展了宣传活动，鼓励对平时经常通过抽水马桶处置的塑料制品和卫生用品进行"装袋处理"。

污水滤出物会令人感到不适，所以一般会在粪便被冲回到水流中以后进行填埋或焚烧处理。此外，也可以使用碎渣机将滤出物粉碎后放回水流中，然后与其他沉淀性固体一起进入主处理程序。某些情况下，使用原位粉碎机可能优于使用筛网（图 10.1），但是，堵塞和长串碎片重组等操作性问题也影响了粉碎机的效果。

10.2　微　滤

微滤器是筒式筛网的进阶版，它采用孔径为 20~40μm 的不锈钢编织网，能够滤除较小的固体。微滤器可在水处理过程中用于去除类似藻类大小的固体，从而实现水质改善。微滤法还可用于最终的第三级处理，使污水处理厂出水达到较高质量。由于微滤器的网孔很小，所以极易堵塞。因此，微滤器滚筒要以大约 0.5m/s 的圆周速度旋转，并利用高压喷雾连续清洗滤网。正常使用情况下，微滤器的过滤速度为 750~2500m³/(m²·d)。微滤器的设计要以实验结论为依据。主要开展悬浮液的性能及其堵塞特性的实验测定，并针对悬浮液特性总结出有关经验。测定结果可用于确定合适的过滤速度，从而防止过度堵塞和滤网受到物理性损坏。

10.3　除　砂

在大多数污水处理系统中，尤其是那些带有合流制排水系统的污水处理系统，水流中携有大量泥沙。如不除去这些泥沙，便有可能导致处理厂的机械部件受损。相比有机颗粒，泥沙粒径较大、密度较高，所以一般利用差速沉淀原理去除。直径为 0.20mm、相对密度（比重）为 2.65 的泥沙沉淀速度约为 1.2m/min，而污水中大多数其他悬浮固体的沉淀速度要低得多。通过使用横截面呈抛物线形的通道，可以将所有水流保持在 0.3m/s 的恒定水平流速上。在这些条件下，如果抛物面通道的长度足以保证 30～60s 的滞留时间，那么泥沙颗粒就可以沉淀到通道底部，而其他悬浮固体则会随水流流走。沉淀的泥沙通过定期清理、冲洗和处置，以备再度利用。其他类型的除砂装置可能涉及使用充气螺旋流动室来实现预期的泥沙分离，或使用短时滞留沉淀池，并在清理泥沙之前将其携带的有机固体冲洗回水流当中。泥沙产生量取决于流域特征，并且不同流域之间差异巨大，废污水中的泥沙量通常为 0.005～0.05m³/1000m³。

10.4　流量测量和分配

为确保处理厂的高效运作，有必要测量处理厂的进水量和各个单元的流量。明渠系统的流量测量一般采用液压控制结构来实现，比如水压-排放关系相当明确的文丘里量水槽。封闭管道系统的流量测量则采用文丘里流量计、孔板或电磁流量计。

如果处理厂包含若干个并联的单元，那么流量分配就非常重要了。但水力相似律的条件难以实现，并且许多处理厂都因流量分配管理不力而造成效果不佳。目前最有效的分流设施是自流式溢流堰，它通过独立成段的堰向各个单元排水。在合流制污水处理系统的处理厂中，需要将暴雨水溢流连同超过全面处理容量的多余水流一起输送到暴雨水池中。这个过程一般要借助单侧或双侧溢流堰来实现。溢流堰可将流往全面处理单元的水流控制在设计范围内，多余的水流则被转移到暴雨水池，待流入量不再受地表径流影响时再泵送到全面处理系统中。处理厂流量测量和分流设施的选择要受到水压损失特性的限制，这是因为整个处理厂最好能保持重力流，所以可用于液压控制结构的水压通常是有限的。

拓　展　阅　读

Boucher，E L. (1961). Micro－straining. *J. Instn Pub. Hlth Engnrs*，60，294.

Institution of Water and Environmental Management (1992). *Preliminary Processes*. London：IWEM.

Meeds，B. and Balmforth，D. J. (1995). Full－scale testing of mechanically raked bar screens. *J. C. Instn Wat. Envir Managt*，9，614.

Roebuck，I. H. and Graham，N. J. D. (1980). Pilot plant studies of fine screening in raw sewage. *Pub. Hlth Engnr*，8，154.

Thomas，D. K.，Brown，S. J. and Harrington，D. W. (1989). Screening at marine outfall headworks. *J. Instn Wat. Envir. Managt*，3，533.

White，J. B. (1982) Aspects of the hydraulic design of sewage treatment works. *Pub. Hlth Engnr*，10，164.

第 11 章

澄　清

　　水和废水中的许多杂质都以悬浮物的形式存在。悬浮物在流动的水中会保持悬浮状态，但在静止或半静止的水中则会在重力影响下垂直移动。悬浮颗粒的密度一般大于其周围液体的密度，因此可通过沉淀法去除；而如果悬浮颗粒很小并且密度也小，则浮除法可取得较好的澄清效果。沉淀单元具有双重作用即去除可沉淀的固体和将去除的固体浓缩成较小体积的污泥。

11.1　沉　淀　法　理　论

　　沉淀法需要区分离散颗粒和絮凝颗粒。前者在沉淀过程中不会发生体积、形状或质量上的变化，而后者在沉淀过程中会聚集，所以没有恒定的特征。

　　沉淀法的基本理论是以离散颗粒的存在作为假设条件的。这类颗粒在密度较低的液体中时加速运动，直至达到最终的自由沉淀速度。那么：

$$重力＝摩擦阻力 \tag{11.1}$$

　　此时：

$$重力 = (\rho_s - \rho_w)gV \tag{11.2}$$

式中：ρ_s 为颗粒密度；ρ_w 为液体密度；V 为颗粒体积。

　　通过量纲分析可得

$$摩擦阻力 = C_D A_c \rho_w \frac{v_s^2}{2} \tag{11.3}$$

式中：C_D 为牛顿阻力系数；A_c 为颗粒的横截面积；v_s 为颗粒的沉淀速度。

　　C_D 不是恒定的，而是随雷诺数 R 变化，并且在较小程度上随颗粒的形状而变化。

$$R \leqslant 1 \quad C_D = \frac{24}{R} \tag{11.4}$$

$$1 \leqslant R \leqslant 10^3 \quad C_D = \frac{18.5}{R^{0.6}} \tag{11.5}$$

$$R > 10^3 \quad C_D = \frac{24}{R} + \frac{3}{\sqrt{R}} + 0.34 \tag{11.6}$$

球状颗粒在沉淀中：

$$R = \frac{v_s d}{v} \tag{11.7}$$

式中：d 为颗粒直径；v 为液体的运动黏度。

在颗粒达到最终自由沉淀速度的平衡条件下，重力与摩擦力相等，可得

$$(\rho_s - \rho_w)gV = C_D A_c \rho_w \frac{V_s^2}{2} \tag{11.8}$$

即

$$v_s = \sqrt{\frac{2gV(\rho_s - \rho_w)}{C_D A_c \rho_w}} \tag{11.9}$$

就球状颗粒而言：

$$V = \frac{\pi d^3}{6}, \; A_c = \frac{\pi d^2}{4}$$

因此：

$$v_s = \sqrt{\frac{4gd(\rho_s - \rho_w)}{3C_D \rho_w}} \tag{11.10}$$

或者：

$$v_s = \sqrt{\frac{4gd(S_s - 1)}{3C_D}} \tag{11.11}$$

式中：S_s 为颗粒的比重（相对密度）。

在湍流中，$10^3 < R$，C_D 一般为 0.4。所以：

$$v_s = \sqrt{3.3gd(S_s - 1)} \tag{11.12}$$

在层流中，$R \leqslant 1$，$C_D = 24/R$。所以：

$$v_s = \frac{gd^2(S_s - 1)}{18v} \tag{11.13}$$

这就是斯托克斯定律。

计算沉淀速度时，必须验算以确保选用了正确的式（11.12）或式（11.13）。对于湍流和层流之间的过渡区，必须利用试错法求 v_s。由于液体黏度受温度的影响，因此温度低时液体黏度大，从而导致颗粒沉淀速度减小；温度高时液体黏度小，会导致颗粒沉淀速度增大。天气炎热时，直射阳光可在沉淀池中引起热对流，对流速度超过因温度升高而变大的沉淀速度。这种现象在相对较轻的絮状悬浮液中尤为常见，其中上升的污泥会严重降低沉淀效果。这种情况下，可以用轻型屋顶遮盖沉淀池，以减少阳光直射对沉淀效果的影响。

沉淀速度样例：

离散球状颗粒直径为 0.15mm，相对密度为 1.1。请计算温度为 20℃ 时的沉淀速度（20℃ 时水的运动黏度为 $1.01 \times 10^{-6} \text{m}^2/\text{s}$）。

假设流动状态为层流，则应选择式（11.13）：

$$v_s = [9.81 \times (1.5 \times 10^{-4})^2 \times (1.1 - 1.0)]/18 \times 1.01 \times 10^{-6}$$
$$= 0.0012(\text{m/s})$$

现在，需要验算证明计算得出的沉淀速度在式（11.13）假设的层流范围内产生 R 值。利用式（11.7）可得

$$R = 0.0012 \times 1.5 \times 10^{-4}/1.01 \times 10^{-6} = 0.178$$

此值小于 1，证明所选式（11.13）合适。

如果 R 的计算结果大于 1，则应使用式（11.5）中的过渡范围值 C_D 来计算 v_s 值，并使用式（11.11）来确定新的 v_s。

处理絮凝悬浮物时，无法运用上述理论。因为絮凝颗粒的聚集会导致絮凝物随深度增加而变大、变重，从而沉淀速度加快，这一特征如图 11.1 所示。实际上，水和废水处理中的悬浮物大多都是絮凝状的。

沉淀类型有 4 种：

（1）一类沉淀：离散颗粒按理论沉淀。

（2）二类沉淀：絮凝颗粒加速沉淀。

（3）成层沉淀：当絮凝颗粒达到一定浓度时，颗粒之间产生相互作用力，致使颗粒之间的相对位置固定，成层下沉。

（4）压缩沉淀：颗粒浓度大，颗粒相互接触，上层颗粒受下层固体支撑。

浓悬浮液中（＞2000mg/L SS）会发生受阻沉淀。这种情况下，下层沉淀颗粒之间的水在上层颗粒的重力下挤出并上移，导致颗粒的表观沉淀速度减小（图 11.2）。

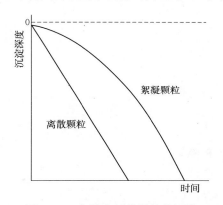

图 11.1 离散和絮凝颗粒的沉淀

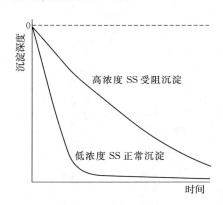

图 11.2 受阻沉淀

11.2 理 想 沉 淀 池

检验含离散悬浮颗粒连续水流的沉淀池处理效果时，可参考理想沉淀池（图 11.3）。理想沉淀池假设如下：

（1）沉淀区静止。

（2）整个沉淀区水流速度一致。

（3）水流进入沉淀区时固体浓度均匀。

（4）固体进入污泥区后不会再次悬浮。

如果一离散颗粒的沉淀速度为 v_0，并恰好在到达沉淀池末端时进入污泥区，此颗粒的

下沉距离为 h_0，在沉淀池中的滞留时间为 t_0，那么：

$$v_0 = \frac{h_0}{t_0} \tag{11.14}$$

但由于 t_0 等于体积/流量，所以单位时间可表示为 V/Q：

$$v_0 = \frac{h_0 Q}{V} = \frac{h_0 Q}{A h_0} \tag{11.15}$$

式中：A 为沉淀池水面的面积。

那么：

$$v_0 = \frac{Q}{A} \tag{11.16}$$

Q/A 被称为表面溢流率，由离散颗粒固体去除式（11.16）求得，与沉淀池深度无关。但是对于絮凝颗粒而言，沉淀池越深，聚集程度就越大，被去除固体的比例也就越大，所以说絮凝颗粒去除效果受池深影响。

如果沉淀池中是大小不一的分散颗粒悬浮液，则可以按下文所述方法计算整体去除率，如图 11.3 所示。

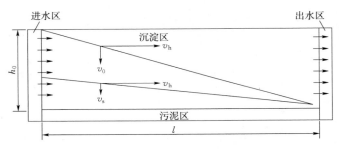

图 11.3 理想沉淀池

理想沉淀池可去除沉淀速度小于或等于 v_0 的所有颗粒。如果颗粒的沉淀速度 $v_s < v_0$，则只有在其进入沉淀池时距离池底不超过 h 的情况下才能被去除，而 $h = v_s t_0$。这种情况下，沉淀速度 $v_s < v_0$ 的颗粒去除比例可表示为 v_s/v_0。

如果在沉淀池中以一定的间隔插入一系列假底，理论上可以去除沉淀速度为 v_s 的所有固体。因此，只要假底或托盘的间隔足够小，即使是沉淀速度非常小的悬浮固体也能被去除。目前，带有一层中间板的沉淀池已经得到一定程度的应用，尤其是在含轻质氢氧化物絮凝物的水处理中。尽管如此，如果使用多层中间板，会给污泥的去除带来严重问题。通常在实践中，沉淀的固体会在板上积聚，对水流形成阻碍，致使水平流速增加，导致固体重新悬浮，降低去除效率。高速管式或板式沉淀器采用倾斜表面，可使沉淀的污泥不断从系统底部排出，从而避免了重新悬浮的问题。高速沉淀器支持定制，预制单元可插入现有的传统沉淀池中，用以改善沉淀效果。倾斜管式或板式沉淀器大大增加了沉淀池内的沉淀表面积。管式或板式沉淀器中离散颗粒的临界沉淀速度如图 11.4 所示，可由下式计算得出

$$v_0 = \frac{kv}{\sin\alpha + L\cos\alpha} \tag{11.17}$$

式中：k 为 1.33（圆管）或 1.00（平板）；v 为沉淀器元件中的流速；α 为元件的倾斜角度；L 为元件的长度/管的直径或板之间的距离。

理想沉淀池样例：

按照设计理论，沉淀池能够在 20℃ 下从水中去除所有直径为 0.2mm 且相对密度为 1.01 的球状离散颗粒。

请计算沉淀池对直径为 0.1mm、相对密度为 1.03 的球状离散颗粒的理论去除率。

利用式（11.13）可得

$$v_s = 9.81 \times (2 \times 10^{-4})^2 \times (1.01 - 1.00) / 18 \times 1.01 \times 10^{-6}$$
$$= 0.0021 \ (m/s)$$

对于另一种粒径的颗粒：

$$v_s = 9.81 \times (1 \times 10^{-4})^2 \times (1.03 - 1.00) / 18 \times 1.01 \times 10^{-6}$$
$$= 0.0016 \ (m/s)$$

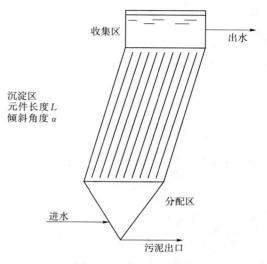

图 11.4　高速沉淀器

因此，另一种粒径颗粒的去除率 $= 0.0016 \times 100 / 0.0021 = 77.08\%$。

11.3　沉淀特征的测量

单一颗粒的沉淀速度是可测量的，用其通过已知液体深度的时间来计算，但是对于分级悬浮物，沉淀柱分析法会更加有用。沉淀柱为管式，深 2~3m，以一定的间隔设有取样口。为防止管壁效应，管的直径至少应达到最大粒径的 100 倍。

用作分析时，柱中悬浮液应均匀混合，并测量起始 SS 浓度 c_0（mg/L）。经过时间 t_1 后，在深度 h_1 处取样，测得的 SS 浓度记为 c_1（mg/L）。此时，沉淀速度大于 $v_1 (= h_1/t_1)$ 的所有颗粒都已沉至取样点以下，而剩余颗粒，即 c_1 的沉淀速度一定是小于 v_1 的。这样，便可以计算出沉淀速度小于 v_1 的颗粒 p_1 的比例，如下：

$$p_1 = \frac{c_1}{c_0} \tag{11.18}$$

同理，可在 t_2、t_3、… 时间间隔上取样，从而计算沉淀速度小于 v_2、v_3、… 的颗粒 p_2、p_3、… 的比例。将这些数据标绘在坐标系中，可以得到悬浮液沉淀特征曲线（图 11.5）。

在溢流速度为 v 的沉淀池中，只要颗粒的沉淀速度 $v_s > v$，无论其从哪个位置进入沉淀池，都会被除去。此外，对于平流沉淀池，如果颗粒的沉淀速度 $v_s < v$，但在距离底部不超过 $v_s t_0$ 处进入沉淀池，那么也可以被除去。这样，便可以计算平流沉淀池的总体去除率，如下：

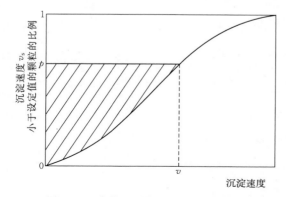

图 11.5　离散悬浮物的沉淀特征曲线

$$P = 1 - p + \int_0^p \frac{v_s}{v} \mathrm{d}p \tag{11.19}$$

对于纵向流动的沉淀池：

$$P = 1 - p \tag{11.20}$$

因为沉淀速度 $v_s < v$ 的所有颗粒最终都会被冲出沉淀池。图 11.6 以图解形式说明了这一道理。

处理絮凝悬浮液时，必须考虑颗粒浓度和絮凝深度的影响。在每个时间点从不同深度上取样，将每份水样中的 SS 表示为原始浓度的百分比。该百分比与 100 之间的差值即代表已经沉淀至该取样点以下的固体百分比，即在该特定深度和滞留时间上被除去的固体。将测量结果标绘在如图 11.7 所示的坐标系中，可以绘制出平滑的浓度等值线，显示出各个深度和时间上的 SS 去除率。絮凝效应以等浓度线显示，曲线随深度变化的斜率越大，说明絮凝程度越大。对于特定的沉淀池和絮凝悬浮液搭配，可以利用池深和滞留时间坐标系等浓度曲线所示的去除率来估计沉淀效果。

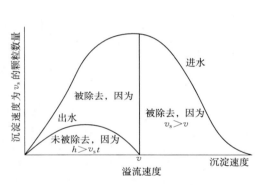

图 11.6 离散固体的沉淀去除情况

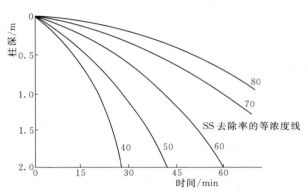

图 11.7 絮凝悬浮液的沉淀柱分析结果（根据各个深度和取样时间的实验结果，绘制 SS 去除率的等浓度线）

对于在合适高度（可实现沉淀）进入沉淀池的较小颗粒的去除率，可以利用浓度范围来估算，估算时，用浓度跨度乘以该跨度中点与池深之比即可。

絮凝沉淀样例：

对一絮凝悬浮液的沉淀柱分析结果见表 11.1。

表 11.1　　　　　　　　　　不同时间和深度上的 SS 浓度

时间/min	0	20	40	60	80
深度/m	SS 浓度/(mg/L)				
0.5	480	216	120	48	24
1.0	480	288	197	115	43
2.0	480	370	274	187	120
3.0	480	384	302	230	158

将表 11.1 中的 SS 浓度转换成原始 SS 浓度 480mg/L 并计算不同时间和深度上的颗粒去除率，计算结果见表 11.2。

表 11.2　　　　　　　　　　　　不同时间和深度上的颗粒去除率

时间/min	20	40	60	80
深度/m	SS 去除率/%			
0.5	55	75	90	95
1.0	40	59	76	91
2.0	23	43	61	75
3.0	20	37	52	67

将去除率数据绘制成等浓度线（近似于直线）。然后，利用等浓度线分析溢流速度为 48m/d、深度为 2.5m、对应滞留时间为 1.25h（75min）的沉淀池的效果，如图 11.8 所示。

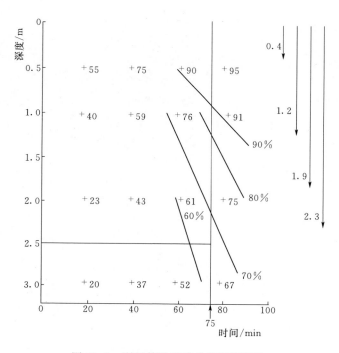

图 11.8　利用等浓度线分析絮凝沉淀

根据图 11.8 所示坐标系可知，时间 75min、深度 2.5m 对应的去除率为 67%。利用取中点法计算其他浓度跨度的去除率，得出总去除率如下：

总去除率＝67＋(1/2.5)×[(70 − 67)×2.3＋(80 − 70)×1.9＋(90 − 80)×1.2
　　　　　＋(100 − 90)×0.4]
　　　　＝84%

11.4　沉　淀　池　的　效　率

在进水区注入示踪剂并检测其在出水区的存在情况，即可测出沉淀池的水力学特性。由此得出的过流曲线是多种多样的，既可能有理想的塞式流曲线，也可能有完全混合池曲线，如图 11.9 所示。

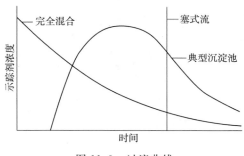

图 11.9　过流曲线

而实践中获得的过流曲线一般是这两个极端曲线的结合体，既会因为异重流而造成塞式流型，又会因为水力湍流而引起混合，其浓度峰出现的时间早于理想沉淀池中的浓度峰。这样一来，实际滞留时间通常远小于理论值。由于过流池的滞留时间特征对其效果影响重大，所以十分重要。

沉淀池的用途是去除悬浮物，所以此类固体的去除率能够合理地表示沉淀池效率。正常 SS 测定试验记录的颗粒尺寸最小可至几微米，但小于 $100\mu m$ 的絮凝颗粒不太可能通过沉淀法去除。因此，沉淀池不能彻底去除废污水中的 SS，而污水 SS 在沉淀池中的去除率一般为 50％～70％。研究表明，对于诸如污水的非均质悬浮液，沉淀池上的水力负荷对去除效率的影响不像进水 SS 浓度的影响那么大。在大多数情况下，初始 SS 浓度越高，去除百分比越大。

11.5　沉　淀　池　的　类　型

实践中发现的主要常规沉淀池如图 11.10 所示。水平流动式沉淀池紧凑，但除非采用悬垂式出水堰，否则就会面临出水堰长度有限的问题。

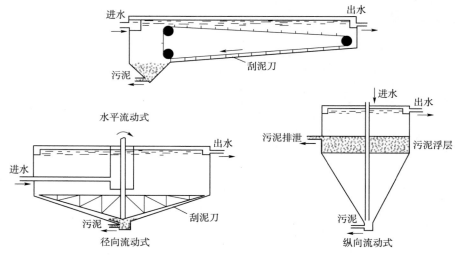

图 11.10　常规类型的沉淀池

这种沉淀池采用传送带式刮刀或移动桥式刮刀将污泥移至贮槽。移动桥式刮刀可同时处理若干个沉淀池。污泥进入贮槽后，会在静水压头的作用下排出。圆形沉淀池具有出水堰长、刮泥机制更简单的优点，但结构没有水平流动式沉淀池紧凑。漏斗底型沉淀池在小型污水处理厂中很受欢迎，虽然其建造成本略高，但由于无需刮泥机制，所以总体上可以节省大笔成本。矩形水平流动式沉淀池在土地利用方面效率最高，但其刮泥机制往往有些麻烦，并且可用于污水排放的出水堰长度有限。圆形沉淀池通常在液压方面更稳定，刮泥机制更可靠，并且出水堰更长，但建造成本高于矩形沉淀池。水处理厂往往使用纵向流动式沉淀池，并且在这种条件下使用污泥浮层。污泥浮层用于滤除在所用溢流速度下单靠沉淀法无法去除的较小的颗粒。由于漏斗底型沉淀池的建造成本高，许多纵向流动式沉淀池都采用带有复杂入口分配器的平底，从而实现倒金字塔结构中固有的均匀流动特性。

目前已投入使用的入口和出口结构设计多种多样，虽然特定的设计能够在均匀絮凝悬浮液的固体去除方面实现一些改进，但它们对原废污水 SS 去除率几乎没有什么影响。不过，有一点非常重要，即在流出堰附近保持尽可能低的流速以避免出水夹带悬浮固体。矩形沉淀池可以利用嵌入式堰来增加堰的可用长度。所有出水堰都最好选用 V 形槽堰板，因为它可以精确地放平，不受水位轻微变化的影响。

沉淀池具有双重作用——去除可沉淀的固体以产生合格的出水，并将去除的固体浓缩成较小体积的污泥。沉淀池的设计必须考虑这两种功能，并且其尺寸应根据限制要求而定。当处理相对高浓度的均匀固体时，沉淀池的污泥浓缩功能就显得比较重要。

11.6　重　力　增　稠

沉淀池的设计必须考虑固体去除和污泥浓缩的功能。沉淀单元的尺寸必须兼顾这两项功能，并且对于诸如活性污泥絮凝物或化学沉淀絮凝物等高浓度均匀悬浮液，浓缩功能可能更为关键。

与理想沉淀池的概念相似，我们可以设想一种理想的浓缩器：它可以使颗粒均匀地水平分布，并能从底部除去浓缩的悬浮物，在沉淀池的整个平面上产生同等的向下速度。这一设想还假设存在一种含有不可压缩固体的理想悬浮液。如图 11.11 所示，固体通过浓缩器中某一点的通量是重力与污泥排放口污泥的去除共同作用所致的结果。在连续式浓缩器中，固体通量 G_c 可由下式计算得出

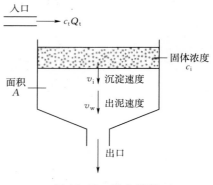

$$G_c = c_i v_i + c_i v_w \qquad (11.21)$$

式中：c_i 为固体浓度；v_i 为浓度为 c_i 的固体的沉淀速度；v_w 为污泥排放所致的向下速度。

图 11.11　重力增稠

沉淀通量 $c_i v_i$ 取决于悬浮液的物理特性。出泥通量 $c_i v_w$ 是与污泥去除速度成正比的运行参数。如图 11.12 展示了两种通量随固体浓度的增加而变化的情况。形成沉淀通量曲线

的原因在于，在较低的 SS 浓度水平下，沉淀速度随 SS 浓度升高而加快，当 SS 浓度达到一定水平后，就会产生受阻沉淀效应，整体沉淀速度便会随 SS 浓度升高而逐渐减慢。在设计澄清池的浓缩功能时，可以借助总通量曲线。假设悬浮液的特性如图 11.12 的下半部分所示，很明显，浓度 c_1 对应最小总通量，所以要使污泥浓缩至 c_1 或更高浓度，就必须确保施加的固体负荷不超过 G_1，即

$$\text{施加负荷} = \frac{c_f Q_f}{A} \leqslant G_1 \tag{11.22}$$

式中：c_f 为沉淀池进水的固体浓度；Q_f 为沉淀池进水流速；A 为沉淀池横截面积。

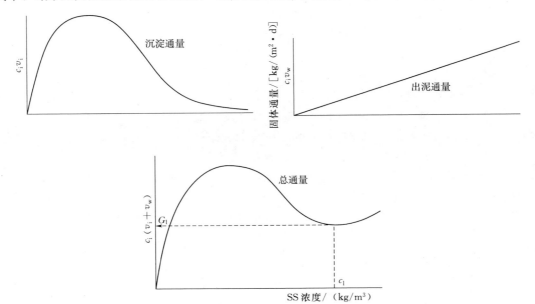

图 11.12　重力增稠器的固体通量图

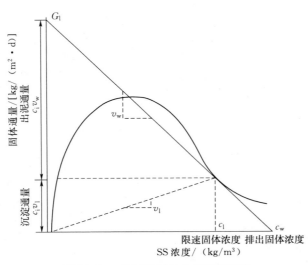

图 11.13　批沉淀通量曲线图的使用

如果固体通量高于 G_1，则不是所有固体都能够到达污泥出口。为了在高于 G_1 的通量下除去所有固体，有必要增加沉淀池的面积或增加除泥速度，这会导致浓缩浓度降低，因为排放流中的固体浓度与去除速度成反比。

单从批沉淀通量曲线即可直接得出有关悬浮液浓缩特性的信息。可以看出，如果在沉淀通量曲线的限速浓度段做一条切线，则切线的斜率是连续浓缩器维持恒定污泥水平所必需的向下速度。y 轴上的截距是平衡条件下的固体通量，x 轴上的截距则是排出污泥中的固体浓度。图 11.13 展示了沉

淀曲线的这种用法。图中，从原点到相切点的直线斜率是 c_1 浓度下的重力沉淀速度；由于切线的斜率是 v_w，截距是 G_1，总通量由这两个部分组成，如图 11.3 所示。这种类型的图可用于确定各种浓缩污泥浓度所需的浓缩器面积。

同理，该曲线图还可用于从污泥浓度和必要出泥速度的角度预测负荷变化对现有沉淀池的影响。

11.7 浮 除

在水和废水处理中遇到的一些悬浮液由低密度的小尺寸颗粒形成，即使是通过化学聚沉处理（详见第 12 章），其沉淀速度也相对较低。对于这种悬浮液，特别合适的一种澄清方法便是使颗粒漂浮到水面，再作浮渣除去。有些悬浮物的密度非常接近其所在悬浮液的密度，所以几乎不需要外力即可漂浮。即使是对于密度大于悬浮液密度的悬浮物，也可以通过添加产生正浮力的试剂来进行浮除。气泡是有效的浮除剂，并且有许多技术利用气泡的释放或产生来提供必要的浮力。其中，目前最流行的技术是溶气浮除法（DAF），如图 11.14 所示。此过程通过饱和器回收一部分处理吞吐量（一般约为 10%）并以 400kPa 的高压向其中充气。加压后的循环水流返回到浮除池底部入口，与进水水流混合。

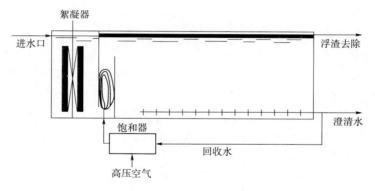

图 11.14 溶气浮除法

压力的突然下降会使循环水流中的空气过饱和，从而释放出一团细小的气泡，这些气泡会附着在悬浮液中的颗粒上并导致它们上浮。当利用化学聚沉法去除诸如颜色、铁和锰的溶解物质时，溶气浮除法在水处理中具有特别的优点。这种情况下，常规的沉淀速度可能只有 4m/h，而浮除法的上升速度可达 12m/h。这意味着浮除装置通常比同等效果的沉淀池小得多，并且具有出水浊度低的优点。溶气浮除单元可以在很短的时间内进入全面运行状态，而传统的沉淀池通常需要几天时间才能达到平衡运行条件。悬浮液相同的条件下，利用浮除装置除去的浮渣中的固体含量通常高于沉淀污泥中的固体含量，说明前者除污泥效果显著。相比于同等效果的沉淀池，浮除装置的投资成本较低，但由于水流泵送和压缩空气注入需要额外动力，所以运营成本较高。原水水质或运行参数即使发生较小变化，浮除单元也会受其干扰，所以相比于沉淀单元，浮除单元需要更密切的控制。对于不能使用溢流速度大于 2m/h 的沉淀池处理的悬浮液，溶气浮除法的总成本可能低于常规沉淀池。

拓 展 阅 读

Dick，R. I. (1972). Gravity thickening of sewage sludges. *Wat. Pollut. Control*，71，368.

Fadel，A. A. and Baumann，R. E. (1990). Tube settler modelling. *J. Envir. Engng Am. Soc. Cir. Engnrs*，116，107.

Hazen，A. (1904). On sedimentation. *Trans. Am. Soc. Civ. Engnrs*，53，45. (Reprinted *J. Proc. Inst. Sew. Purif.*，1961，521 (6).)

Institution of Water and Environmental Management (1972). *Primary Sedimentation*. London：IWEM.

Kynch，G. J. (1952). A theory of sedimentation. *Trans. Faraday Soc.*，48，166.

Malley，J. R. and Edzwald，J. K. (1991). Laboratory comparison of DAF with conventional treatment. *J. Amer. Wat. Wks Assn*，83 (9)，56.

Richard，Y. and Capon，B. (1980). Sedimentation. In *Developments in Water Treatment*，Vol. 1 (W. M. Lewis, ed.). Barking：Applied Science Publishers.

Tebbutt，T. H. Y. (1979). Primary sedimentation of wastewater. *J. Wat. Pollut. Control Fedn*，51，2858.

Tebbutt，T. H. Y. and Christoulas，D. G. (1975). Performance relationships for the primary sedimentation. *Wat. Res.*，9，347.

Willis，R. M. (1978). Tubular settlers – a technical review. *J. Am. Wat. Wks Assn*，70，331.

Zabel，T. F. and Melbourne，J. D. (1980). Flotation. In *Developments in Water Treatment*，Vol. 1 (W. M. Lewis, ed.). Barking：Applied Science Publishers.

习 题

1. 请计算 20℃下相对密度为 2.5、直径为 0.06mm 的球状离散颗粒的沉淀速度（$v = 1.010 \times 10^{-6} m^2/s$）。(0.0029m/s)

2. 沉淀池设计为在 20℃下可清除直径为 0.5mm、相对密度为 1.01 的球状离散颗粒。假设理想沉淀条件，请计算该沉淀池对直径为 0.2mm、相对密度为 1.01 的球状离散颗粒的去除率。(16%)

3. 在沉淀柱的 1.3m 深度处对离散颗粒悬浮液抽样分析，结果如下所示。

取样时间/min	5	10	20	40	60	80
与样品初始 SS 浓度的比率/%	56	48	37	19	5	2

请计算在表面溢流速度为 200m³/(m² · d) 的水平流动式沉淀池中，该悬浮液的理论固体去除率。(67%)

4. 利用具有 3 个取样口的沉淀柱中对絮凝悬浮液进行分析，得到以下结果。

取样时间/min	各深度上的 SS 去除率/%		
	1m	2m	3m
0	0	0	0
10	30	18	16
20	60	48	40
30	62	61	60
40	70	63	61
60	73	69	65

请估算在深 2m、滞留时间为 25min 的沉淀池中，该悬浮液的固体去除率。（64%）

5. 对絮凝悬浮液进行实验室分析，得到以下沉淀数据。

SS/(mg/L)	2500	5000	7500	10000	12500	15000	17500	20000
沉淀速度/(mm/s)	0.80	0.41	0.22	0.10	0.04	0.02	0.01	0.01

如果要将悬浮液浓缩至 2%（20000mg/L），请计算流量为 5000m³/d、初始 SS 浓度为 3000mg/L 的悬浮液所需的压缩器横截面积。如果浓缩污泥的固体含量达到 1.5% 即可，请计算所需的横截面积。假设该区域内的沉淀速度为 0.8mm/s，请计算沉淀功能所需的最小横截面积。（148m²，63m²，72.3m²）

第 12 章

聚　沉

水和废污水中的许多杂质都以不易沉淀的胶体颗粒形式存在。在去除这类杂质时，往往需要先利用絮凝法促使这些颗粒聚集，这一过程可使用助凝剂，之后再利用沉淀法或浮除法除去杂质。

12.1　胶体悬浮液

沉淀法可以去除直径 $50\mu m$ 的悬浮颗粒（具体取决于密度），但更小颗粒由于沉淀速度非常缓慢，不适用该方法。表 12.1 列出了 $10℃$ 时相对密度为 2.65 的水中颗粒的沉淀速度。可以看出，较小颗粒几乎无沉淀速度。如果促使这些胶体颗粒聚集，随着逐渐的增大，它们最终可以通过沉降法去除。在静止的液体中，微小的颗粒由于布朗运动而互相碰撞，并且当快速沉淀的颗粒超过较慢沉淀的颗粒时也会发生碰撞，导致颗粒体积的增大和数量的减少，但是这一过程相对缓慢。温和搅拌（絮凝过程）可以加速颗粒之间的碰撞。如果胶体颗粒的浓度较高，这种办法可以促进沉淀固体的产生。如果胶体颗粒浓度较低，则可以加入助凝剂来产生大的絮凝颗粒，它可以将胶体颗粒包络其中。

表 12.1　　　　　　　　　$10℃$ 时相对密度为 2.65 水中离散颗粒的沉淀速度

粒径/μm	沉淀速度/(m/h)	粒径/μm	沉淀速度/(m/h)
1000	6×10^2	1	1×10^{-3}
100	2×10^1	0.1	1×10^{-5}
10	3×10^{-1}	0.01	2×10^{-7}

12.2　絮　凝

水力或机械混合搅拌可在水中形成速度梯度，其强度能够控制絮凝的程度。颗粒之间的碰撞次数与速度梯度直接相关，并且我们可以根据设定的絮凝水平计算出所需的速度梯度，从而计算出相应的输入功率。

假设一个流体元正处于絮凝过程（图 12.1），那么这个流体元会受到剪切力的作用，这样一来：

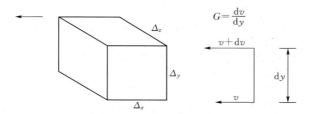

$$G=\frac{\mathrm{d}v}{\mathrm{d}y}$$

图 12.1 正在絮凝的流体颗粒

$$功率输入 = \tau \Delta_x \Delta_z \Delta_y \frac{\mathrm{d}v}{\mathrm{d}y} \tag{12.1}$$

式中：τ 为剪切应力。

$$每单位体积的功率 = P = \tau \frac{\Delta_x \Delta_z \Delta_y}{\Delta_x \Delta_z \Delta_y} \frac{\mathrm{d}v}{\mathrm{d}y} \tag{12.2}$$

$$P = \tau \frac{\mathrm{d}v}{\mathrm{d}y} \tag{12.3}$$

但是根据定义，$\tau = \mu \mathrm{d}v/\mathrm{d}y$，其中 μ 为绝对黏度。所以：

$$P = \mu \frac{\mathrm{d}v}{\mathrm{d}y} \frac{\mathrm{d}v}{\mathrm{d}y} = \mu \left(\frac{\mathrm{d}v}{\mathrm{d}y}\right)^2 \tag{12.4}$$

代入 $G = \mathrm{d}v/\mathrm{d}y$：

$$P = \mu G^2 \tag{12.5}$$

在利用阻板产生水力干扰的处理池中，由横式或竖式阻板产生旋转至末端或从上翻越流型。阻板间隔大约 0.5m，且阻板末端与池壁或水面之间的最小间隙约为 0.6m，速度为 0.1~0.3m/s：

$$P = \frac{\rho g h}{t} \tag{12.6}$$

式中：ρ 为液体的质量密度；h 为处理池中的水头损失；t 为处理池中的滞留时间，一般为 15~20min。

现在，利用式（12.5）可得 $G = \sqrt{P/\mu}$，所以：

$$G = \sqrt{\frac{\rho g h}{\mu t}} = \sqrt{\frac{g h}{v t}} \tag{12.7}$$

对于机械搅拌池：

$$P = \frac{D v}{V} \tag{12.8}$$

式中：D 为桨叶上的阻力；v 为桨叶速度；V 为水池容积。

利用式（11.3）可得

$$D = C_D A \rho \frac{v_r^2}{2} \tag{12.9}$$

式中：v_r 为桨叶相对于池中流体的速度，通常约为桨叶速度 v 的 3/4；A 为垂直于运动方向的桨叶横截面积。

可得

$$P = \frac{C_{\mathrm{D}}A\rho v_{\mathrm{r}}^2 v}{2V} \tag{12.10}$$

本书的早期版本与大多数其他文章一样，将式（12.10）写成：

$$P = \frac{C_{\mathrm{D}}A\rho v_{\mathrm{r}}^3}{V}$$

这是不正确的。阻力确实是相对速度的函数，但所需的功率是克服桨叶阻力所需的力与桨叶移动的绝对速度的乘积。笔者感谢曾任职于拉夫堡大学水工程发展中心的阿德里安·科德博士（Dr Adrian Coad）指出这一错误。

利用式（12.5）中的 P 进行替换，可得

$$G^2 = \frac{C_{\mathrm{D}}A\rho v_{\mathrm{r}}^2 v}{2V\mu} \tag{12.11}$$

即

$$G = \sqrt{\frac{C_{\mathrm{D}}A v_{\mathrm{r}}^2 v}{2\upsilon V}} \tag{12.12}$$

为了取得良好的絮凝效果，G 应在 $20\sim70\mathrm{m/(s \cdot m)}$ 的范围内。低于此范围时会导致絮凝不充分，高于此范围则易使较大絮凝颗粒在剪切力的作用下破碎。锥形絮凝比较有帮助，即在入口处采用较大的 G 值，在出口处采用较小的 G 值。机械絮凝池中的滞留时间一般为 $20\sim30\mathrm{min}$。经验表明，乘积 Gt 在一定范围内很重要，通常引用典型值介于 5 万～10 万之间。采用机械絮凝的情况下，絮凝池深度一般为桨叶直径的 $1.5\sim2$ 倍，桨叶面积一般为絮凝池横截面积的 $10\%\sim25\%$。

相比于水力絮凝器，机械絮凝器对过程的控制更合理，但维护需求更高。具体来说，水力絮凝器需要以特定流速产生所需的速度梯度。如果处理单元中的流量发生显著变化，絮凝过程就会受到影响。该问题会出现在污水处理厂升级改造中，絮凝单元处理更大流量的情况下。相比之下，机械桨的尺寸和速度都易于改变，能够在流量增大时依旧维持原有的絮凝水平。絮凝和沉淀可以合并在同一个单元中（图 12.2），而且污泥浮层类型的处理池非常适合水处理。

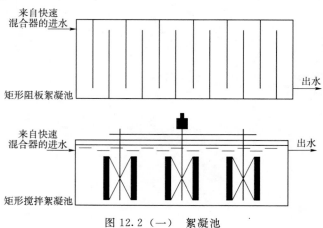

图 12.2（一） 絮凝池

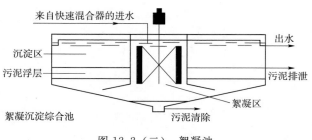

来自快速混合器的进水

出水

沉淀区

污泥浮层

污泥排泄

絮凝沉淀综合池

污泥清除

絮凝区

图 12.2（二）　絮凝池

12.3　聚　沉

稀释胶体悬浮液的絮凝物只能发生不频繁的碰撞，而不会有任何显著的聚集。这种情况下，最好先使用化学助凝剂进行处理，然后再通过絮凝和沉淀进行澄清。为了产生絮凝作用，必须将助凝剂分散到整个水体当中。助凝剂的剂量一般为 30～70mg/L。这一过程需要在带有高速涡轮机的快速混合室中进行（图 12.3），或者需要将助凝剂添加到水力干扰点，比如测流堰或量水槽的水跃处。为保证有效混合，速度梯度需要达到 1000s。

助凝剂一般是金属盐类，能够与水中的碱性物质反应生成不溶的金属氢氧化物絮凝物，可吸附胶体颗粒。然后将这种细小的沉淀物絮凝，即可生成可沉淀的固体。助凝剂通常以浓缩溶液的形式加入水中，可以使用容积式计量泵精确计量。

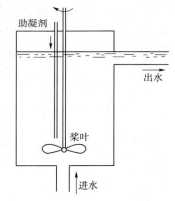

助凝剂

出水

桨叶

进水

图 12.3　快速混合器

多年以来，硫酸铝一直是普遍使用的水处理助凝剂。但如第 5 章所述，人们担心饮用水中的铝残留物可能会对健康造成危害。值得注意的是，1993 年世界卫生组织饮用水水质准则并未将铝列为与健康有关的物质。硫酸铝（商用名为"明矾"）添加到水中时发生的反应十分复杂，但一般简化表示为

$$Al_2(SO_4)_3 + 6H_2O \longrightarrow \underline{2Al(OH)_3} + 3H_2SO_4$$

$$3H_2SO_4 + 3Ca(HCO_3)_2 \longrightarrow 3CaSO_4 + 6H_2CO_3$$

$$6H_2CO_3 \longrightarrow 6CO_2 + 6H_2O$$

即总体上为

$$Al_2(SO_4)_3 + 3Ca(HCO_3)_2 \longrightarrow \underline{2Al(OH)_3} + 3CaSO_4 + 6CO_2$$

使用商业明矾 $Al_2(SO_4)_3 \cdot 14H_2O$ 时，发现：

1mg/L 明矾可破坏 0.5mg/LCaCO$_3$ 形式的碱度生成 0.44mg/L CO$_2$，因此为了取得令人满意的聚沉效果，水中必须有足够的碱度与明矾反应，并且处理过的水中还须留下适量

的碱度来实现 pH 缓冲。

Al(OH)$_3$ 的溶解度取决于 pH 值，且需要 pH 值在 5～7.5 之间；超过此范围时，铝盐便无法成功产生聚沉作用。其他助凝剂包括：①硫酸亚铁（绿矾），FeSO$_4$ · 7H$_2$O；②硫酸铁，Fe$_2$(SO$_4$)$_3$；③氯化铁，FeCl$_3$。

绿矾有时用氯处理，可得到硫酸铁和氯化铁的混合物，称为"氯化硫酸亚铁"。铁盐在 pH 值为 4.5 以上时可产生令人满意的聚沉效果，但亚铁盐仅适用于 pH 值为 9.5 以上。铁盐比明矾便宜，除非能被完全沉淀，否则溶液中残留的铁可能会很麻烦，尤其是它会在洗衣机中产生污渍。尽管如此，由于公众对水中铝残留的过度担忧，铁盐用途相对较多。Sirofloc 工艺是传统聚沉方法的替代技术，它利用精细分散的磁粉吸附水中的色素、浊度、铁和铝。磁粉在 pH 值控制剂和助凝剂的条件下与进水接触后，水流通过强磁场，磁性颗粒在磁场作用下发生聚集。然后利用向上流动式沉淀池除去这些聚集物，并将聚集物回收，解吸附后再度利用。

含有较低浓度胶体物质的废水通常需要加入助凝剂以形成絮凝物，这类助凝剂可以是简单的添加剂，比如黏土颗粒。它能够形成用于沉淀氢氧化物或聚电解质以及重质长链合成聚合物的核，只需少量添加（<1mg/L）便可以促进聚集和强化絮凝物。絮凝物颗粒具有类似海绵的性质，其表面积非常大，所以能够从溶液中吸附一些溶解的有机物质。这种表面活性效应和助凝剂与有机颜色之间的化学反应共同起到聚沉作用，从而除去水中溶解的颜色以及胶体浊度。颜色为 60°H、浊度为 30 NTU 的原水样本经过聚沉、絮凝和沉淀处理后，一般可达到约 5～20°H 和 5NTU 的水平。

许多天然物质都具有聚沉功能，并且有些作为净水物质已在发展中国家使用了几个世纪。近来，其中一些物质作为处理厂中的低成本助凝剂受到关注。这些天然物质大多来自于含有聚电解质的植物的种子、树皮或树液。其中使用最广泛的是辣木（moringa oleifera）种子。它在苏丹等许多国家被用作主要助凝剂。研究表明，在混浊的地表水净化中，其效果与使用同浓度的硫酸铝等常规助凝剂相似。辣木的一个特有优点在于，它的种子含有 40% 的食用植物油，并且榨油之后的滤饼渣仍然含有天然阳离子聚电解质。所以说，辣木种子既能提供营养，又能用作有效的助凝剂。有人担心种子中的有机物会促进水中细菌滋长，但如果实施有效的消毒，便不会构成严重问题。

为了计算助凝剂的剂量需求，以及评估助凝剂产生的效果，有必要进行实验室杯罐试验。这项试验需要将一系列水样放置到特制的多重搅拌装置上，向水样中添加 0mg/L、10mg/L、20mg/L、30mg/L、40mg/L 和 50mg/L 等不同剂量的助凝剂并猛烈搅拌。然后让水样絮凝 30min 并使其在静止条件下静置 60min。随后，检查上清液的颜色和浊度，并记录净化效果令人满意的水样所对应的最低助凝剂剂量。另取一组水样，对 pH 值进行一系列调节，比如 5.0、6.0、6.5、7.0、7.5、8.0，并按前项试验确定的最小剂量向各个烧杯中添加助凝剂，然后如前所述进行搅拌、絮凝和沉淀。随后检查上清液并选出最合适的 pH 值。如有必要，可再次检验所需助凝剂的最小剂量。如图 12.4 所示为杯罐试验的典型结果。由于聚沉效果受 pH 值影响，所以化学聚沉单元一般需要通过添加酸或碱来控制 pH 值。

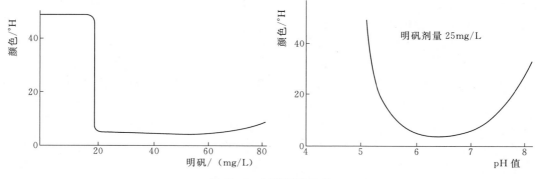

图 12.4 杯罐试验结果

12.4 聚 沉 机 制

虽然化学聚沉工艺应用广泛，并且得到了大量研究，但其运作机制尚未完全明确。为了解释聚沉现象，研究者们从胶体稳定性的角度进行了考虑。疏水胶体悬浮物的稳定性可以通过如图 12.5 所示的作用在颗粒上的力来解释。静电表面电荷会引起相互排斥，保持分子稳定；但是添加相反电荷的离子可以形成扰动，降低排斥力，使分子吸引力占据优势。这种情况下，ζ电位（颗粒聚集物边缘处的电势）的值具有一定的意义。理论上，零ζ电位是最有利于聚沉的条件。但是在处理水中发现的异质悬浮物时，似乎存在许多复杂因素，而ζ电位测量在操作中并不总是具有很大价值。

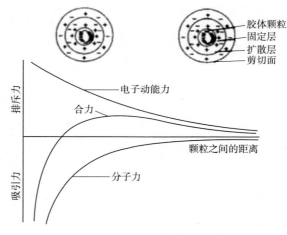

图 12.5 作用于絮凝物颗粒的力

在悬浮固体浓度较低的情况下，聚沉通常是由于助凝剂与水反应形成的不溶性水解产物，具有包络作用。在这种"卷扫聚沉"中，原悬浮物的性质没有改变，控制反应的是水解产物的性质。不巧的是，助凝剂进入水中以后的表现可能非常复杂。就硫酸铝来说，本章前文给出的简化反应表达式与实际情况相去甚远。铝的水解产物非常复杂，并且其性质受助凝剂溶液使用期限和强度等因素的影响。铝的水解产物包括以下形式的化合物：$[Al(H_2O)_5OH]^{2+}$ 和 $[Al_6(OH)_{15}]^{3+}$，有时也会出现硫酸根络合物。所以，铝盐在水中实际发生的反应难以明确。如果水具有天然颜色，则情况会更加复杂，因为硫酸铝会与形成颜色的有机酸发生反应。

对于较高浓度的悬浮固体，可以使用胶体理论来解释所见的结果。据此，由于带有强电荷且部分水解的金属离子的吸附作用，胶体悬浮物受到扰动，变得不稳定。持续吸附会导致悬浮物发生电荷反转并重新变得稳定，这在高剂量助凝剂的条件下确有发生。因此，在这种情况下，胶体颗粒的性质对聚沉过程有一定的影响。

当利用聚沉效应为水除色时，水中的反应取决于可溶有机物与助凝剂结合而导致沉淀物的形成。所以说，颜色浓度与去除颜色所需的助凝剂的剂量之间往往存在直接关系。

助凝剂的作用可以归结为长链结构形式的大分子在相邻悬浮颗粒之间发挥连接和键合作用，从而促进聚集并防止絮凝物受剪切力破坏的能力。在离子助凝剂的作用下，水中还会像存在基本助凝剂那样发生电荷中和，只不过在正常的助凝剂剂量下，这种作用可能不太重要。

拓　展　阅　读

Critchley, R. E, Smith, E. O. and Pettit, P. (1990). Automatic coagulation control at water treatment plants in the North West region of England. *J. Instn Wat. Envir. Managt*, 4, 535.

Folkard, G. K., Sutherland, J. P. and Al-Khalili, R. S. (1996). Natural coagulants - a sustainable approach. In *Sustainability of Water and Sanitation Systems* (J. R. Pickford, ed.). London: Intermediate Technology Publications.

Franklin, B. C., Hudson, J. A., Warnett, W. R. and Wilson, D. (1993). Three-stage treatment of Pennine waters. *J. Instn Wat. Envir. Managt*, 7, 223.

Gregory, R., Maloney, R. J. and Stockley, M. (1988). Water treatment using magnetite: A study of a Sirofloc pilot plant. *J. Instn Wat. Envir. Managt*, 2, 532.

Hilson, M. A. and Richards, W. N. (1980). Polymeric flocculants. In *Developments in Water Treatment*, Vol 1 (W. M. Lewis, ed.). Barking: Applied Science Publishers.

Holm, G. P., Stockley, M. and Shaw, G. (1992). The Sirofloc process at Redmires water-treatment works. *J. Instn Wat. Envir Managt*, 6, 10.

Ives, K. J. and Bhole, A. G. (1973). Theory of flocculation for continuous flow system. *J. Envr. Engng Div. Am. Soc. Civ. Engnrs*, 99, 17.

Packham, R. F. and Sheiham, I. (1977). Developments in the theory of coagulation and flocculation. *J. Instn Wat. Engnrs Scientists*, 3, 96.

Stevenson, D. G. (1980). Coagulation and flocculation. In *Developments in Water Treatment*, Vol. 1 (W. M. Lewis, ed.). Barking: Applied Science Publishers.

习　　题

1. 絮凝池长 10m，宽 3m，深 3m，设计流量为 $0.05 m^3/s$。此絮凝池利用 3 个桨轮实现絮凝，每个桨轮各有两个大小为 $2.5m \times 0.3m$ 的桨叶，桨叶的中心线与池深中点处的轮轴相距 1m。桨叶旋转速度为 3 rev/min，水流速度为桨叶速度的 25%。对于 20℃ 的水，$v = 1.011 \times 10^{-6} m^2/s$。请计算絮凝所需的功率和速度梯度。[70.8W，23.2m/(s·m)]

2. 碱度为 15mg/L 的水源需要 40mg/L 的硫酸铝进行聚沉。如果要使水的最终碱度为 25mg/L，请计算所需熟石灰 $Ca(OH)_2$ 的量。如果使用苏打粉 Na_2CO_3 代替熟石灰，需要多少苏打粉？Ca 40，O 16，H 1，Na 23。（$22.2 g/m^3$，$31.8 g/m^3$）

第 13 章

渗　流

利用孔隙介质（如沙）滤除悬浮物是饮用水处理中的重要步骤，对水的清澈度起到决定性作用。虽然聚沉和沉淀处理能够去除大约 90% 的浑浊和颜色，但是水流会从沉淀池中带走一定量的絮凝物，而这些絮凝物需要去除。沙滤还用于 30 : 20 标准污水处理厂出水的三级处理。孔隙介质渗流的其他应用还包括离子交换床、吸附床和吸收塔。在这些应用中，渗流的目的不是去除悬浮物，而是使不同系统之间形成接触。

13.1　过　滤　水　力　学

液体通过孔隙介质时受到的阻力与其流经细小管道时受到的阻力以及流体对下沉颗粒形成的阻力类似。

过滤水力学的基本公式假设滤床为匀质介质，并参考如图 13.1 所示的滤池示意图。

最早的过滤公式由达西（Darcy）提出：

$$\frac{h}{l} = \frac{v}{k} \tag{13.1}$$

式中：h 为迎面流速为 v、深度为 l 的滤床的水头损失；k 为渗透系数。

罗斯（Rose）（1945）利用维度分析开发出以下公式：

$$\frac{h}{l} = 1.067 C_D \frac{v^2}{gd\psi} \frac{1}{f^4} \tag{13.2}$$

式中：f 为滤床孔隙率，$f =$ 空隙体积/总体积；d 为滤床颗粒的特征直径；ψ 为颗粒形状

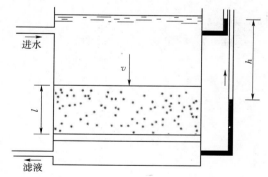

图 13.1　滤床示意图

因子；C_D 为牛顿阻力系数，$C_D = 24/R + 3/\sqrt{R} + 0.34$。

卡曼-康采尼（Carman, 1937）公式产生的结果与罗斯公式得到的结果相似：

$$\frac{h}{l} = E \frac{1-f}{f^3} \frac{v^2}{gd\psi} \tag{13.3}$$

式中：$E = 150[(1-f)/R] + 1.75$。

式（13.2）和式（13.3）中的颗粒形状因子 ψ 是等体积球的表面积与粒子的实际表面积之比，即

$$\psi = \frac{A_0}{A} \tag{13.4}$$

式中：A_0 为体积为 V 的球的表面积。

球状颗粒的 ψ 是统一的，并且颗粒直径 $d = 6V/A$。对于其他形状的颗粒，$d = 6V/(\psi A)$。因此，式（13.2）和式（13.3）可以写为

$$\frac{h}{l} = 0.17C_D \frac{v^2}{gf^4} \frac{A}{V} \tag{13.5}$$

$$\frac{h}{l} = E \frac{1-f}{f^3} \frac{v^2}{g} \frac{A}{6V} \tag{13.6}$$

ψ 的典型值见表 13.1。

表 13.1 颗粒形状因子的典型值

材 料	ψ	材 料	ψ
云母片	0.28	磨损砂	0.89
碎玻璃	0.65	球状砂	1.00
多角形砂	0.73		

滤池水头损失样例：

一滤床由 0.40mm 的多角形砂构成，总深度为 750mm，孔隙率为 42%。假设过滤速度为 120m/d，请使用罗斯公式估算干净滤床的水头损失。（水的运动黏度 $= 1.01 \times 10^{-6}$ m^2/s）

$$过滤速度 120m/d = 120/(60 \times 60 \times 24) = 1.39 \times 10^{-3} m/s$$
$$R = 1.39 \times 10^{-3} \times 4 \times 10^{-4} / 1.01 \times 10^{-6} = 0.55$$

即层流。

因此，C_D 可由式（11.6）计算得出：

$$C_D = 24/0.55 + 3/0.55^{0.5} + 0.34 = 48.01$$

利用式（13.2）：

$h/l = 1.067 \times 48.01 \times (1.39 \times 10^{-3}) \times 2/(9.81 \times 4 \times 10^{-4} \times 0.73 \times 0.42^4) = 1.110$

即：水头损失 $= 1.110 \times 0.750 = 0.833$（m）。

滤池一般采用分级沙，比如 0.5～1.00mm 的砂，所以需要利用以下公式计算 A/V 的值：

$$\left(\frac{A}{V}\right)_{av} = \frac{6}{\psi} \sum \frac{p}{d} \tag{13.7}$$

式中：p 为粒径为 d 的颗粒的比例（来自筛分分析）。

低水力负荷 [约 $2m^3/(m^2 \cdot d)$] 的慢速沙滤池通过去除阻塞表面层来清洁，并且滤床填充均匀。如果是快速滤床 [水力负荷约为 $120m^3/(m^2 \cdot d)$]，则通过下方滤液反冲洗来进行清洁，这样便会导致滤床填充分层，所以必须考虑 C_D 随粒径的变化。因此，对于使用罗斯公式的快速滤床：

$$\frac{h}{l} = 1.067 \frac{v^2}{g\psi f^4} \sum C_D \frac{p}{d} \qquad (13.8)$$

这种计算方法的示例见述于里奇（Rich）（1961）和费尔（Fair）等人（1967）的文章中。

13.2 滤 池 堵 塞

前文公式计算的是干净滤床的水头损失。实际上，滤床在去除悬浮物的过程中，其孔隙会因为颗粒的累积而不断变化。通常，我们假设颗粒的去除速率与其浓度成正比，即

$$\frac{\partial c}{\partial l} = -\lambda c \qquad (13.9)$$

式中：c 为进入滤床的悬浮固体的浓度；l 为相对于入口表面的深度；λ 为滤床的特征常数。

由于固体浓度随时间及其在滤床中的位置而变化，所以此公式是一个偏微分方程。式（13.9）可以进行积分，得到：

$$\frac{c}{c_0} = e^{-\lambda_0 l} \qquad (13.10)$$

式中：c_0 为滤床表面处的固体浓度（$l=0$）。

艾夫斯（Ives）和格雷戈里（Gregory）（1967）的研究表明，如果滤床固定不变，那么匀质介质的总水头损失可以表示为线性函数：

$$H = h + \frac{Kvc_0 t}{1-f} \qquad (13.11)$$

式中：h 为利用卡曼-康采尼公式计算水头损失；t 为运行时间；K 为滤床特有的相关常数。

分级介质的表达式与此相似，但将 K 替换为一个由粒径分级和 K 随粒径变化关系决定的常数。

与普遍看法相反，孔隙介质床中悬浮物的去除不仅仅是滤除。固体的去除取决于输送机制和过程，比如：

（1）拦截——流线通道与滤床颗粒足够接近，使得悬浮颗粒与滤床颗粒发生接触。

（2）扩散——胶体颗粒因布朗运动随机进入滤床颗粒。

（3）沉淀——悬浮颗粒在重力作用下穿过流线，移动到滤床颗粒向上表面的静止区，类似于哈森（Hazen）沉淀理论中的托盘概念。

（4）流体动力学——速度梯度中的颗粒往往会做出旋转运动，产生横向力，使其能够穿过流线，形成絮凝。

与聚沉机制相似，悬浮物一旦进入滤床的孔隙中，便会因为由物理化学力和分子间力产生的附着机制而留在那里。所以孔隙介质滤床能够除去远远小于滤床孔隙的颗粒。例如，在 0.5～1.0mm 细沙的沙滤床中，孔隙大小约为 0.1mm，但它能够分离小至 0.001mm 的颗粒，即细菌。

过滤过程是复杂的，单纯地以数学术语来预测过滤性能并非易事。使用小型实验室装置可以测定样品的过滤特性。这种装置可以测出在连续施加样品后，整个沙滤床的水头损失增加情况。水头损失增加量与过滤体积之比称为"过滤指数"。

在发展中国家，水平流动式滤床的开发受到了一定程度的关注。这种滤床采用较大的介质砾石，用于在常规沙滤之前对浑浊地表水进行预处理。在这样的系统中，沉淀在悬浮物的去除过程中起着相当大的作用，并且可以认为，水平流动式砾石床与第 11 章中讨论的快速沉淀概念具有某些相似性。

13.3 滤 池 清 洗

就慢速滤池而言，固体的渗透仅发生在滤床表面，所以其清洁方式为：每隔几个月清除滤床表层一定深度的介质，将其洗净后再放回滤床。相比而言，快速滤床堵塞得更快，并且固体会深入渗透到滤床中。清洁快速滤床时，一般需要以 10 倍正常过滤速度的水流进行反向冲洗。向上的水流会使滤床膨胀，形成流化状态，积聚其中的碎屑便会被冲刷掉。在反冲洗之前或同时进行的压缩空气冲刷可改善清洁效果并减少洗涤水的消耗。图 13.2 展示了滤床在反冲洗过程中的性能变化。

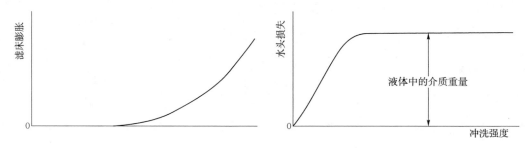

图 13.2 滤床在反冲洗过程中的性能变化

当反冲洗水进入滤床底部时，滤床开始膨胀并且此时存在初始水头损失。随着滤床进一步膨胀，水头损失的增加率降低。当整个滤床恰好悬浮时，水头损失变为恒定。此时，向上的反冲洗力等于水中滤床颗粒的向下重力。反冲洗水流的进一步加强会增加膨胀，但不会增加水头损失。过度膨胀状态下，滤床颗粒会被迫进一步分开，冲刷作用被弱化并且反冲洗用水量会增加，所以应避免过度膨胀。

如图 13.3 所示为处于反冲洗状态中的滤床，其膨胀率为 $(l_e - l)/l$（其中 l_e 表示膨胀后的深度）；在欧洲，膨胀率一般控制在 $5\% \sim 25\%$，而在美国，膨胀率有时可达 50%。洗涤水速度通常称为上升速率。

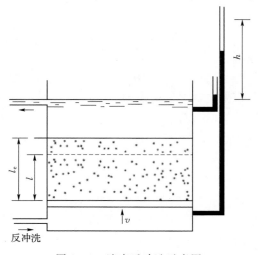

图 13.3 滤床反冲洗示意图

在滤床的最大摩擦阻力下，向上水流的力＝膨胀深度×介质的净单位重量×（介质体积/总体积），即

$$hg\rho_w = l_e(\rho_s - \rho_w)g(1 - f_e) \tag{13.12}$$

因此：

$$\frac{h}{l_e} = \frac{\rho_s - \rho_w}{\rho_w}(1 - f_e) \tag{13.13}$$

或者：

$$\frac{h}{l_e} = (S_s - 1)(1 - f_e) \tag{13.14}$$

式中：S_s 为滤床介质的比重（相对密度）。

由于上升的水流作用在滤床颗粒上，颗粒处于悬浮状态。根据沉淀理论式（11.7），此时的阻力与地球引力相等，可以得出：

$$C_D A \rho_w \frac{v^2}{s}\phi(f_e) = (\rho_s - \rho_w)gV \tag{13.15}$$

公式中引入了 $\phi(f_e)$，这是因为 v 是反冲洗水的迎面流速，而阻力是由颗粒沉淀速度 v_s 决定的。

实验（菲尔等，1967）发现：

$$\phi(f_e) = \left(\frac{v_s}{v}\right)^2 = \left(\frac{1}{f_e}\right)^9 \tag{13.16}$$

所以：

$$f_e = \left(\frac{v}{v_s}\right)^{0.22} \tag{13.17}$$

$$v = v_s f_e^{4.5} \tag{13.18}$$

在实践中，式（13.17）中的指数在 0.2～0.4 之间变化，具体取决于所用介质的性质。

现在，考虑静止状态和流化状态：

$$(1 - f)l = (1 - f_e)l_e \tag{13.19}$$

$$\frac{l_e}{l} = \frac{1-f}{1-f_e} = \frac{1-f}{1-(v/v_s)^{0.22}} \tag{13.20}$$

分级介质需要使用算术积分程序，通过计算分级滤床水头损失相同的方式来确定整体膨胀。

由于反冲洗阻力受黏度影响，所以存在明显的温度效应，但快速滤池的设计者和操作者并非总会考虑这一因素。滤床膨胀率相同的情况下，4℃时的反冲洗速度仅需达到14℃时速度的75%即可，而24℃时的反冲洗速度则需要达到14℃时速度的122%。如果不对温度效应进行适当的校正，那么在寒冷天气中的操作可能会导致过度膨胀，造成介质流失，而炎热天气下的操作可能会导致膨胀不足，无法达到有效清洁的效果。

13.4 滤 池 类 型

两种基本类型的滤池已在水务行业应用多年，其主要特征汇总于表13.2。其中第一种

是慢速沙滤池（图 13.4）。虽然有些部门认为慢速滤池已经过时，但它实际上仍有许多应用，而且特别适合发展中国家。使用慢速滤池时，由于水力负荷低，悬浮物只能进入滤床浅表处。如果进水浊度低，那么滤床每次可运行数周或数月。

表 13.2 滤 池 特 征

特 征	慢速滤池	快速滤池
过滤速度/[m³/(m²·d)]	1～4	100～200
床深/m	0.8～1.0（不分层）	0.5～0.8（分层）
有效沙粒尺寸	0.35～1.0	0.5～1.5
均匀系数	2.0～2.5	1.2～1.7
最大水头损失/m	1	1.5～2.0
典型运行时长	20～90 天	24～72h
清洁水（占出水百分比）	0.1～0.3	1～5
颗粒渗入滤床程度	浅	深
是否可先聚沉处理	否	可以
资本成本	高	较低
运营成本	低	较高
电力需求	否	是

注 有效尺寸是指 10%（按重量计）尺寸；均匀系数是指 60%（按重量计）尺寸与 10%（按重量计）尺寸之比。

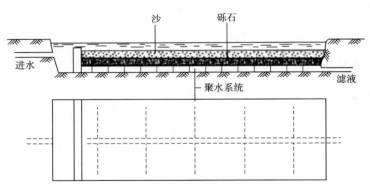

图 13.4 典型慢速沙滤池

正是由于运行时间长，所以滤床表面形成的黏泥（即黏液）中会发生相当大量的生物活动。这层黏液有助于去除细小的悬浮物，并能促进原水中的有机污染物氧化，减少臭气散发。黏液中的生物活动非常有利于去除含有杀虫剂、除草剂或其他痕量元素的有机物原水。一种新型慢速滤池添加了一层颗粒状活性炭（见第 17 章），用于促进微量有机物的去除。

慢速滤池在清洁时，一般需要移除并清洗上层几厘米的沙，而且由于滤床尺寸较大，所以清洁成本昂贵。为此，慢速滤池最好不要用于浊度在 20NTU 以上的原水。同理，这类滤池也不适合在化学聚沉之后使用，因为经过化学聚沉处理的水不可避免地带有一些残留的絮凝物。对于浊度较高的水源，可以采用双重过滤法：先用快速滤池除去大部分浑浊物，再用慢速滤池做最后的去除和有机物氧化。

无论是原水还是经过预处理的水，只要进水水质合适，慢速滤池的滤液都能达到下述水平：

（1）浊度低于 1NTU。

（2）大肠杆菌去除率达 95％。

（3）隐孢子虫和贾第虫包囊去除率达 99％。

（4）颜色去除率达 75％。

（5）TOC 去除率达 10％。

快速滤池广泛用于水处理和三级废水处理。它通常在重力条件下运行，也可以设置为压力滤池，以便维持系统中的水头。如图 13.5 所示为传统快速重力滤池的主要特征（压力滤池与之基本类似，但采用钢制容器封闭，以便保持系统中的运行水头）。

常规过滤方法中，分层滤床最上层为最细小的颗粒，并且水会自上而下流经滤床，这显然效率较低，因为水中固体大多落在最小的孔隙中。相比之下，更合理的方法应该是将较大颗粒铺在表层，这样便可以将较小的孔隙留在后面截留细小悬浮物。要实现这一过程，可以采用上流式滤池，使进水自下而上地通过滤床（滤床按常规方法反冲洗和分层），这样，水中固体便会先留在大的滤床颗粒上。采用这种滤池时，必须谨慎控制过滤速度，以免滤床膨胀致使固体逸出。上流式滤池容易导致突然浑浊，所以一般不用于饮用水的处理，但在废水出水的三级过滤中已有所应用。

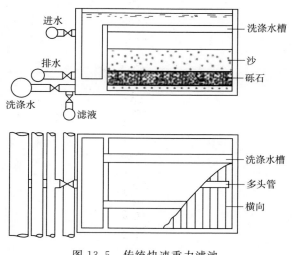

图 13.5　传统快速重力滤池

下流式滤池由两种介质组成，具有相当大的优点。这种滤床上层为密度较小的无烟煤（1.25～2.50mm），下层为更加紧密的 0.5mm 沙，在反冲洗后依然能保持这种结构，并且同样能够使进水先接触大的滤床颗粒。相比于在相同水力负荷下使用深度相同的沙滤床，这种滤床的水头损失更少，而且不会降低滤液质量。美国的一些专利滤池采用多介质滤床，设有轻质塑料层、无烟煤层、沙层和石榴石层，其孔隙利用率更高，但成本和复杂程度较高。

当进水浊度最高为 20NTU、平均为 10NTU 的原水或预处理水时，传统快速滤池可达到下列净水效果：

（1）浊度低于 1NTU。

（2）大肠杆菌去除率达 90％。

（3）隐孢子虫和贾第虫包囊去除率达 50％～90％。

（4）颜色去除率达 10％。

（5）TOC 去除率达 5%。

13.5　滤池操作和控制

滤床上的水头损失会随着运行时间的增加而增加。许多滤床采用流量控制方式，通过补水来增加水头损失，从而使得整个单元的总水头损失保持恒定。这类控制模块有时会发生故障，而且滤池在没有这种模块的情况下也能运行，比如通过降低出水速度来保持水头恒定，或者随运行时间增加而增加进水水头，从而保持输出速度恒定（图 13.6）。这些替代方法在发展中国家特别合适，因为复杂昂贵的流量控制器在这些国家可能不太适用。无论采用哪种滤池控制方法，一定要确保滤床中不出现负压，如图 13.7 所示。当滤床出现负压时空气从水中脱出，形成的气泡覆盖在滤床上，导致阻挡水流。

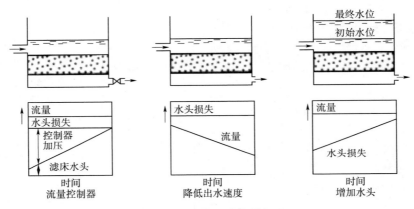

图 13.6　快速滤池控制方法

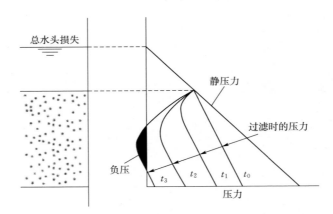

图 13.7　过滤过程中的水头损失累积

滤床的运行可因下述一个或多个条件而终止：

（1）终端水头损失——干净快速滤床的初始水头损失为 0.3m，为避免气泡遮挡，当水头损失达到 2.5m 时，需要终止运行。

（2）滤液质量——持续监测滤液浊度有助于确保在浊度超过可接受的极限（通常不超

过 1NTU) 时及时停止运行。

（3）运行时间——经验表明，在进水水质基本恒定的条件下，滤床的标准时间间隔为 24~72h。

无论使用哪种方法，都可以实现滤池的全自动操作，并且可以利用控制系统来按照操作标准确定的优先级顺序停止滤池运行和清洗滤池。深床滤池的性能取决于多种因素，比如滤床深度、介质尺寸、过滤速度和水质等，所以优化设计程序可以发掘潜在的优势。滤床的设计需要以实验研究为依据。实验研究会利用小尺寸滤床来获取选择物理参数和运行条件所需的必要数据，以便水头损失和浊度能同时满足要求，如图 13.8 所示。

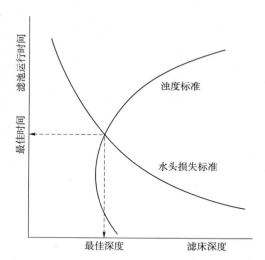

图 13.8　深床滤池的优化

当然，快速滤床需要使用过滤后的水进行反冲洗，反冲洗用水占输出水的 2%~3%。在水资源有限的情况下，通常的做法是对反冲洗水进行沉淀处理以除去悬浮物，然后使上清液经进水口返回滤池。但当原水中存在隐孢子虫卵囊的情况下，需要慎重考虑。因为这会使洗涤水中的卵囊浓度增加，致使滤池无法将其完全去除。所以，这种可能受到污染的洗涤水应做排废处理，或者使其通过膜系统去除卵囊后再返回到处理厂进水口。

参 考 文 献

Carman, P. C. (1937). Fluid flow through granular beds. *Trans. Inst. Chem. Engnrs*, 15, 150.

Fair, G. M., Geyer, J. C. and Okun, D. A. (1967). *Waste Water Engineering*: 2. *Water Purification and Waste - water Treatment and Disposal*, Ch. 27, pp. 1-49. New York: John Wiley.

Ives, K. J. and Gregory, J. (1967). Basic concepts of filtration. *Proc. Soc. Wat. Treat. Exam.*, 16, 147.

Rich, L. G. (1961). *Unit Operations of Sanitary Engineering*, pp. 136-58. New York: John Wiley.

Rose, H. E. (1945). On the resistance coefficient - Reynolds number relationship for fluid flow through a bed of granular material. *Proc. Inst. Mech. Engnrs*, 153, 145.

拓 展 阅 读

Adin, A. and Rajagopalan, R. (1989). Breakthrough curves in granular media filtration. *J. Envir. Engng Am. Soc. Civ. Engnrs*, 115, 785.

Adin, A., Baumann, R. E. and Cleasby, J. L. (1979). The application of filtration theory to pilot plant design. *J. Am. Wat. Wks Assn*, 71, 17.

Amirtharajahm, A. (1988). Some theoretical and conceptual views of filtration. *J. Am. Wat. Wks Assn*, 80 (12), 36.

Bhargava, D. S. and Ojha, C. S. P. (1989). Theoretical analysis of backwash time in rapid sand filters. *Wat. Res*, 23, 581.

Cleasby, J. L., Stangl, E. W. and Rice, G. A. (1975). Developments in backwashing of granular filters. *J. Envir. Engng Am. Soc. Civ. Engnrs*, 101, 713.

Franklin, B. C., Hudson, J. A., Warnett, W. R. and Wilson, D. (1993). Three-stage treatment of Pennine waters: The first five years. *J. Instn Wat. Envir. Managt*, 7, 222.

Glendenning, D. J. and Mitchell, J. (1996). Uprating water-treatment works supplying the Thames Water ring main. *J. C. Instn Wat. Envir. Managt*, 10, 17.

Graham, N. J. D. (ed.) (1988). *Slow Sand Filtration*. Chichester: Ellis Horwood.

Ives, K. J. (ed.) (1975). *The Scientific Basis of Filtration*. Leyden: Noorhoff.

Ives, K. J. (1978). A new concept of filtrability. *Prog. Wat. Tech.*, 10, 123.

Ives, K. J. (1989). Filtration studies with endoscopes. *Wat. Res.*, 23, 861.

Rajapakse, J. P. and Ives, K. J. (1990). Pre-filtration of very highly turbid waters using pebble matrix filtration. *J. Instn Wat. Envir. Managt*, 4, 140.

Saatci, A. M. (1990). Application of declining rate filtration theory-continuous operation. *J. Envir. Engng Am. Soc. Civ. Engnrs*, 116, 87.

Tanner, S. A. and Ongerth, J. E. (1990). Evaluating the performance of slow sand filters in Northern Idaho. *J. Am. Wat. Wks Assn*, 82 (12), 51.

Tebbutt, T. H. Y. (1980). Filtration. In *Developments in Water Treatment*, Vol. 2 (W. M. Lewis, ed.). Barking: Applied Science.

Tebbutt, T. H. Y. and Shackleton, R. C. (1984). Temperature effects in filter backwashing. *Pub. Hlth Engnr*, 12, 174.

Visscher, J. T. (1990). Slow sand filtration: Design, operation and maintenance. *J. Am. Wat. Wks Assn*, 82 (6), 67.

Wegelin, M. (1983). Roughing filters as pretreatment for slow sand filtration. *Water Supply*, 1, 67.

Wegelin, M. (1996). *Surface Water Treatment by Roughing Filters: A Design, Construction and Operation Manual*. London: Intermediate Technology Publications.

习 题

1. 一个快速重力滤池用于以 $120m^3/(m^2 \cdot d)$ 的过滤速度处理 $0.5m^3/s$ 的水流，但要求在一个滤床接受清洗时过滤速度不超过 $150m^3/(m^2 \cdot d)$。请计算满足这些条件所需的单元数量和每个单元的面积。每个滤床每 24h 清洗 5min，冲洗速度为 10mm/s，滤池的休止时间总计为 30min/d。请计算用于洗涤的滤液比例。（5，$72m^2$，2.6%）

2. 一个实验室规模的沙滤池由一条直径 10mm 的管和一个深 900mm、均匀 0.5mm 直径球形沙（$\psi=1$）、孔隙率 40% 的滤床组成。请使用罗斯公式和卡曼-康采尼公式计算过滤速度为 $140m^3/(m^2 \cdot d)$ 时的水头损失。温度 20℃ 时，$\mu = 1.01 \times 10^{-3} N \cdot s/m^2$。（676mm，515mm）

3. 第 2 题中的滤池的沙粒沉淀速度为 100m/s，请计算冲洗速度为 10mm/s 时的滤床膨胀率。（51%）

第 14 章

有 氧 生 物 氧 化

如第 7 章所述，河水中能够吸收有机物的量取决于溶解氧的含量。工业地区大量废污水排放到较小的河流中，河流的天然自净能力无法维持有氧条件，除物理方法外，废污水处理措施是必须的。通过河流自净可以实现可溶性和胶体有机物的去除，但要达到更有效的效果，则需要在处理厂中进行处理。

14.1 生 物 氧 化 原 理

有氧氧化反应的速度基本不变，但是通过黏泥或污泥形式提供大量微生物，可以快速地去除溶液中的有机物。大量的微生物有助于快速吸附胶体和可溶有机物，同时合成新的细胞，短时间内液体中的残留有机物会降至很低。被吸附的有机物经过氧化，生成正常的需氧反应物（图 14.1）。

有机物的去除率取决于生物生长曲线的阶段（图 14.2）。如图 14.2 所示的生长曲线注明了各种形式的有氧处理所采用的曝气时间。BOD 理论以一级反应作为假设条件。尽管一些反应被认为是一级反应，但有冲突证据表明有些反应是零级反应（即不受浓度影响）或二级反应。在处理生活污水等含有多种不同化合物的废水时，这种情形变得更加复杂。

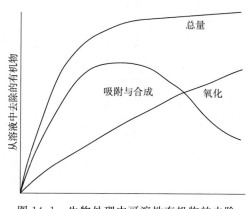

图 14.1　生物处理中可溶性有机物的去除

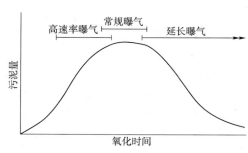

图 14.2　生物氧化过程的运行区

有机物含量高的条件下发生的反应是零级反应，每单位细胞重量的有机物去除率恒定，即

$$\frac{Y}{S}\frac{dL}{dt} = K \tag{14.1}$$

式中：Y 为合成的挥发性悬浮固体（VSS）质量/终末 BOD 消除量单位质量［或每 COD 消除量单位质量，式（6.6）］；S 为 VSS 质量；L 为终末 BOD；K 为常数。

当有机物浓度降低到某个极限值时，去除率开始表现出浓度依赖性，即

$$\frac{Y}{S}\frac{dL}{dt} = KL \text{（一级反应）} \tag{14.2}$$

或者：

$$\frac{Y}{S}\frac{dL}{dt} = KL^2 \text{（二级反应）} \tag{14.3}$$

废水 COD 中，有大约 1/3 用于提供能量，另外 2/3 用于合成新细胞。因此，每消除 1kg COD，对应的以 VSS 表示的污泥产量范围为 0.2～0.8kg，具体取决于底物和曝气时间。必须考虑最初存在于废水中的 SS。

挥发性固体累积量可由下式计算得出

$$VSA = (YL_r + cS_i - S_e)q - bS_mqt \tag{14.4}$$

式中：VSA 为每单位时间的 VSS 累积质量；S_i 为进水中 VSS 的浓度；S_e 为出水中 VSS 的浓度；S_m 为系统中 VSS 的浓度；L_r 为每单位时间的终末 BOD 浓度消除量；c 为进水中不可生物降解性 VSS 的比例；b 为每单位时间的内源呼吸常数；q 为每单位时间的流量；t 为系统的滞留时间。

对于有氧氧化，基于终末 BOD 的 Y 的典型值为 0.55（如果不基于终末 BOD 值，则为 0.55L/BOD）。常用的 b 值为 0.15/d。

由于氧化反应和细胞基本生命的维持都需要氧气，所以必须向反应池中供氧，以便维持池内的有氧条件。氧气需求量的理论计算非常复杂，大多数情况下使用的是经验关系。氧气需求量是 COD 消除量和内源呼吸需氧量的函数，可以近似表示为

$$O_2 = 0.5L_rq + 1.42bS_mqt \tag{14.5}$$

因子 0.5 代表 COD 的氧化反应部分，因子 1.42 是生物固体从 VSS 到 COD 的转化系数。

生物氧化样例：

污水处理厂的平均流量为 0.15m³/s，进厂污水的 COD 为 750mg/L，VSS 为 400mg/L。初级沉淀处理消除了 40% 的 COD 和 60% 的 SS。经过沉淀处理的水进入活性污泥系统中进行处理。该系统 VSS 为 3000mg/L，滞留时间为 5h。最终沉淀后，出水 COD 为 50mg/L，VSS 为 20mg/L。假设进厂 VSS 有 90% 是可生物降解的，合成常数 Y 为 0.55，内源呼吸系数 b 为 0.12/d，请计算每日 VSS 累积量。

沉淀后的污水含有：750×0.6=450mg/L COD

$$400 \times 0.4 = 160\text{mg/L VSS}$$

因为 1mg/L =1g/m³，所以根据式（14.4）可得每日 VSS 累积量：

每日 VSS 累积量=0.55×（450−50）+ 0.1×160 − 201×（0.15×60×60×24）

$$-0.12 \times (3000 \times 0.15 \times 60 \times 60 \times 5)$$
$$=2799360-972000$$
$$=1827360g$$
$$=1.827t$$

14.2 有氧氧化装置的类型

生物处理反应系统可以提供大量微生物，其形式可以是以合适支撑面配合固定膜的系统，也可以是按适当的混合比例使微生物在悬浮液中分散生长的系统。

有氧反应系统有4种基本类型：

（1）生物滤池、滴滤池或细菌滤床系统——属于固定膜系统。

（2）活性污泥系统——属于分散生长系统。

（3）氧化塘系统——主要是分散生长系统。

（4）土地处理系统——复合系统。

生物滤池和活性污泥方法所依据的原理相似，但更适合温暖晴朗气候的氧化塘则利用藻类和细菌之间的共生来实现有机物的稳定化并同时显著去除粪便细菌。土地处理有多种形式，并且更适合称为"自然"系统，而不是工程解决方案。

14.3 生 物 滤 池 系 统

最古老的生物处理系统基本上是一张石床，其平面呈圆形或矩形（图 14.3），表面间歇或连续地接收经过沉淀处理的污水。传统滤池采用 50～100mm 分级介质，以多角形硬石为宜，利用旋转配流系统进水，床深一般为 1.8m。

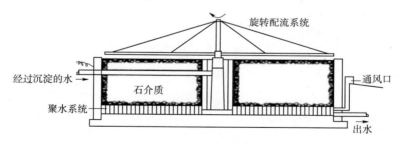

图 14.3 传统生物滤池

微生物在介质空隙的保护区生长并形成黏液或薄膜，液体滴入介质空隙并流过这层薄膜，但不穿透薄膜（图 14.4）。范德瓦尔斯力使微生物吸在介质上，而液体的剪切作用力与范德瓦尔斯力恰恰相反。因此，虽然滤出液中的有机物很少，但脱

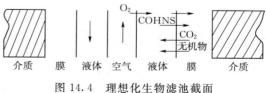

图 14.4 理想化生物滤池截面

落膜形式的 SS 的浓度可能相当高。为了达到合格的出水水质，滤出液需要在腐殖沉淀池

中做沉淀处理。氧化速率最高的地方是滤床顶部，此处的限制因素通常是自然通风可以提供的氧气量（图 14.5）。

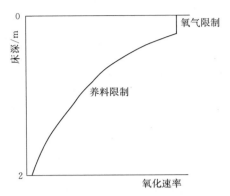

图 14.5 滤池深度与氧化速率的关系

在此位置以下，液体中的有机物浓度降低，所以氧化速率变慢。超过 2m 深的滤床一般使用效果不佳。液膜与微生物接触的时间为 20～30s，但是由于可用表面积大，所以此接触时间足够用来完成吸附和稳定。稳定速率最大的地方是微生物/液体界面处，因为有机物通过薄膜的扩散是缓慢的。厚的生物膜并不会使废水稳定过程非常有效，这是因为生物膜存在内源呼吸。

英国的长期经验表明，要使腐殖沉淀后的废污水达到 30mg/L SS、20mg/L BOD 的质量，那么用于处理生活污水的滤池负荷应为 0.07～0.10kg BOD/(m² · d)，水力负荷应为 0.12～0.6m³/(m³ · d)。如果滤池负荷增加，那么生物膜就会在高浓度有机物的刺激下大量增长，这可能导致介质空隙堵塞，造成滤池积水，进而形成厌氧条件。在传统的设计负荷下，温暖天气的出水往往会达到相当高的硝化程度，但这在更高负荷范围下则不会很明显。为了获得更高效率、能在更大负荷下运作的生物滤池，近年来人们做了许多尝试，并在这项基本技术上取得了一些改进（图 14.6）。

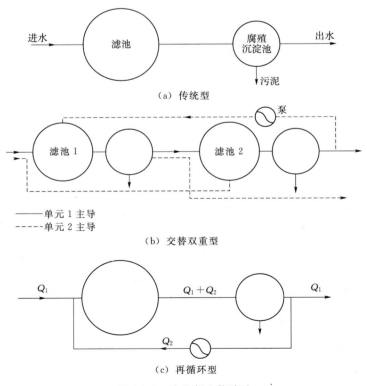

图 14.6 改良版生物滤池

1. 高速滤池

如前所述，滤池负荷过大会导致积水；这一问题可以通过使用大型过滤介质来消除或缓解，并且 $1.8m^3/(m^3 \cdot d)$ 的水力负荷尽管只有很小的硝化作用甚至没有硝化作用，却能够将生活污水处理成 30:20 标准出水。如果只是需要比较不稳定的出水，比如浓工业废污水的粗滤处理，那么水力负荷不超过 $12m^3/(m^3 \cdot d)$、有机负荷不超过 1.8kg BOD/$(m^3 \cdot d)$ 的情况下，高速滤池可以实现 60%～70% 的 BOD 消除率。要实现这种处理速度，需要借助于高滤塔和塑料介质（孔隙率 90%），而不能使用传统的石材介质（孔隙率 40%），所以积水的风险会大幅度降低。

2. 交替双重滤池

通过引入其他滤池中完成一定程度的稳定出水，积水的滤池可以恢复使用。交替双重滤池（ADF）的生物膜交替生长和瓦解，且生物膜总量少于单一滤池的生物膜量，所以能够安全应对更高的负荷速度。在这个模式中，两个滤池串联运行，当第一个滤池出现积水迹象时，滤池的水流方向便会逆转。采用交替双重滤池时，还需要搭配额外的腐殖沉淀池、管道和泵送设备。

水力负荷 $1.5m^3/(m^3 \cdot d)$、有机负荷 0.24kg BOD/$(m^3 \cdot d)$ 的情况下，这种滤池能够产生 30:20 标准出水，并且这种模式通常有助于缓解过载的传统生物滤池。

3. 再循环滤池

这是另一种提高过滤能力的方法。它将沉淀后的废污水与沉淀后的滤池出水按 1:0.5～10 的比例混合后再进行处理，具体混合比例取决于废水浓度。通过混合，滤池进水的有机物浓度降低，但是水力负荷增大并且需要额外的泵送设备和管道。再循环滤池只适用于流量低并且速度恒定或与进水流量成正比的情形。对于浓度特别大的废污水，可采用两级再循环滤池。

4. 硝化滤池

为了进一步提高活性污泥处理设备的稳定化和硝化作用，可以采用出水高速滤池。水力负荷不超过 $9m^3/(m^3 \cdot d)$、有机负荷不超过 0.05～0.1kg BOD/$(m^3 \cdot d)$ 的情况下，出水高速滤池可产生经过硝化的 30:20 标准出水。如果水处理厂的原水含有大量的氨，也可以使用硝化细菌。无论是高速细菌滤床还是垂直流动式絮凝物浮层沉淀池，都可以使用硝化生物。而且无论是哪种情形，微生物都可以氧化水中存在的痕量有机物，避免造成恶臭问题。

5. 旋转生物接触池

使用缓慢旋转的圆盘（图 14.7），可以在有限的空间内为生物膜的形成提供更大的表面积。这种装置一般称为"旋转生物接触池"（RBC）。RBC 单元是在工厂制造的成套装置，由挡板分成多个隔间，圆盘的表面在旋转时会有规律地浸没在水中。圆盘的浸没深度一般为直径的 30%～40% 之间。旋转生物接触池的进水口必须安装滤网，有些还需要在圆盘区上游设置初级沉淀区。负荷条件合适时，生物膜会大量生长，并可实现较高的 BOD 去除率。进水水流中的悬浮物连同过量的生物膜会沉淀在滤池底部，所以底部会发生一定程度的厌氧反应，为了维持系统的正常运行，需要定期排污。RBC 单元一般配有通风盖，所以不会造成视觉干扰。而且其性能可靠，即使是相当小规模的单元也很可靠，所以越来越流行。圆盘转速应当在 1～3revs/min 范围内，并且圆周速度不应超过 0.35m/s。典型的有机负荷最高可为 5g BOD/(m² · d)（基于圆盘面积），但是如果需要硝化，则应降至 2.5g BOD/(m² · d)。此类单元的最短滞留时间为 1h，如果人口较少，那么流量容易出现突然变化，所以滞留时间越长越好。

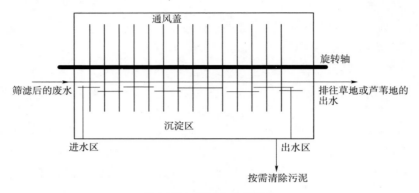

图 14.7　旋转生物接触池

6. 曝气生物滤池

生物滤池的一个变体是曝气生物滤池（BAF）（图 14.8），它有许多种形式，类似于快速重力滤池，而且有向上流动、向下流动和混合流动等方式。曝气生物滤池的滤床采用塑料、膨胀页岩或沙介质，生物在介质上生长，悬浮固体被其截留。为了去除截留的固体，滤床需要反冲洗清洁。

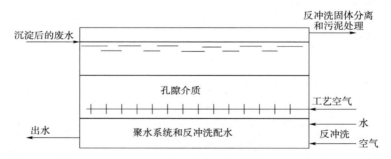

图 14.8　曝气生物滤池

由于悬浮固体会留在滤床中直至被反冲洗分离，所以不需要最终沉淀。BAF 能够产生硝化或脱硝的出水，具体取决于负荷及运行条件。典型有机负荷不超过 4kg BOD/(m³ · d) 的条件下，曝气生物滤池的出水 COD 大约为 100mg/L。在三级硝化模式中，约 0.6kg N/(m³ · d) 的负荷条件下，出水中的氨态氮浓度一般低于 0.5mg/L。

14.4　活 性 污 泥 系 统

活性污泥处理系统依赖于使用高浓度的微生物作为絮凝物，通过搅拌使其保持悬浮。它最初利用压缩空气进行搅拌，但现在也使用机械搅拌（图 14.9）。无论使用哪种搅拌方法，都可以实现约 2kg O₂/(kW · h) 的高速氧转移。

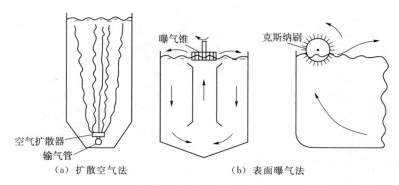

（a）扩散空气法　　　　　　　（b）表面曝气法

图 14.9　活性污泥曝气方法

曝气处理后的出水中，有机物含量也很低，但 SS 含量很高（2000～8000mg/L），必须通过沉淀除去。此方法的有效性取决于一部分分离的污泥（活微生物）返回到曝气区并重新开始稳定化反应。活性污泥处理法的主要优势在于其空间需求比生物滤池小得多，并且水头损失也低得多。事实证明，这种方法能够有效地处理有毒有机工业废物。

在扩散空气系统中，大部分空气用于搅拌，实际上只有少量空气参与氧化反应。在没有搅拌的情况下（比如在最终沉淀池中），固体会快速下沉到底部，同时与液体中的有机物失去接触；而且如果固体沉淀后没有返回到曝气区，就会迅速形成厌氧环境。必须有足量的空气进入到混合液中，以便将 DO 浓度维持在 1～2mg/L 的水平。混合液必须具有合适的浓度和活性，以便快速吸附和氧化废物，并能产生快速下沉的污泥，从而快速产生澄清的出水，并保证污泥能立即返回到曝气区。

一般来说，从沉淀池排出的污泥量为处理厂流量的 25％～50％，其中 50％～90％返回到曝气区，其余部分脱水后与处理厂的其他污泥一起处理。如果返回曝气区的污泥不足，混合液悬浮固体（MLSS）浓度就会很低，导致稳定能力变差；而如果返回曝气区的污泥过量，MLSS 浓度就会很高，致使沉淀效果差，并且导致需氧量高于正常需求。如果污泥没有及时从沉淀池排出，那么在其产生的厌氧条件下，硝酸盐还原生成的氮气可能会导致污泥上浮，致使出水水质非常差。

鉴于在处理过程中保持优质污泥的重要性，有关人员开发了各种指标来协助控制，具体如下文所述：

（1）污泥体积指数 SVI。可由下式计算得出：

$$SVI = \frac{30min \text{ 沉淀污泥体积}（\%）}{MLSS（\%）} \tag{14.6}$$

优质污泥的 SVI 值在 40～100 之间变化，但具有膨胀倾向的不良污泥的 SVI 值可能高达 200 以上。"膨胀"用于描述沉淀性能差的污泥，其原因一般是由于存在丝状微生物。这类微生物易见于处理低氮易降解废水并且混合液 DO 低的处理厂。使用 SVI 衡量混合液的沉淀性能时，其监测结果受固体浓度和测试容器直径的影响。为了克服这些问题，需要在固定条件下进行 SSV（搅拌比容）试验，如 SS 浓度 3500mg/L、直径 100mm 标准容器以及 1rev/min 搅拌速度。

（2）污泥密度指数 SDI。可由下式计算得出：

$$SDI = \frac{MLSS(\%) \times 100}{30min\ 沉淀污泥体积(\%)} \tag{14.7}$$

优质污泥的 SDI 值约为 2，不良污泥的 SDI 值约为 0.3。

（3）平均池内滞留时间 θ_c。可由下式计算得出：

$$\theta_c(d) = \frac{曝气区体积(m^3) \times MLVSS(mg/L)}{污泥损耗率(m^3/d) \times 污泥\ VSS(mg/L)} \tag{14.8}$$

对于处理正常沉淀污水并产生 30：20 标准出水的活性污泥处理装置，常规设计标准是 0.56kg BOD/(m³·d)，曝气区的滞留时间为 4～8h，供气量约为 6m³/m³，最终沉淀池中的滞留时间一般为 2h 左右。这类处理装置能够可靠地产出 30：20 标准出水，但硝化反应可能不够彻底。通过在常规有氧池上游的厌氧池中将沉淀后的废污水与回流污泥混合，可在一定程度上促进氮的去除。

活性污泥工艺无论在曝气形式方面（大、小气泡扩散器，带或不带喷射环的高效曝气器）还是在实际过程中，都有了许多改进（图 14.10）。

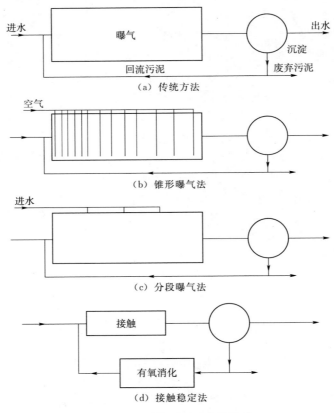

图 14.10 活性污泥工艺的改进

1. 高速活性污泥法

在负荷高达 1.6kg BOD/(m³·d)、供气量约为 3m³/m³ 的条件下，高速活性污泥处理法需要的滞留时间短（2h），MLSS 浓度低（1000mg/L），能够以低成本快速实现部分稳定化。此类设施的 BOD 去除率为 60%～70%，适用于高浓度废污水的预处理，在排放许可条件宽松的地区，其出水或可排放到河口水域。

2. 锥形曝气法和分段曝气法

在传统的过流池系统中，进水端的氧化速率最高，并且如果采用均匀的空气分布，有时可能难以维持有氧条件。如果采用锥形曝气法，空气供应量就会沿着处理池纵向逐渐减少。这样一来，虽然总体空气用量与均匀分布法相同，但有更多的空气集中在进水端，可满足那里的高需求。分段曝气的目的与锥形曝气相同。它按照一定的间隔沿处理池添加废污水，使得曝气区的需氧量更加稳定。这样处理后，回流污泥便不需要在回到曝气区之前再次曝气。而传统设备为了避免曝气池入口 DO 为零，往往需要对回流污泥进行再次曝气。完全混合池是这个概念的自然延伸。

3. 接触稳定法

此方法利用污泥的吸附能力去除溶液中的有机物，适用于小型容器（滞留时间为 30～60min）。污泥和被吸附的有机物以浓缩悬浮液的形式转移到有氧消化单元中接受稳定化处理（滞留时间为 2～3h）。固体浓度在接触区约为 2000mg/L，而在消化区可能高达20000mg/L。

4. 延长曝气法

延长曝气时间（24～48h）的方法可以应用于内源呼吸区，所以它产生的污泥量比常规设备少。此类设备的有机负荷低，为 0.24～0.32kg BOD/(m³·d)。它不仅能减少污泥量的产生，而且矿化污泥产物相对无害，这些优点使其已经在小型社区广泛应用。然而，这些优点是以高运营成本（因为曝气时间较长）作为代价的，并且由于出水中携带固体，所以一般不能达到 30：20 标准。

5. 氧化沟法

延长曝气法有一个备受青睐的变体，即采用刷式或桨式曝气器在连续的沟渠中进行通气并产生运动。在合适的地面条件下，连续沟渠的建造成本比较便宜。通过间歇关闭曝气器便可以实现沉淀。但较大型的单元一般带有单独的连续流沉淀池。

6. 序批式反应器（SBR）

序批式反应器安装简单，采用充排运行模式代替常规的连续流动模式。就这一方面而言，它是对雅顿和洛基特的最初活性污泥工艺实验的回归。SBR 已在澳大利亚和世界其他几个地区的小型处理厂中应用，而在英国尚未得到广泛使用。这种处理过程需要至少两个相同的处理池，用于交替接收进水。处理池充满之后，会进行 10～12h 的曝气，之后关闭气流，使处理池沉淀，然后将上清液排出。在这个处理池曝气和沉淀期间，进水水流切换到另一个处理池中，并同样在充满后进行曝气和沉淀。相比于连续流动沉淀处理，成批沉淀处理后的 SS 浓度往往更低，所以 SBR 在正确操作的条件下能够将生活污水处理成 BOD 和 SS 低于 10mg/L 并且含量低于 2mg/L 的高质量出水。灵敏的污泥水平检测器有助于防止沉淀固体随出水流失，但序批式反应器的过程控制一般借助于简单的定时器来实现，并通过定期去除多余污泥来控制活性污泥的过量累积。

7. 纯氧活性污泥法

活性污泥处理法的一个新型变体是引入纯氧。这类设备会将氧气引入到封闭式搅拌反应池中。这类设备能够应对较高的 MLSS 浓度水平（6000～8000mg/L），具备良好的污泥沉淀性能，并且在能耗和占地方面都具有良好的经济性。然而，英国的试点处理厂数据并非总能证明这一点，而这类设备可能只在处理需氧量高且浓度非常大的有机废污水时才能体现出经济性。

8. 流化床法

为了增加生物反应器中微生物的数量，从而提高此类方法的效率，许多处理系统应运而生，其中就包括流化床。它由沙或塑料等粒状材料构成反应床，置于管式反应器中，由受控的向上液流提供支撑。向上液流则由进厂废污水和可变回流出水组成。水流中的微生物在介质颗粒中生殖，介质为生物膜的增长提供非常大的表面积。

9. 深井法

这种处理技术最初是为单细胞蛋白质生产而开发的，现已被用于许多废污水处理装置中。深井处理过程需要借助于 100～150m 深的井底产生的流体静压力来促进氧气向快速循环的分散生长液中的转移。污泥日龄为 4 天的条件下，水力滞留时间一般为 1～2h，并且 BOD 去除率可达到 90%。

10. 高温有氧消化法（TAD）

高温好氧消化法比较新颖，并且作为高有机物含量的有机污泥的新型稳定处理方法，已经受到一些关注。传统的污泥稳定处理方法采用第 15 章所述的厌氧消化法，但 TAD 能够为不超过 1 万人口的小型处理厂带来更经济的处理方案。高温好氧消化设备需要约 55℃的工作温度，如果反应容器隔热良好并且污泥的挥发性固体含量超过 3%，则设备可自行维持该温度。这一处理过程的需氧量取决于实现污泥稳定所需达到的 COD 去除率。如果需要达到大约 50%的 COD 去除率，则滞留时间为 10～15 天，但须保证供气量与可靠运行的需求紧密匹配。

11. 污泥的产生

由于生物处理系统涉及氧化和合成反应，所以总会有一些生物质从生物处理阶段排出。这样一来，虽然生物反应器出水的溶解 BOD 水平很低，但水中还是含有大量的 BOD 悬浮物。大多数有氧生物处理法利用二级沉淀去除生物固体，并且在使用活性污泥系统的情况下，还将这些固体回收再循环。这样看来，将生物处理阶段和固/液分离阶段组合并视为整个处理过程的组成部分是合理的。活性污泥设备的许多操作问题之根本原因在于固体沉淀能力差，导致液体难以澄清。针对这类问题的一些解决办法之一便是使用一种膜式反应器来实现固/液分离。出水能够透过隔膜流出系统，但悬浮固体会留在膜上。这种膜式反应器也许能够处理高 MLVSS 浓度的液体，但目前仍处于研发阶段。

14.5　氧 化 塘 系 统

氧化塘又称废水稳定塘，是一种较浅的构筑物，一般用于接收未经处理的废污水，在合适的气候条件下能够通过自然稳定过程处理废污水。如果用地面积够大，氧化塘能够在温暖晴朗的天气下实现相当可观的废污水处理效果。虽然人们通常认为氧化塘最适合炎热气候，但温带地区也能够成功应用这种方法。氧化塘建造成本低，操作简单，并且能够有效地去除水中的有机物和致病微生物，但其出水可能会携带高浓度的藻类，对 BOD 和 SS 水平具有不利影响。氧化塘用地需求高，人均需求大约为 $10m^2$ 池塘面积，这在土地成本高的地区无疑是个显著缺点。有时，氧化塘由于蒸发和渗漏等原因而不能产生出水；但大多数情况下，氧化塘都设计为连续流动式系统。目前使用的氧化塘主要有兼性塘、好氧塘、厌氧塘、曝气塘 4 种类型。

迄今为止，兼性塘是最常见的氧化塘。顾名思义，它将有氧和厌氧活动结合在同一个塘中。在兼性塘里，细菌分解有机物产生无机盐和二氧化碳，而含有叶绿素的微生物、植鞭毛虫和藻类利用这些无机盐和二氧化碳进行活动，如图 14.11 所示。

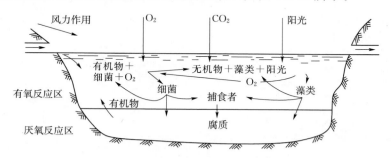

图 14.11　兼性氧化塘中的反应

光合作用产生的氧气可使水中 DO 水平在下午时分达到 $15\sim30mg/L$，从而为好氧细菌活动提供支持。而 DO 水平在夜间会下降，并且如果池塘过载，DO 水平甚至可降至零。在底部沉积物中，厌氧活动对污泥起到一定的稳定作用，并释放一些可溶性有机物，用于在有氧反应区进一步降解。兼性塘的深度一般为 $1\sim2m$，表面负荷为 0.02～0.05kg BOD/$(m^2 \cdot d)$，标称滞留时间为 $5\sim30d$，但在极端温度条件下，这些参数需作调整。由于兼性塘的滞留时间相对较长并且有机物浓度较低，所以通过内源呼吸和沉淀可以大量除去细菌。细菌和浮游植物会被纤毛虫、轮虫和甲壳类动物捕食，但有些会随出水流出。如果不施加除藻措施，水中藻类便有可能大量繁殖，导致 SS 浓度达到中等甚至较高水平。虽然兼性塘的 BOD 去除率可以达到 70%～85%，但出水中存在的藻类会大幅度提高 BOD 和 SS 水平。兼性塘的形状最好是长宽比大约为 3∶1 的长方形，一般采用简单的土堤即可，但如果是大型池塘，可能需要使用铺路板或类似材料来保护堤岸免受波浪作用破坏。需要注意避免塘边有浅水区，以免蚊虫滋生，另外，可能还需要剪草及偶尔喷洒杀虫剂。塘中固体的累积速度一般是 0.1～0.3m³/（人·年），所以每隔几年清理一次污泥即可。兼性塘使用广泛并且其性能已经得到了比较详细的研究，所以有许多设计关系可供使用。其中常用的设计关系由麦加里（McGarry）和皮斯科（Pescod）提出，是对大量性能数据的经验拟合：

$$允许\ kg\ BOD/(ha \cdot d) = 60.3 \times 1.0993^T \tag{14.9}$$

式中：T 为最低月平均气温，℃。

好氧塘是浅的完全有氧池塘，其有机负荷非常低 $[<0.01kg\ BOD/(m^2 \cdot d)]$，主要用作兼性塘或其他生物处理单元之后的第二阶段处理。好氧塘同样也会出现藻类大量生长的问题，但其最重要的特征是致病菌的高去除率，因为塘内环境不利于这类微生物生长。

厌氧塘能够处理相当高的有机负荷，可高达 0.5kg BOD/(m² · d)。为保证厌氧条件，塘深一般应达到 3～5m。滞留时间为 30 天左右时，厌氧塘可达到 50％～60％的 BOD 去除率，并且可能适用于在兼性塘上游对高浓度有机废污水做预处理。厌氧塘可能会产生异味，所以应避免建在人口稠密区的附近。

曝气塘与活性污泥延长曝气法类似，利用浮动曝气器来维持 DO 水平和促进混合。曝气塘可承受的 BOD 负荷大约为 0.2kg/(m² · d)，滞留时间为数天，能够产生高质量的出水。塘内的处理过程涉及细菌絮凝物的维持，这与简单池塘中的菌藻系统不同。曝气塘需要机械设备和可靠的电源。从这一点来看，它不如其他氧化塘那样简单，但曝气塘可以在发展中国家的城市地区使用。有些曝气塘使用风力曝气器，在合适的环境中能够实现高效的混合与氧气转移。

14.6 土 地 处 理 系 统

废污水土地处理系统历史久远，可以追溯到将原污水直接排放到耕地上的原始"污水处理场"。只要排污速度保持在较低水平并且土壤具有合适的渗透性，那么这种做法就可以相当有效。但是它会造成潜在的健康危害并且可能污染地下水。地上处理和渗流处理方法在本世纪初失去青睐，其主要原因在于人口增长导致天然土壤系统过度负荷进而形成一系列不良后果。不过，污水土地处理系统近年来又再度受到关注。虽然有些简单的地面漫流和渗流系统在适当的负荷下运作着，但大多数土地处理系统都借助于芦苇床系统，有时又称根区系统。此概念涉及利用各种湿地植物构建工程处理床，其中以芦苇类植物为主。这些植物及其根系使得整个处理床具备合适的水力流动特性，并有助于将氧气从大气转移到处理床的土壤或砾石中（图 14.12）。

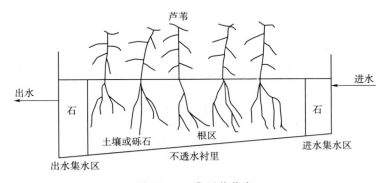

图 14.12　典型芦苇床

废污水流经处理床时，水中的有机物发生有氧氧化，而处理床中存在的小型厌氧区还会发生脱硝反应。此外，处理床中的化学反应还有可能除去水中的一些磷酸盐。据称，按每人 5m² 的标准设计的芦苇床能够产出非常高质量的出水，且水中营养物质浓度低、粪便细菌去除率高。芦苇床系统已经在德国和另外几个欧洲国家落地，但在英国，使用芦苇床进行全面处理的初步试验中，出水质量并非总如预期。不过，塞温特伦特自来水公司及其他一些英国水务公司已经广泛使用芦苇床作为乡村处理厂的三级处理和雨水处理系统，通常与 RBC 单元结合使用。这些情形下的芦苇床面积达到 0.5～1m²/人，并且能在大多数工作条件下产生硝化出水。

拓 展 阅 读

Arden, E. and Lockett, W. T. (1914). Experiments on the oxidation of sewage without the aid of filters. *J. Soc. Chem. Ind.*, 33, 10.

Baker, J. M. and Graves, Q. B. (1968). Recent approaches for trickling filter design. *J. San. Engng Div. Am. Soc. Civ. Engnrs*, 94, 61.

Barnes, D., Forster, C. F. and Johnstone, D. W. M. (eds) (1982). *Oxidation Ditches in Wastewater Treatment.* London: Pitman.

Bayes, C. D., Bache, D. H. and Dickson, R. A. (1989). Land – treatment systems: Design and performance with special reference to reed beds. *J. Inst. Wat. Envir. Managt*, 3, 588.

Butler, J. E., Loveridge, R. F., Ford, M. G. et al. (1990). Gravel bed hydroponic systems used for secondary and tertiary treatment of sewage effluent. *J. Instn Wat. Envir. Managt*, 3, 276.

Christoulas, D. G. and Tebbutt, T. H. Y. (1982). A simple model of the complete – mix activated sludge process. *Envr. Tech. Ltrs*, 3, 89.

Cooper, P. F. and Atkinson, B. (1981). *Biological Fluidised Bed Treatment Of Water and Wastewater.* Chichester: Ellis Horwood.

Cooper, P. F. and Wheeldon, D. H. V. (1980). Fluidized and expanded – bed reactors for waste – water treatment. *Wat. Pollut. Control*, 79, 286.

Cooper, P. F., Hobson, J. A. and Jones, S. (1989). Sewage treatment by reed bed systems. *J. Instn Wat. Envir. Managt*, 3, 60.

Curi, K. and Eckenfelder, W. W. (eds) (1980). *Theory and Practice of Biological Wastewater Treatment.* Alpen aan den Fijn: Sitjhoff and Hordhoff.

Edgington, R. and Clay, S. (1993). Evaluation and development of a thermophilic aerobic digester at Castle Donington. *J. lnstn Wat. Envir Managt*, 7, 149.

Ellis, K. V. and Banaga, S. E. I. (1976). A study of rotating – disc treatment units operating at different temperatures. *Wat. Pollut. Control*, 75, 73.

Horan, N. J. (1990). *Biological Wastewater Treatment Systems.* Chichester: John Wiley.

Irwin, R. A., Brignal, W. J. and Biss, M. A. (1989). Experiences with the deep – shaft process at Tilbury. *J. lnstn Wat. Envir: Managt*, 3, 280.

Jones, G. A. (1991). Comparison of alternative operating modes on the Halifax activated – sludge plant. *J. Wat. Envir. Managt*, 5, 43.

Lilly, W., Bourn, G., Crabtree, H. et al. (1991). The production of high quality effluents in sewage treatment using the Biocarbone process. *J. Instn Wat. Envir. Managt*, 5, 123.

Mara, D. D. and Pearson, H. W. (1987). *Waste Stabilization Ponds: Design Manual for Mediterranean Europe.* Copenhagen: World Health Organization.

Mara, D. D., Mills, S. W., Pearson, H. W. and Alabaster, G. P. (1992). Waste stabilization ponds: a viable alternative for small community treatment systems. *J. Instn Wat. Envir. Managt*, 6, 72.

Marecos do Monte, M. H. (1992). Waste stabilization ponds in Europe. *J. Instn Wat. Envir. Managt*, 6, 73.

McGarry, M. G. and Pescod, M. B. (1970). Stabilization pond design criteria for tropical Asia. *Proc.*

Second International Symposium on Waste Treatment Lagoons, Kansas City.

Meaney, B. (1994). Operation of submerged filters by Anglian Water Services Ltd. *J. Instn Wat. Envir. Managt*, 8, 327.

Padukone, N. and Andrews, G. E (1989). A simple, conceptual mathematical model for the activated sludge process and its variants. *Wat. Res.*, 23, 1535.

Pullin, B. P. and Hammer, D. A. (1991). Aquatic plants improve wastewater treatment. *Wat. Envir. Tech.*, 3 (3), 36.

United States Environmental Protection Agency (1988). *Constructed Wetlands and Aquatic Plant Systems for Municipal Wastewater Treatment*. Cincinnati: USEPA.

Upton, J. E., Green, M. B. and Findlay, G. E. (1995). Sewage treatment for small communities: the Severn Trent approach. *J. Instn Wat. Envir. Managt*, 9, 64.

Ware, A. J. and Pescod, M. B. (1989). Full-scale studies with an anaerobic/aerobic RBC unit treating brewery wastewater. *Wat. Sci. Tech.*, 21, 197.

White, M. J. D. (1976). Design and control of secondary settlement tanks. *Wat. Pollut. Control*, 75, 419.

Wood, L. B., King, R. P., Durkin, M. K. et al. (1976). The operation of a simple activated sludge plant in an atmosphere of pure oxygen. *Pub. Hlth Engnr*, 4, 36.

World Health Organization (1987). *Wastewater Stabilization Ponds: Principles of Planning and Practice*. Alexandria: WHO.

习　题

1. 一个 MLVSS 浓度为 3000mg/L 的活性污泥处理厂，处理一种终末 BOD 为 1000mg/L、VSS 浓度为 350mg/L 且 90% 可生物降解的废水。处理厂出水终末 BOD 为 30mg/L，VSS 浓度为 20mg/L。水力滞留时间为 6 h。如果合成常数 Y 为 0.55，内源呼吸常数 b 为 0.15/d，请计算流量为 $0.1m^3/s$ 条件下的每日 VSS 累积量和需氧量。（3767kg/d，5570kg/d）

2. 对活性污泥厂的控制分析结果表明 MLSS 为 MLSS 4500mg/L，30min 固体沉淀率为 25%。该厂处理的废水 SS 浓度为 300mg/L，流量为 $0.1m^3/s$。曝气区容量为 $2500m^3$。污泥损耗率为 $100m^3/d$，VSS 浓度为 15 000mg/L。请计算 SVI、SDI 和平均池内滞留时间。（55.5，1.8，7.5 天）

3. 一小镇人口为 28000 人，dwf 为 200L/(人·d)，BOD 为 250mg/L，请比较传统滤池 [0.1kg BOD/(m^3·d)] 与活性污泥池 [0.56kg BOD/(m^3·d)] 的面积。假设滤池深 2m，曝气池深 3m，初级沉淀可去除 35% 的 BOD。（$4550m^2$，$325m^2$）

4. 西非一个村庄的人口为 500 人，每日废水流量为 45L/人，人均 BOD 贡献为 0.045kg/d。假设当地的月平均气温为 10℃，如果使用兼性氧化塘来处理村中废水，请计算氧化塘所需的表面积。（0.145ha）

第 15 章

厌 氧 生 物 氧 化

如果高浓度有机废污水中含有大量悬浮固体和来自初级沉淀池及生物处理池的污泥，那么要维持有氧条件并非易事。由于氧气转移设备的物理局限性，氧气需求难以得到满足，从而导致厌氧条件的形成。这种情况下，通过厌氧氧化或消化来实现一定程度的稳定化可能更为合适。

15.1 厌 氧 氧 化 原 理

厌氧氧化的基本规律与有氧氧化相同，所以式（14.1）～式（14.4）对厌氧氧化适用。厌氧氧化反应产生的甲烷作为燃料具有一定的价值，并且特定有机化合物生成甲烷的体积可以由以下关系式计算得出：

$$C_nH_aO_b+\left(n-\frac{a}{4}-\frac{b}{2}\right)H_2O \longrightarrow \left(\frac{n}{2}-\frac{a}{8}+\frac{b}{4}\right)CO_2+\left(\frac{n}{2}+\frac{a}{8}-\frac{b}{4}\right)CH_4 \quad (15.1)$$

在标准温度和压力（STP）下，1kg BOD（或1kg COD）经厌氧氧化大约可以产生 $0.35m^3$ 热值为 35 kJ/L 的甲烷。在良性运行的厌氧环境中，气体的甲烷含量通常约为 65%，其余部分主要是二氧化碳，另外还有微量的硫化氢、氮气和一些水蒸气。

气体的生成速率取决于温度，如图 15.1 所示。最有利于气体生成的温度为 35℃（中温消化）和 55℃（高温消化）。一般来说，只有在气候温暖的地区，这样的高温度条件才具有经济性，因为其他地区的热量损失会很大。

在实践中，当考虑到合成作用时，甲烷产量可以由下式估算：

$$G=0.35\left(L_rq-1.42VSA\right) \quad (15.2)$$

式中：G 为生成的 CH_4 的体积（单位时间体积 m^3）；L_r 为每单位时间的终末 BOD 浓度消除量；q 为每单位时间的流量；VSA 为每单位时间的 VSS 累积质量。

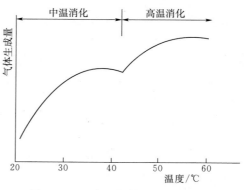

图 15.1 温度对气体生成量的影响

厌氧反应中，每单位时间生成的 VSS 质量可由下式计算得出：

$$VSA = \frac{YL_rq}{1 + bt_s} \tag{15.3}$$

式中：Y 为每单位终末 BOD 消除质量对应的 VSS 合成质量；b 为每单位时间的内源呼吸常数；t_s 为固体滞留时间，t_s＝系统中固体质量/每单位时间固体累积量。

厌氧消化样例：

使用厌氧消化池对来自有机化工厂的废污水进行稳定化处理。化工厂的排放流量为 250m³/d，BOD 为 9000mg/L。预计消化池可消除 85％的进水 BOD，合成常数 Y 和内源呼吸常数 b 分别为 0.09/d 和 0.011/d。如果固体滞留时间为 100 天，请计算每日挥发性固体累积量。

利用式（15.3）：

　VSA/d ＝0.09×0.9×9000×250/[1＋(0.011×100)]＝18 250/2.1g＝86.78kg

需要注意的是，由于固体滞留时间与固体累积量有关，所以式（15.3）两端都有一些项是由固体滞留时间决定的。在没有固体滞留时间相关信息的情况下，需要先确定消化池中存在的固体，然后通过反复试验来求解固体累积量。

15.2　厌氧处理应用

15.2.1　污泥消化

厌氧处理的传统应用主要是消化由生活废水处理产生的初沉和二沉污泥。这些污泥的固体含量在 2 万～6 万 mg/L(2％～6％) 之间，其中约 70％是有机产物。初沉污泥通常含有共沉的二沉生物污泥，易于腐烂，具有非均质性和恶臭气味。厌氧稳定化的作用是将挥发物含量降低 50％以下，将总固体含量降至初始值的 2/3 左右。经过消化处理的污泥变为均质，性质相对稳定，并具有焦油气味。由于反应池中的混合搅拌对污泥起到了匀化作用，所以经过消化处理的污泥往往难以脱水。这些污泥含有大量的营养物质，并且厌氧反应以及相关的升温过程可以有效地去除了致病微生物，因此可以用作土壤调节剂。

传统的厌氧消化是分两个阶段进行的（图 15.2）。第一个阶段为接触反应，通过燃烧反应过程中产生的一些甲烷将环境加热到所需温度。经过适当的滞留时间后，气体基本释

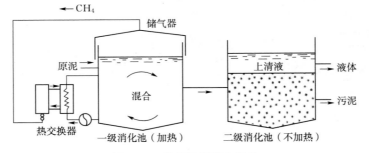

图 15.2　常规污泥消化设备

放完毕，此时可使经过消化的污泥转移至不加热的第二阶段进行固/液分离。在第二阶段中，含有高浓度可溶性有机物（BOD 高达 10000mg/L）的上清液被抽出并回流至主处理设备的进水口与进厂废污水混合，其中上清液 BOD 最高可占进水的 10%。固结的污泥则做进一步处理和处置。污泥消化池的通用设计标准是挥发性固体含量为 0.5～1.0kg/(m³·d)体积滞留时间为 10～20 天。

在一级消化池中，利用机械搅拌器或通过气体再循环使池内物质混合均匀是必不可少的。大多数污泥消化池在中温条件下运行，但在温暖地区，高温运行也是有可能的。

15.2.2 工业废污水处理

一些高浓度有机废污水，特别是来自食品加工厂和酒精饮料制造厂的有机废水，由于需氧量高而致使处理厂难以达到有氧条件。这种情况下，厌氧处理法可以在相对较小的装置中去除大部分 BOD 负荷，是一种颇具吸引力的方法。而且厌氧反应会生成甲烷，其热值可以抵消废污水处理操作的一些成本。厌氧处理法不能像有氧处理法那样将 BOD 降至低水平，所以厌氧处理厂的出水不太适合直接排入水道。但它的出水可以以低得多的成本排放到市政污水排放系统中，或者先经过小型有氧处理设施处理后再排放到受纳水体当中。如果要排入污水排放系统，那么排放许可条件可能包括"抑制甲烷细菌"这项要求，因为持续生成甲烷可导致下水道爆炸的风险。

经济因素是工业废污水处理的一个重要指标，在其驱动之下，厌氧处理系统近年来出现了许多变体。除了大多数污泥消化厂中使用的传统搅拌池之外，现在还有多种高速率系统可以使用，装载速率高达 20kg VS/(m³·d)，且废污水合适的情况下，BOD 去除率可高达 90%。这些高速率系统可以有以下形式：

（1）配有更有效的固/液分离装置的连续搅拌接触式消化池。

（2）浸没式厌氧滤池（上流或下流模式）。

（3）流化床：在流化床中，生物质在惰性材料（如沙子）或轻质材料（如浮石或PVC）上生长。

（4）上流式厌氧污泥浮层（UASB）系统：稳定的颗粒污泥浮层。

除非将来自活性造粒设备的污泥作为种子材料引入，否则颗粒固体最初很难形成。但是在欧洲大约 400 个使用厌氧处理法的工业设施中，UASB 系统最为常用。

应当注意的是，使用这些系统以及大多数其他高速率系统的情况下，氧化过程可能更难以操作，并且其对废污水中的抑制成分的敏感程度会比轻负荷系统更高。为了降低过程失败的风险，必须采取有效的过程控制程序，并且定期监测进水水质。

15.3 消化池的操作

如第 6 章所述，厌氧氧化过程对酸性 pH 值条件敏感，需要严格控制。

为了取得良好的消化效果，pH 值一般应保持在 6.5～7.5 之间，pH 值下降意味着反应过程失去平衡。挥发性酸过量生成时，会破坏污泥中碱度的缓冲能力，降低 pH 值并减少气体生成量及甲烷含量（图 15.3）。

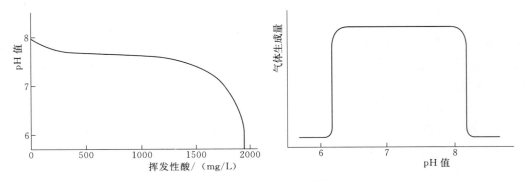

图 15.3　挥发性酸生成量对消化的影响

只要污泥具有相当高的碱度，酸生成量的增加最初可能对 pH 值几乎没有影响，所以挥发性酸的数据是更好的控制参数。正常挥发性酸含量为 250～1000mg/L，超过 2000mg/L 时便可能会出现问题。池中酸量很高时，一般使用石灰来恢复消化平衡，但最好能通过控制有机负荷和 pH 值来防止挥发性酸的过量产生。

在简单的分批进料消化池中发生的变化如图 15.4 所示。pH 值初次下降是因为生酸细菌反应加快。随着甲烷细菌的增加，酸含量降低，气体生成量增加，气体中的甲烷含量也随之增加。要实现消化过程的初始启动，一般需要从另一个污水处理厂接种活性污泥，或者从部分负荷（约为正常值的 1/10）开始运行并缓慢增加负荷。这些方法应该能够防止过量的挥发性酸生成，从而避免甲烷细菌的生长受到抑制。

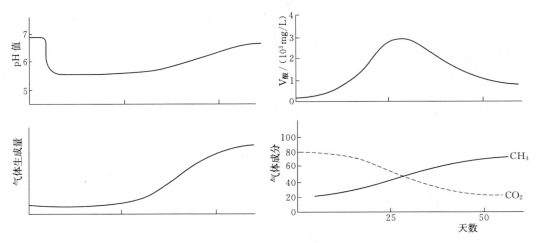

图 15.4　分批进料消化池的性能

在小型污水处理厂中，消化反应池有时不升温，而且没有用于收集气体的设施。这种方法只有在温暖地区才能取得令人满意的效果，因为在温带国家，仅在夏季才会发生活跃的消化反应。单个房屋和小型社区采用的化粪池实际上就是一种厌氧氧化系统，能够将悬浮固体从污水中去除并在厌氧条件下将其分解。化粪池出水虽然 SS 含量低，但仍具有较高的 BOD，所以应在排入水道之前用生物滤池进行处理。化粪池中会有固体累积，这通常意味着每年需要进行大约两次清淤。

拓　展　阅　读

Anderson, G. K. and Donnelly, T. (1977). Anaerobic digestion of high strength industrial wastewaters. *Pub. Hlth Engnr* 5, 64.

Andrew, P. R. and Salt, A. (1987). The Bury sludge digestion plant: Early operating experiences. *J. Instn Wat. Envir. Managt*, 1, 22.

Brade, C. E. and Noone, G. P. (1981). Anaerobic sludge digestion—need it be expensive? Making more of existing resources. *Wat. Pollut. Control*, 80, 70.

Bruce, A. M. (1981). New approaches to anaerobic sludge digestion. *J. Instn Wat. Engnrs Scientists*, 35, 215.

Mosey, F. E. (1982). New developments in the anaerobic treatment of industrial wastes. *Wat. Pollut. Control*, 81, 540.

Noone, G. P. and Brade, C. E. (1982). Low–cost provision of anaerobic digestion: Ⅱ. High–rate and prefabricated systems. *Wat. Pollut. Control*, 81, 479.

Noone, G. P. and Brade, C. E. (1985). Anaerobic sludge digestion—need it be expensive? Ⅲ. Integrated and low–cost digestion. *Wat. Pollut. Control*, 84, 309.

Sanz, I. and Femandez–Planco, F. (1989). Anaerobic treatment of municipal sewage in UASB and AFBR reactors. *Envir. Technol. Lett.*, 10, 453.

Speece, R. E. (1988). A survey of municipal anaerobic sludge digesters and diagnostic activity surveys. *Wat. Res.* 12, 365.

Wheatley, A. D,. Fisher, M. B. and Grobicki, A. M. W. (1997). Applications of anaerobic digestion for the treatment of industrial wastewaters in Europe. *J. C. Instn Wat. Envir. Managt*, 11, 39.

习　题

1. 屠宰场废水的终末 BOD 为 3500mg/L，流量为 100m³/d，污水处理厂的 BOD 去除率为 90%。固体滞留时间为 10 天。请计算每日固体累积量和每日气体生成量。合成常数 Y 为 0.1，内源呼吸常数 b 为 0.01/d。（28.6kg，96m³）

2. 一个污水处理厂每天产生 250m³ 初沉污泥，总固体含量为 5%，挥发性物质占总固体量的 65%。如果负荷为 0.75kg VS/(m³·d)，请计算所需的厌氧消化池容量和标称滞留时间。（10830m³，43.3 天）

第 16 章

消　毒

　　微生物体积小，这意味着仅仅通过聚沉和过滤等处理方法不一定能够将它们从水中完全去除。许多地下水看似可能并不需要处理，其实可能存在细菌和病毒。由于介水微生物对公共卫生有着重要影响，所以有必要采取合适的消毒措施，消除饮用水中可能存在的有害微生物。生活污水和许多工业废水中都含有大量微生物，虽然传统的废水处理过程能够显著减少这些微生物，但其主要目的并不是去除致病微生物。如果处理后的出水需要排放到浴场水体中或者用于灌溉，为了避免其对人造成危害，需要破坏水中的病原体。一般认为，对所有废水进行全面消毒的做法是不可取的。这是因为，如果去除水中的大部分微生物，受纳水体的自净能力就会受到抑制，并且消毒剂残留物和副产物可能会损害水生生物。我们有必要区分"消毒"和"灭菌"，前者意味着杀死潜在有害生物体，而后者意味着杀死所有生物体。饮用水一般是经过消毒处理的，而灭菌水仅用于医疗或制药用途。

 16.1　消　毒　理　论

　　一般来说，杀灭率可由下式计算得出

$$\frac{\mathrm{d}N}{\mathrm{d}t} = -KN \tag{16.1}$$

式中：K 为特定消毒剂的反应速率常数；N 为活生物体的数量。

　　通过积分可得

$$\log_e \frac{N_t}{N_0} = -Kt \tag{16.2}$$

式中：N_0 为初始生物体数量；N_t 为时间 t 时的生物体数量。

　　以 10 为底数进行换算可得

$$\lg \frac{N_t}{N_0} = -kt \tag{16.3}$$

式中，$k = 0.4343K$，或者：

$$t = \frac{1}{k} \lg \frac{N_0}{N_t} \tag{16.4}$$

由于 N_t 在实践中永远不会达到零，所以一般将杀灭率表示为百分比，例如 99.9%。反应速率常数 K 因消毒剂而异，并且也会随消毒剂浓度、温度、pH 值、有关微生物和其他环境因素的变化而变化。

水中最常用的消毒剂是氯，它不遵循式（16.1），但遵循以下关系：

$$\frac{\mathrm{d}N}{\mathrm{d}t} = -KNt \qquad (16.5)$$

或者通过积分并以 10 为底数进行换算可得

$$t^2 = \frac{2}{k}\lg\frac{N_0}{N_t} \qquad (16.6)$$

施用于大肠菌群时，pH 值为 7 的条件下，游离氯残留的 k 值约为 $1.6\times10^{-2}/\mathrm{s}$，化合氯残留的 k 值为 $1.6\times10^{-5}/\mathrm{s}$。

氯的消毒性能的另一种表达方法为

$$S_\mathrm{L}c^nt = -\lg\frac{N_0}{N_t} \qquad (16.7)$$

式中：S_L 为特定致死率系数；c 为消毒剂浓度；n 为稀释系数。

式（16.7）中的系数的值取决于有关微生物的类型、杀灭率需求以及消毒剂的存在形式。在给定的条件下，可以认为

$$c^nt = 常数$$

因此，在合理的范围内，消毒目标可以通过高剂量、短接触时间来实现，也可以通过低剂量、长接触时间来实现。消毒接触池应当具有合适的流动模式，须保证实际的过流时间尽量接近理论水力滞留时间。如果过流特性不稳定并伴有大量短路，则可能无法实现所需的剂量和接触时间组合，从而对消毒过程产生不利影响。

16.2　氯

氯（及其化合物）广泛用于水的消毒，原因如下：

（1）可以是气态、液态和固态形式，方便取用。

（2）便宜。

（3）溶解度较高（7000mg/L），易于使用。

（4）在水中的残留不仅对人体无害，而且能在配水系统中起到保护作用。

（5）对大多数微生物有很大毒性，能够阻断其代谢活动。

氯消毒剂也有一些缺点，比如氯气是有毒气体，需要小心处理；它还会生成消毒副产物（DBPs），不仅可能产生味道和气味，长期接触还可能对健康造成危害。

氯是一种强氧化剂，可迅速与还原剂和不饱和有机化合物结合，例如：

$$\mathrm{H_2S + 4Cl_2 + 4H_2O \longrightarrow H_2SO_4 + 8HCl}$$

在氯发挥消毒作用之前，必须先满足这些直接的氯需求。1mg/L 的氯可以氧化 2mg/L 的 BOD，但由于成本和副产物量大的原因，氯消毒通常不是废水处理的可行方法。

在满足氯需求之后，再根据是否存在氨，可以发生下列反应：

在没有氨的情况下：

$$Cl_2 + H_2O \longleftrightarrow HCl + HClO$$

$$H^+ + Cl^- \qquad H^+ + ClO^- \text{（游离态残留）}$$

次氯酸 HClO 是较为有效的消毒剂，而亚氯酸根离子 ClO⁻ 相对无效。酸性 pH 值会抑制 HClO 的解离，当 pH 值为 5 或低于 5 时，残留物全部是 HClO，当 pH 值为 7.5 时，残留物的一半左右为 HClO，而当 pH 值为 9 时，残留物全部为 ClO⁻。可以看出，酸性 pH 值条件下的消毒效果最佳，但纯粹为消毒目的而调节 pH 值的做法并不常见。

在有氨的情况下：

$$NH_4^+ + HClO \longrightarrow \underset{\text{单氯胺}}{NH_2Cl} + H_2O + H^+$$

$$NH_2Cl + HClO \longrightarrow \underset{\text{二氯胺}}{NHCl_2} + H_2O \qquad \text{（化合态残留）}$$

$$NHCl_2 + HClO \longrightarrow \underset{\text{三氯化氮}}{NCl_3} + H_2O$$

化合残留物比游离残留物更稳定，但消毒效果较差。在残留量相同的情况下，要达到给定的杀灭效果，化合氯所需的接触时间是自由氯所需时间的百倍。换一个说法，在接触时间相同的条件下，要达到给定的杀灭效果，化合氯的浓度需是游离氯的 25 倍。

对于缺乏氨的水，可以向水中添加氨，以促进氯胺的形成，从而减轻游离氯所导致的味道和气味问题。水中存在氨的条件下，持续加氯会产生如图 16.1 所示的特征残留曲线。

当水中的氨全部反应完毕后，多余的氯会从转折点开始，将化合态残留物转化成游离态残留物，可简单表示如下：

$$NCl_3 + Cl_2 + H_2O \longrightarrow HClO + NH_4^+$$

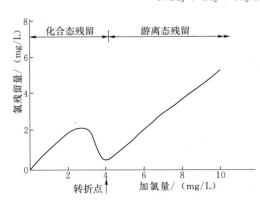

理论上，转折点在 Cl_2 与 NH_3 比例为 2：1 时出现，但实际上这两者的比率通常接近 10：1。过了转折点之后，游离态残留量与加氯量成正比。

利用过量氯的氧化作用，可以在一定的接触时间之后，消除水中令人不悦的气味和味道，这一过程被称为"过量氯化法"，余氯则可以通过磺化反应除去。

$$Cl_2 + SO_2 + H_2O \longrightarrow H_2SO_4 + HCl$$

图 16.1　氨态氮浓度为 0.5mg/L 的水中的氯残留

水中少量 DBPs 的存在引起了一些人的担忧。DBPs 大多是有机氯化合物，其中某些在剂量较高时可对动物产生致癌作用。如果饮用水中含有浓度为 μg/L 级别的消毒副产物，人们长期饮用也会有潜在危害。氯仿等三卤甲烷类（THMs）有机氯是最常见的消毒副产物，含有机物的原水或者污水采用氯消毒过程中都会产生。尚无科学证据表明目前供水中的氯含量有任何危害，但最好能采取谨慎的过程控制措施来防止有机氯的形成，以及避免不必要的氯使用。在防止 THMs 形成方面，有些做法是调整处理程序，在加氯消毒之前消除这类物质的前体。

世界卫生组织最近强调，与无效消毒所致的健康风险相比，DBPs 危害健康的风险几乎微不足道。世界卫生组织建议的最低残留量标准为：pH 值小于 8、浊度小于 1 NTU、接触时间为 30min 的条件下，游离态残留量为 0.5mg/L。遗憾的是，这一剂量水平能够杀灭贾第虫孢囊，但对隐孢子虫孢囊没有影响。

此外，由于处理厂和氯气运输途中的气体泄漏可能导致潜在风险，所以气态氯的使用在某些地区也面临着越来越大的反对压力。有人建议通过现场电解次氯酸钠（OSEC）来制氯，从而降低这类风险。电解 3% 的盐水可以产生 1% 的次氯酸钠溶液。对于小型处理厂，次氯酸盐溶液电解法可以用来实现氯消毒，而且不会像填充氯气那样产生潜在风险。需要注意的是，目前尚无任何记录表明净水厂因使用氯气而产生了严重事故。

尽管有证据表明，二氧化氯在碱性条件下比氯气的消毒能力更强，但由于价格高出许多，所以主要用于控制味道和气味。二氧化氯与氨不会发生显著结合，所以含有大量氨的水可以使用二氧化氯来产生游离态氯残留。不过，由于氨具有营养价值，会促进生物生长，所以供水中要避免大量氨的存在。二氧化氯不稳定，必须通过氯或酸与亚氯酸钠反应法现用现制。

$$2NaClO_2 + Cl_2 \longrightarrow 2ClO_2 + 2NaCl$$

$$5NaClO_2 + 4HCl \longrightarrow 4ClO_2 + 5NaCl + 2H_2O$$

至于二氧化氯是否会形成有机氯化合物，目前尚未得到充分研究，所以用它代替氯可能不一定会解决 DBPs 问题。二氧化氯具有与游离氯残留相似的消毒能力，但它对隐孢子虫和贾第虫孢囊的灭活效果更佳。

16.3 臭 氧

臭氧（O_3）是氧的同素异形体，可用干燥氧气或空气通过 5000～20000V、50～500Hz 电流的方法制备。臭氧是一种不稳定、有剧毒的蓝色气体，带有新割干草的刺激性臭味。它是一种强效氧化剂，同时也是有效的消毒剂，可以用于漂白色素、去除味道和气味。与氧气一样，臭氧也只能微溶于水，而且由于结构不稳定，所以不会留下残留物。臭氧具有剧毒，所以工作环境中的连续浓度不得超过 0.1mg/L。除非有廉价的能源可用，否则臭氧处理的成本比氯处理成本要昂贵得多，但它在去除颜色方面具有优势。过滤、臭氧处理所产生的成品水，与更复杂的聚沉、沉淀、过滤和氯化处理所产生的成品水，两者比较类似。由于配水系统中没有臭氧残留，所以微生物会再次滋长并引起颜色、味道和气味等问题。一般来说，可以在臭氧处理后向水中添加少量的氯来防止微生物滋长。并且，大多数使用臭氧消毒的净水厂也都会在最后处理阶段向水中加氯，来保证供水中的氯残留水平。臭氧在某些不适合生物氧化法的工业废水氧化处理中，具有一定的应用价值。

干燥的空气通过高压高频电流即可制得臭氧。臭氧必须现用现制。臭氧发生器主要有两种类型：采用扁平电极和玻璃电介质的板式发生器，以及采用圆柱形电极和同轴玻璃介质柱的管式发生器。高压侧采用对流冷却法，低压侧采用水冷却法。空气在电极之间通过，并在气隙放电的作用下实现臭氧化。臭氧生成量通常为空气重量的 4% 左右，制造臭氧的功率消耗约为 25kW·h/kg。由于臭氧的溶解度有限（约 30mg/L），并且反应活性高，所以有必要保证气体与水的快速混合。而快速混合一般要通过接触室底部的微孔曝气器来实现。对于从接触室中逸出的多余臭氧，可以回收利用以便节省能量，也可以破坏掉，以防止对现场工人造成危害。

在某些条件下，臭氧会与有机物发生反应，形成臭氧化物，而这类产物对于水的影响目前尚不明确。水中的溴会在臭氧化作用下转化为溴酸盐，这可能导致长期的健康风险。臭氧是一种比氯更强大的消毒剂，一般要求是在接触 4min 后残留 0.4mg/L。隐孢子虫孢囊的臭氧灭活剂量为 2mg/L，接触时间为 10min，贾第虫孢囊的臭氧灭活剂量为 0.5mg/L，接触时间为 1min。

16.4　紫外线照射

许多形式的照射都可以作为有效的消毒手段，而紫外线照射已在小型供水水厂中应用多年。波长约 254nm 的紫外线，具有非常强的消毒作用，但前提是有机体必须暴露于照射之下。因此，为了保证水流中的有机化合物能够吸收紫外线，必须消除浑浊。待消毒的水在汞弧放电管和抛光金属反射管之间流动，只需几秒钟的滞留时间，便可以达到有效的消毒效果。不过，其功耗相当高，可达 $10\sim20W/(m^3 \cdot h)$。如果水的浊度低于 1NTU，那么剂量为 $15\sim25mWs/cm^2$ 的紫外线，对于大多数微生物都可以达到 99.9% 的杀灭率。不过，常规剂量的紫外线照射，对隐孢子虫和贾第虫孢囊没有影响。紫外线消毒的优点包括：不会产生味道和气味，维护需求低，易于自动控制，并且没有过量的风险。其缺点是没有残留、成本高并且需要水体具有高透明度。由于紫外线消毒不会产生 DBPs，所以监管机构倾向于采用紫外线照射法对污水处理厂出水进行消毒，从而使其达到浴场水体或水上运动相关水体的标准。

16.5　其他消毒手段

除了前文提到的几种方法之外，已投入使用的对水进行消毒的方法还有许多，如下所述：

（1）加热。加热消毒是非常有效的方法，但是成本昂贵，并且加热处理会消除水中 DO 和溶解盐，从而影响水的适口性。加热不会产生残留效应。

（2）银。罗马人曾使用胶体银来维持储水罐中的水质，因为浓度 0.05mg/L 左右的银对大多数微生物有毒。对于野外使用的小型便携式过滤装置而言，胶体银很有使用价值，其中银浸渍的砾石滤棒，能够消除浑浊并起到消毒作用。如果不是非常小型的应用，这种方法的成本过于高昂。

（3）溴。溴与氯一样都是卤素，并且具有与氯相似的消毒特性。溴的残留物比氯残留物对眼睛的刺激更小，所以有时会用于泳池水消毒。

（4）碘。碘也是一种卤素，并且也会偶尔用于泳池水的消毒，同样也是因为其残留物的刺激性比氯更小。在偏远地区旅行时，个人用水可以使用碘来消毒，但是碘不用于公共供水。

（5）膜。微孔过滤和超细过滤等压力驱动的膜系统，能够去除 $5\mu m$ 乃至 $10^{-2}\mu m$ 的颗粒，而大多数对水质有重要影响的微生物的尺寸恰好在此范围内。

拓　展　阅　读

Brett，R. W. and Ridgway，J. W. (1981). Experiences with chlorine dioxide in Southern Water Authority and Water Research Centre. *J. Instn Wat. Engnrs Scientists*, 35, 135.

Cross，T. S. C. and Murphy，R. (1993). Disinfection of sewage effluent：The Jersey experience. *J. Instn Wat. Envir Managt*, 7, 481.

Edge，J. C. and Finch，P E. (1987). Observations on bacterial aftergrowth in water supply distribution systems：implications for disinfection strategies. *J. Instn Wat. Envir. Managt*, 1, 104.

Falconer. R. A. and Tebbutt，T. H. Y. (1986). Theoretical and hydraulic model study of a chlorine contact tank. *Proc. Instn Civ. Engnrs*, 81, 255.

Fawell，J. K. , Fielding，M. and Ridgway，J. W. (1987). Health risks of chlorination – is there a problem? *J. Instn Wat. Envir. Managt*, 1, 61.

Ferguson，D. W. , Gramith，J. T. and McGuire，M. J. (1991). Applying ozone for organics control and disinfection：A utility perspective. *J. Amer. Wat. Wks Assn*, 83 (5), 32.

Gordon，G. , Cooper，W. J. , Rice，R. G. and Pacey，G. E. (1988). Methods of measuring disinfectant residuals. *J. Am. Wat. Wks Assn*, 80 (9), 94.

Job，G. D. , Trengrove，R. and Realey，G. J. (1995). Trials using a mobile ultraviolet disinfection system in South West Water. *J. C. Instn Wat. Envir. Managt*, 9, 257.

McGuire，M. J. (1989). Preparing for the disinfection by – products rule：A water industry status report. *J. Am. Wat. Wks Assn*, 81 (8), 35.

Myers，A. G. (1990). Evaluating alternative disinfectants for THM control in small systems. *J. Am. Wat. Wks Assn*, 82 (6), 77.

Palin，A. T. (1980). Disinfection. In *Developments in Water Treatment*, Vol. 2 (W. M. Lewis, ed.). Barking：Applied Science Publishers.

Rudd，T. and Hopkinson，L. M. (1989). Comparison of disinfection techniques for sewage and sewage effluents. *J. Instn Wat. Envir. Managt*, 3, 612.

Smith，D. J. (1990). The evolution of an ozone process at Littleton water treatment works. *J. Instn Wat. Envir. Managt*, 4, 361.

Stevenson，D. G. (1995). The design of disinfection contact tanks. *J. C. Instn Wat. Envir. Managt*, 9, 146.

Symons，J. M. , Krasner，S. W. , Simms，L. A. and Selimenti，M. (1993). Measurement of THM and precursor concentrations revisited：The effect of bromide ion. *J. Amer. Wat. Wks Assn*, 85 (1), 51.

Tetlow，J. A. and Hayes，C. R. (1988). Chlorination and drinking water quality – an operational overview. *J. Instn Wat. Envir. Managt*, 2, 399.

Thomas，V. K. , Realey，G. J. and Harrington，D. W. (1990). Disinfection of sewage, stormwater and final effluent. *J. Instn Wat. Envir. Managt*, 4, 422.

World Health Organization (1989). *Disinfection of Rural and Small –Community Water Supplies*. Medmenham：WRC.

习　　题

1. 使用臭氧杀死水中 99.9% 的细菌，残留量为 0.5mg/L。此条件下的反应常数 k 为

$2.5×10^2/s$。请计算所需的接触时间。（120s）

2. 要使水中大肠杆菌杀灭率达到 99.99%，请对比（a）使用残留量为 0.2mg/L 的游离态氯与（b）使用残留量为 1mg/L 的化合态氯所需的接触时间。k 值分别为 $10^{-2}/s$ 和 $10^{-5}/s$。（28s，890s）

第 17 章

化 学 处 理

水和废水中的许多成分对前文讨论过的常规处理方法没有反应，所以必须使用其他形式的处理方法来清除这些成分。可溶性无机物一般可以通过沉淀法或离子交换法去除。可溶性的不可生物降解的有机物一般可以通过吸附法去除。

17.1 化 学 沉 淀 法

对于某些可溶性无机物，向水中加入合适的试剂，能够将可溶性杂质转化为不溶性沉淀物，絮凝后沉淀法即可去除。杂质的去除程度取决于产物的溶解度，而这一般会受到pH 值和温度等因素的影响。

化学沉淀法可以用于工业废水处理，例如去除金属加工厂废水中的有毒金属。这类废水中通常含有大量的对生物系统有害的六价铬，向这类废水中加入硫酸亚铁和石灰，便可以将六价铬还原成三价铬，然后以氢氧化物的形式通过沉淀法去除，化学反应式如下所示：

$$Cr^{6+} + 3Fe^{2+} \longrightarrow Cr^{3+} + 3Fe^{3+}$$
$$Cr^{3+} + 3OH^- \longrightarrow Cr(OH)_3$$
$$Fe^{3+} + 3OH^- \longrightarrow Fe(OH)_3$$

要实现有效处理，必须确保试剂剂量合适。铬还原的理论需求如上所示，但是这一剂量水平下的反应进行得非常缓慢。而在实践中，为了确保完全还原，有必要按照每个六价铬原子对应 $5 \sim 6$ 个亚铁原子的剂量进行添加。添加金属离子可以使磷酸盐从溶液中沉淀出来，利用这一反应可以去除废水中的营养物质，如第 19 章所述。化学沉淀法的一个特征是产生较大量的污泥。

这种方法的常见用途是水软化处理。硬水，即含有大量钙和镁的水，通常需要软化来使其更适合洗涤和加热等用途。对于供应的饮用水，硬度（以 $CaCO_3$ 计）不超过 75mg/L 才可被视为软水，而一些地表水和大多数地下水的硬度可高达数百 mg/L。一般认为，硬度超过 300mg/L 的水是不符合需求的。生活用水的硬度即使高达 1000mg/L，也不会危害健康，生活用水之所以需要软化，是出于便利性和经济性方面的考虑，而不是由于健康方面的原因。事实上，有些统计证据表明，人工软化的水可能会增加某些形式的心脏病的发病率。

硬度通常用碳酸钙表示，而化学分析某种离子通常以该离子作为基础。因此通常需要将分析结果转化为相同物质来表示：

$$X(\text{mg/L CaCO}_3) = X(\text{mg/L}) \times \frac{\text{当量 CaCO}_3}{\text{当量 } X} \tag{17.1}$$

式中：X 为任何离子或原子团。

举个典型的水化学分析转换的例子，$CaCO_3$ 浓度转换计算方法如下：

$$40\text{mg/L Ca}^{2+} \times 50/20.04 = 99.0\text{mg/L} \quad CaCO_3$$

$$24\text{mg/L Mg}^{2+} \times 50/12.16 = 98.5\text{mg/L} \quad CaCO_3$$

$$9.2\text{mg/L Na}^+ \times 50/23 = 20.0\text{mg/L} \quad CaCO_3$$

$$183\text{mg/L HCO}_3^- \times 50/61 = 150.0\text{mg/L} \quad CaCO_3$$

$$57.5\text{mg/L SO}_4^{2-} \times 50/48 = 58.0\text{mg/L} \quad CaCO_3$$

$$7.0\text{mg/L Cl}^- \times 50/35.5 = 9.5\text{mg/L} \quad CaCO_3$$

请注意，阳离子和阴离子总和都是 217.5mg/L。我们也可以用条形图来表示水的化学成分（图 17.1）。

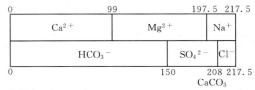

总硬度 197.5mg/L
碳酸盐硬度 150mg/L

图 17.1　以碳酸钙计的水样成分

沉淀软化处理过程与水中产生硬度的过程恰好相反，即可溶性化合物转化为不溶性化合物，然后再使不溶性化合物沉淀去除，这一过程可以使用絮凝法和沉淀法。选择沉淀软化的方法，主要取决于水中硬度的来源形式。

1. 石灰软化法

对于碳酸盐形式的钙硬度，加入相当于水中碳酸氢盐的量的石灰，将形成不溶性碳酸钙：

$$Ca(HCO_3)_2 + Ca(OH)_2 \longrightarrow 2CaCO_3 + 2H_2O$$

$CaCO_3$ 在常温下的溶解度约为 20mg/L，由于处理设备中的接触时间有限，一般会产生大约 40mg/L $CaCO_3$ 的残留。所以，软化后的水 $CaCO_3$ 呈饱和状态，容易导致配水系统中出现水垢沉积，这可以通过生成可溶性的 $Ca(HCO_3)_2$ 来防止水垢：

$$CaCO_3 + CO_2 + H_2O \longrightarrow Ca(HCO_3)_2$$

也可以加入磷酸盐来隔离钙和防止结垢。石灰软化的步骤如图 17.2 所示。

2. 石灰-苏打软化法

石灰-苏打软化法适用于所有形式的钙硬度。此方法中，先向水中加入苏打粉（Na_2CO_3），使非碳酸盐硬度转化为 $CaCO_3$，然后利用沉淀法去除：

$$CaSO_4 + Na_2CO_3 \longrightarrow CaCO_3 + Na_2SO_4$$

苏打粉的添加量应为消除非碳酸盐硬度所需的量（图 17.3）。

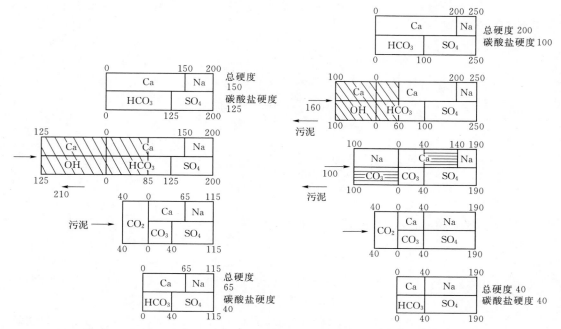

图 17.2 石灰软化（单位：mg/L）　　图 17.3 石灰-苏打软化（单位：mg/L）

3. 过量石灰软化法

过量石灰软化法用于降低碳酸镁硬度。由于碳酸镁是可溶性的，所以前文所述的方法对碳酸镁硬度无效。

$$Mg(HCO_3)_2 + Ca(OH)_2 \longrightarrow CaCO_3 + MgCO_3 + 2H_2O$$

但是在 pH 值约为 11 时，$Mg(OH)_2$ 的实际溶解度约为 10mg/L。

$$MgCO_3 + Ca(OH)_2 \longrightarrow Mg(OH)_2 + CaCO_3$$

对于过量石灰软化法，有必要按下式添加，添加过量的 $Ca(OH)_2$ 以促使 pH 值升至 11。

$$Ca(OH)_2 \equiv HCO_3^- + Ca(OH)_2 \equiv Mg^{2+} + 50mg/L\ Ca(OH)_2$$

高 pH 值作为副产物，可以起到良好的消毒作用。因此，过量石灰软化法处理后的水不需要接受氯消毒处理，而是只加入少量氯以便形成残留氯即可。这种处理后的水需要通过碳酸化过程，去除过量的石灰和降低 pH 值。

4. 过量石灰-苏打软化法

过量石灰-苏打软化法适用于所有形式的镁硬度。此方法涉及石灰和苏打粉的使用，过程复杂。

所有形式的沉淀软化法都会产生大量的污泥。通过煅烧 $CaCO_3$ 污泥和用水熟化可以回收石灰：

$$CaCO_3 \longrightarrow CaO + CO_2$$
$$CaO + H_2O \longrightarrow Ca(OH)_2$$

这种方法可以生成大量石灰，除了满足处理厂的需求外，多余的石灰还可以出售，同时也解决了污泥处理问题。

沉淀软化法有时会用于上流式反应池。这种反应池中接种有碳酸钙颗粒，这些颗粒作为沉淀核，可以使更多碳酸盐从溶液中沉淀出来。随着沉淀的进行，这些颗粒会逐渐变大，并下沉到反应池的底部，然后排出用作适合农业用途的疏水性颗粒材料。

17.2 离 子 交 换

某些天然材料，特别是复合钠铝硅酸盐和绿砂成分的沸石，具有能用其结构中的一种离子交换溶液中另一种离子的性质。相比于这类天然材料，现已开发出的合成离子交换材料，具有更高的交换容量。

离子交换法的优点是不产生污泥。但必须记住，当离子交换容量耗尽后，必须对材料进行再生处理，而这会产生含有高浓度原始污染物的废水。离子交换法可以代替沉淀法来处理金属加工厂废水等工业废水，并且可以用于去除饮用水中的硝酸盐。不过，离子交换法的最常见用途是对高压锅炉进水进行软化或去矿化处理，使进水满足设备的高纯度需求。

当用于水软化时，天然沸石会用自己的钠离子交换水中的钙和镁离子，从而完全去除水中的硬度，反应式为（下式以 Na_2X 代表沸石）：

$$\left.\begin{array}{l}Ca^{2+}\\Mg^{2+}\end{array}\right\}+Na_2X\longrightarrow\left.\begin{array}{l}Ca\\Mg\end{array}\right\}X+2Na^+$$

这个过程会增加成品水中的钠含量，除非原水的硬度很高，否则不太可能导致问题。当沸石结构中的所有钠离子都耗尽以后，沸石便无法继续去除硬度。这之后，需要使用盐溶液对沸石进行再生处理，即以高浓度的钠离子逆转交换反应，使硬度物质以浓缩氯化物的形式释放出来。

$$\left.\begin{array}{l}Ca\\Mg\end{array}\right\}X+2NaCl\longrightarrow Na_2X+\left.\begin{array}{l}Ca\\Mg\end{array}\right\}Cl_2$$

天然钠交换剂与沸石的交换容量约为 200g 当量/m^3，每当量的再生剂需求量约为 5 当量。合成钠交换剂与树脂的交换容量是天然材料的两倍，而再生剂需求量仅为一半，但投资成本更高。

天然或合成的碳质化合物所产生的氢型阳离子交换剂，也可以用于水的软化，并且同样可以将水的硬度降为零。这些材料可以将所有阳离子交换为氢离子，使处理后的水呈酸性，其主要用途是作为去矿化处理的第一步。

$$\left.\begin{array}{l}Ca^{2+}\\Mg^{2+}\\2Na^+\end{array}\right\}+H_2Z\longrightarrow\left.\begin{array}{l}Ca\\Mg\\2Na\end{array}\right\}Z+2H^+$$

通过酸处理后再生：

$$\left.\begin{array}{l}Ca\\Mg\\2Na\end{array}\right\}Z+2H^+\longrightarrow H_2Z+\left\{\begin{array}{l}Ca^{2+}\\Mg^{2+}\\2Na^+\end{array}\right.$$

氢型阳离子交换剂的典型性能特征是交换容量为 1000g 当量/m³，每当量的再生剂需求量约为 3 当量。阴离子交换剂一般是合成氨衍生物，可以用于接收经过氢型阳离子交换剂处理后的水，并产生适用于实验室及其他专门用途以及锅炉给水的软化水。

强阴离子交换剂 ROH（其中 R 代表有机结构）能够除去所有阴离子：

$$\left.\begin{array}{l} HNO_3 \\ H_2SO_4 \\ HCl \\ H_2SiO_3 \\ H_2CO_3 \end{array}\right\} + ROH \longrightarrow R\left\{\begin{array}{l} NO_3 \\ SO_4 \\ Cl \\ SiO_3 \\ CO_3 \end{array}\right. + H_2O$$

它需要以强碱作为再生剂：

$$R\left\{\begin{array}{l} NO_3 \\ SO_4 \\ Cl \\ SiO_3 \\ CO_3 \end{array}\right. + ROH \longrightarrow R\left\{\begin{array}{l} NO_3 \\ SO_4 \\ Cl \\ SiO_3 \\ CO_3 \end{array}\right. + H_2O$$

弱阴离子交换剂能够除去强阴离子，但不能除去碳酸盐和硅酸盐。典型阴离子交换剂的交换容量为 800g 当量/m³，每当量的再生剂需求量约为 6 当量。

离子交换材料通常用于与压力过滤器类似的装置，并且阳离子和阴离子树脂可以在同一个混合床单元中结合使用。离子交换设备的进水应不含任何悬浮物，以免悬浮物覆盖交换介质表面从而导致其效率降低。此外，进水中的有机物也会导致交换设备结垢。不过，新开发的大孔材料能够有效防止大的有机分子接近其内表面区域，从而减少有机物积垢的问题。

原水，尤其是地下水中硝酸盐的存在，正在引起越来越多的关注，并且硝酸盐去除工艺已经成为关注的核心。主要问题在于，所有硝酸盐都具有高溶解度，所以不可能通过沉淀法将其去除。将硝酸盐浓度高的水源与硝酸盐浓度低或不含硝酸盐的水源混合，即可得到适合配水的水质。如果无法采用水源混合的方法，那么可以使用离子交换技术除去硝酸盐。因为硝酸根在溶液中以阴离子的形式存在，传统的阴离子交换剂对硝酸根离子没有选择性，所以其交换容量可能会被其他无需去除的阴离子（比如硫酸根离子）大量占用。不过，现在已有新型硝酸盐特异性交换树脂可用，并且已在许多处理厂试用。当然，这种处理方法会产生硝酸盐和氯化物浓度都很高的废液，所以再生处理所产生的废液必须受到严格控制。

17.3　吸　　附

生物处理过程能够非常有效地去除废水中的有机污染物，但这类过程需要依靠有机物为微生物提供养料，所以不能去除小浓度的有机物。这种处理方法也不能去除那些无法生物降解的有机物，而非生物降解性有机物在某些工业废水中很常见。人们早就认识到，微量浓度的天然和合成有机物在某些情况下，会给饮用水带来严重的味道和气味问题。最近的技术已经能够检出纳克浓度水平的个别有机化合物，而且随着关于长期接触此类物质对健康的潜在危害的信息越来越多，如何去除此类物质的问题受到了空前的关注。欧盟饮用水指令 MAC 规定，总农药含量不得超过 $0.5\mu g/L$，且单种农药含量不得超过 $0.1\mu g/L$，这些要求引起人们更多关注使用吸附技术去除饮用水中可溶性有机物。通常认为，吸附法比使用氯或臭氧的化学氧化方法更令人满意，因为氯化物或臭氧容易在溶液中留下氧化副产物，反过来可能导致健康风险。

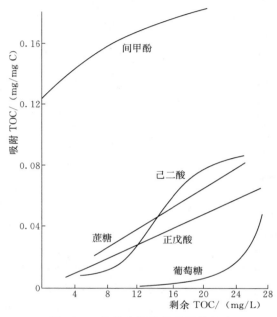

图 17.4　几种有机物的吸附等温式

吸附是指溶质分子积聚到吸附剂颗粒的表面上，溶质分子在物理、离子和化学力的共同作用下，与吸附剂颗粒保持接触。因为吸附是表面现象，有效的吸附剂需要具备高度多孔的结构，以便具有非常大的表面积与体积比。吸附剂可以按需定制，以保证吸附剂颗粒的内部孔隙尺寸与待去除的污染物的分子大小相匹配。

当吸附剂与溶液接触时，被吸附溶质的数量在吸附剂颗粒表面上增加，同时在溶剂中减少。经过一段时间后，当离开吸附剂颗粒表面的分子数等于新吸附的分子数时，即达到吸附平衡。吸附反应的性质可以通过吸附容量（每单位质量吸附剂吸附的溶质质量）与溶液中残留溶质的平衡浓度之间的关系来描述，这种关系称为"吸附等温式"（图 17.4）。

有两种简单的数学模型可以用来表示吸附关系。其一是兰格缪尔等温式，它是根据单分子表面层平衡概念，利用理论吸附研究得出的：

$$\frac{x}{m} = \frac{abc}{1 + ac} \qquad (17.2)$$

式中：x 为吸附溶质质量；m 为吸附剂质量；c 为平衡时的溶质浓度；a、b 为由吸附剂、溶质和温度决定的常数。

其二是弗伦德利希公式，它通常能够为实验数据提供更令人满意的模型：

$$\frac{x}{m} = kc^{1/n} \qquad (17.3)$$

式中：k、n 为由吸附剂、溶质和温度决定的常数。

通常，总体吸附速率取决于溶质扩散到吸附剂颗粒的毛细孔中的速率。扩散速率会随粒径的增加而降低，随溶质浓度的增加和温度的升高而增加。高分子量的溶质不像低分子量的物质那样容易吸附，而且有机化合物的溶解度越高，吸附能力越低。

就许多用途而言，最常用的吸附剂是由木炭、木材或植物纤维制造的活性炭。制造活性炭时，需将原材料在没有空气的条件下缓慢加热，使其脱水和碳化，并在大约 950℃ 的温度下向其施加蒸汽、空气或二氧化碳，以使其具有活性作用。活性炭可以以粒度为 10～50μm 的粉末（PAC）的形式使用，以 10～40mg/L 的剂量添加到沉淀池或沙滤池的表面。

这种用法十分适合需要通过间歇性吸附去除偶尔存在的微量有机物的情形。当需要定期去除时，使用粒度为 0.5～2mm、表面积为 $1000m^2/g$ 的粒状碳（GAC）更加有效。GAC 一般放置在类似于传统沙滤池的向下流动式滤床中，可以代替沙滤步骤。如果水质浑浊，也可以用在沙滤步骤之后作进一步处理。炭吸附床一般使用参数"空床接触时间"（EBCT）设计，该参数代表在没有碳的情况下接触器的滞留时间。在饮用水处理中，EBCT 的典型值是 10～20min。"有效碳剂量"（ECD）一词有时用于表示装置的性能，定义如下：

$$ECD = \frac{滤床中的\ GAC\ 重量\ /g}{服务过程中的水处理体积\ /m^3} \tag{17.4}$$

使用 GAC 作为滤床，可能会降低吸附能力，因为浑浊颗粒会覆盖碳表面。如第 13 章所述，泰晤士水务公司已经开发出一种夹层式慢速沙滤池，在 900mm 的滤床中间有一个 125mm 的 GAC 夹层。

当炭的吸附能力耗尽时，如果是 PAC 形式的活性炭，则只能丢弃；如果是较昂贵的 GAC 形式的活性炭，则可以还原再生。还原再生的方法一般是如前文所述的在炉中烧制。再生后，活性炭的吸附能力有所下降，并且 GAC 在处理过程中会因为机械磨损而进一步损耗。因此，有必要向再生材料中添加 5%～10% 的新制碳，以便每单位重量的吸附能力得以完全恢复。活性炭中吸附的有机物会在再生炉中释放，所以必须采取有效的燃烧和排放控制措施，来防止环境污染。使用 GAC 的大型处理厂可能具有现场再生设施，但在大多数情况下，更换和再生服务是由碳供应商提供的。

拓　展　阅　读

Adams, J. Q. and Clark, R. M. (1989). Cost estimates for GAC treatment systems. *J. Am. Wat. Wks Assn*, 81 (1), 30.

Andrews, D. A. and Harward, C. (1994). Isleham ion-exchange nitrate removal plant, *J. Instn Wat. Envir. Managt*, 8, 120.

Hyde, R. A. (1989). Application of granular activated carbon in the water industry. *J. Instn Wat. Envir. Managt*, 3, 174.

Martin, R. J. and Iwugo, K. O. (1979). Studies on residual organics in biological plant effluents and their treatment by the activated carbon adsorption process. *Pub. Hlth Engnr*, 7, 61.

Najim, I. M., Soenyink, V. L., Lykins, B. W. and Adams, J. Q. (1991). Using powdered activated carbon: A critical review. *J. Am. Wat. Wks Assn*, 83 (1), 65.

Short, C. S. (1980). Removal of organic compounds. In *Developmentsin Water Treatment*, Vol. 2 (W. M. Lewis, ed.). Barking: Applied Science Publishers.

习　题

1. 请根据下面的水的成分，绘制以碳酸钙计的条形图。

$$Ca^{2+} \qquad 101.0mg/L$$
$$Mg^{2+} \qquad 4.75mg/L$$
$$Na^+ \qquad 14.0mg/L$$

$$HCO_3^- \qquad 220.0mg/L$$
$$SO_4^{2-} \qquad 88.4mg/L$$
$$Cl^- \qquad 21.3mg/L$$

Ca 40，Mg 24.3，Na 23，H 1，C 12，O 16，S 32，Cl 35.5。（总硬度为 271.6mg/L，碳酸盐硬度为 180mg/L）

2. 如果使用石灰软化法和石灰苏打软化法处理第 1 题中的水，请计算每种方法处理后的水的最终硬度。（总硬度分别为 131.6mg/L 和 59.6mg/L。碳酸盐硬度都是 40mg/L）

3. 钠阳离子交换剂的体积为 10m^3，交换能力为 400 g 当量/m^3。如果水的初始 CaCO$_3$ 硬度为 250mg/L，请计算该交换剂所能处理的水的体积。如果每当量交换剂的再生剂需求量为 5 当量，请计算再生所需的氯化钠量。（800m^3，1.17t）

4. 以下数据来自使用粉状活性炭的实验室试验：

碳剂量/(mg/L)	初始 TOC/(mg/L)	终末 TOC/(mg/L)
12	20	5
7	12	2

假设兰格缪尔等温式适用，如果初始 TOC 为 15mg/L，请计算将其降至 3mg/L 所需的碳剂量。（9.1mg/L）

5. 一个水处理厂使用 GAC 去除农药。流量为 10mL/d，碳接触床的设计 EBCT 为 15min。请计算所需的碳床体积。如果 GAC 的使用寿命为 250 天且 ECD 为 30mg/L，请计算床中 GAC 的重量。（104m^3，75t）

第 18 章

污 泥 脱 水 和 处 置

污泥处理是废水处理的主要问题之一。初沉和二沉会产生大量的含水量高的易腐烂有机污泥，这些污泥的脱水和最终处置可能占处理成本的40％。相比之下，净水处理所产生的污泥量要低得多，而且性质比较稳定，所以这类污泥的处置一般不会造成问题。

18.1 污 泥 特 性

水处理过程中产生的污泥类型包括：

（1）废水沉淀产生的初沉污泥。

（2）废水生物处理产生的二沉污泥。

（3）初沉和二沉污泥混合或各自形成的消化污泥。

（4）水和工业废水聚沉与沉淀处理产生的氢氧化物污泥。

（5）软化、除磷处理和工业废水处理产生的沉淀污泥。

所有这些污泥都只有较低的固体含量（1％～6％），所以固体物质的处置量很小，但需要处理污泥量很大。因此，污泥处理的主要目的是尽量去除水分、浓缩污泥。处理后的污泥浓度在很大程度上取决于固体颗粒的密度和性质。固体相对密度为2.5的冶金矿浆能够快速完成固液分离，形成固体含量高达50％甚至更高的污泥。相比之下，污水污泥中的固体具有高度可压缩性，其相对密度约为1.4，污泥中的固体含量只有2％～6％。对于这种污泥，如果想要通过排出多余水分来提高固体含量，操作时必须十分小心，以免导致固体压缩、阻塞空隙，从而阻碍排水。初沉污水污泥因含有纤维状固体而呈现异构性质，所以其排水要比更加均质的活性消化污泥更容易。

在已知污泥中特定固体含量的条件下，污泥的相对密度可以通过下式计算得

$$污泥的相对密度 = 100 \Big/ \Big[\Big(\frac{固体 \%}{固体相对密度} \Big) + \Big(\frac{水 \%}{1} \Big) \Big] \qquad (18.1)$$

水分含量的降低会对污泥体积产生影响，下文将用简单例子予以说明。

污泥体积算例：

现需要将1t固体含量为2％、固体相对密度为1.4的污泥，脱水至固体含量为25％的

水平。请计算初始体积和脱水至固体含量为 25％时的体积。

固体含量为 2％时，1t 污泥含 20kg 固体和 980kg 水，所以：

$$相对密度\ d = 100/(2/1.4 + 98/1) = 1.006$$

$$体积 = 1000/(1.006 \times 1000) = 0.994\ (m^3)$$

固体含量为 25％时，20kg 固体对应 60kg 水，所以：

$$d = 100/(25/1.4 + 75/1) = 1.076$$

$$体积 = 80/(1.076 \times 1000) = 0.074\ (m^3)$$

这样看来，将水分从 98％降至 75％时，污泥体积变为原来的 7.4％，这一变化对于处置方案的选择有着重要意义。

1955 年，由考克力（Coackley）提出的卡曼过滤方程式［式（13.3）］，适用于通过过滤法对污泥进行脱水的情形。为了比较不同污泥的过滤性，考克力引入了"过滤比阻"这项参数。测定时，将污泥样本置于标准过滤器中，并观察在一段时间内通过标准真空去除液体的情况。可以利用下式计算过滤速度，即脱水的容易程度：

$$\frac{dV}{dt} = \frac{PA^2}{\mu(rcV + RA)} \tag{18.2}$$

式中：V 为时间 t 后的滤液体积；P 为作用压力；A 为过滤面积；μ 为滤液的绝对粘度；r 为污泥比阻；c 为污泥的固体浓度；R 为干净过滤介质的阻力。

对于常数 P，整合可得

$$t = \frac{\mu rc}{2PA^2}V^2 + \frac{\mu R}{PA}V \tag{18.3}$$

或

$$\frac{t}{V} = \frac{\mu rc}{2PA^2}V + \frac{\mu R}{PA} \tag{18.4}$$

利用实验室过滤装置，可以通过绘制 $t/V - V$ 曲线图来确定比阻，线的斜率为 $\mu rc/2PA^2$。比阻值越高，污泥越难脱水。

另一种评估污泥过滤性的方法是测量毛细管抽吸时间（CST），该方法是巴斯克威尔（Baskerville）和盖尔（Gale）1968 年提出的。CST 取决于污泥样本对于吸收色层分析纸的吸力。试验时，使分析纸的中心位置与污泥接触，其余部分通过毛细吸力吸收来自污泥的水。然后通过目测或电子测量法记录水在纸上行进标准距离所用的时间。经实验发现，这个时间与特定污泥的比阻值之间具有良好的相关性。分析纸吸水所用的时间越长，污泥脱水的难度越大。相比于过滤比阻测量法，CST 测量法更加简便快捷。

18.2　污　泥　调　理

为了提高脱水过程的效率，一般需要通过预调理步骤使尽量多的结合水从污泥中释放出来，从而促进固体聚集和提高固体含量。污泥调理方法有许多种，使用时需要根据污泥特性进行选择。

（1）浓缩。对于多数絮状污泥，特别是多余的活性污泥，在带有栅栏式机械结构的池中进行慢速搅拌，可以促进絮凝，并且可以显著提高固体含量和沉降性，从而可以去除上清液。

（2）化学调理。化学助凝剂可以促进絮凝颗粒聚集从而释放水。污泥调节的常用助凝剂是硫酸铝、水合氯化铝、铁盐、石灰、聚电解质。相比于这类助凝剂所实现的固体含量增加和脱水特性改善所带来的效益，助凝剂的成本往往更高。

（3）淘洗。在添加化学品之前，如果将污泥与水或出水混合并在沉淀后去除上清液，将有助于降低污泥对化学调理的需求。这是因为，污泥中的碱性物质具有较高的化学处理需求，而洗涤过程能够洗去污泥中的大部分碱性物质。

（4）热处理。目前已有许多种在压力下加热废水污泥的方法，目的是稳定有机物并改善污泥的脱水能力。其中一个典型的做法是在 1.5MPa 的压力下将污泥加热至约 190℃ 并保持 30min，然后再将污泥转移至浓缩池。这种处理方法产生的上清液中含有高浓度的可溶性有机物，必须返回到主氧化池中进行稳定化处理。但由于其生物降解性有限，所以稳定化处理并非易事。此外，热处理还有腐蚀和高成本等问题，所以目前在大多数情况下都不是一个可行的选择。

18.3 污 泥 脱 水

对于许多种污泥处理方法，如果要控制处置成本，那么初步脱水是必不可少的步骤。此外，还需要根据土地可用性和具体情况的相关成本来选择使用各种脱水方法（图 18.1）。

1. 干燥床

干燥床是最古老、最简单的脱水工艺，是底部多孔且下方有聚水系统的矩形浅床，并用矮墙隔出合适的分区。首先，使污泥进入干燥床，形成 125～250mm 的深度。然后在底部排水和光照与风所致表面蒸发的共同作用下，污泥逐渐脱水。泥饼在干燥过程中会开裂，促使水分进一步蒸发、雨水从表面逸出。如果条件良好，固体含量在几周之内就能够达到 25% 左右，但在温带地区往往可能需要两个月左右。多次少量添加污泥的效果会比少次多量添加的效果更好。

对于干燥污泥的清理，小规模范围内可以人工清理，规模较大时必须使用机械型污泥起重设备。干燥床处理法的用地面积需求很高，一般为 0.25m²/人，所以除非土地成本很低，否则这种方法的可行性不高。

近年来，能够产出干燥易碎泥饼的机械脱水装置越来越受欢迎，这是因为其尺寸小而且不受恶劣天气条件的影响。

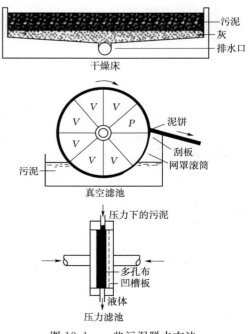

图 18.1 一些污泥脱水方法
V—真空；P—压力

2. 压力滤池

板式或膜式过滤是一种分批处理方法，它将经过调理的污泥泵入污泥池内并逐渐增大压力，污泥池内衬有滤布或膜，可以截留固体并允许液体经由金属背板中的凹槽逸出。随着液体逸出，固体在滤布或膜上形成泥层，对剩余的污泥起到过滤作用，所以泥饼的脱水方向改为朝向滤池中心。加压时间为 2～18h，压力为 600～850kPa，得到的滤饼固体含量为 25%～50%。固体含量取决于污泥的性质和加压周期的长度。

过滤带式加压机可以实现连续运行。它通过重力或真空辅助排水单元将经过调理的污泥引入两个环形带之间的间隙中，并通过滚轴向环形带施加压力。它利用重力排水、压力过滤和剪切的共同作用实现污泥脱水。

3. 真空过滤

真空过滤是一种连续处理方法，在一些加工行业很常见。它采用一种覆有滤布的旋转式分段滚筒，工作时，滚筒局部浸没在经过调理的污泥中。系统会向浸入污泥的部分施加约 90 kPa 的真空负压，使污泥被吸到滤布的表面。随着滚筒旋转，污泥被带出泥池，并在真空作用下脱水。当泥饼靠近刮板时，真空负压变为正压，辅助刮板刮去泥饼。泥饼的固体含量一般为 20%～25%，过滤速度约为 20kg 干固体/($m^2 \cdot h$)。

4. 离心

离心法是一种连续处理方法，在污泥脱水中有一定的应用。它大多采用转鼓式装置，使经过调理的污泥进入快速旋转鼓的中心。污泥中的固体会在离心力的作用下被抛到鼓的外缘，再由刮板或传送带去除。离心机比较紧凑，但通常不能达到 20% 以上的固体浓度，而且在某些情况下，要用这种方法使水和废水的污泥达到 12%～15% 的固体含量在经济上是难以实现的。此外，有些废水污泥的磨蚀会导致离心机的运动部件快速磨损，所以维护成本高。

5. 污泥上清液

我们必须注意，无论采用哪种脱水方法，脱水分离出的液体都需要妥善处理。废水污泥分离出的液体通常是高度污染的，所以必须返回到主处理设备接受稳定化处理。回流的污泥上清液会显著增加进水的有机负荷，特别是与氨浓度和难降解有机物有关的负荷。回流上清液中的有机负荷可能高达进水负荷的 10%～15%，并且如果是将来自较小处理厂的污泥做集中处理，那么回流上清液在废水进水负荷中所占的比例会显著更高。

18.4 污 泥 稳 定

废水污泥在脱水成饼后，仍然含有微生物，其中一些还可能是病原体，且基本上都带有气味。所以污泥在脱水后还需要稳定处理，具体方法视处置途径而定。

1. 热干燥

近年来，利用污泥干燥器对经过机械脱水处理的泥饼做进一步脱水和稳定处理的做法受到了更多的关注。热干燥处理技术衍生自许多行业广泛使用的干燥器，并且涉及污泥颗粒与热源之间的直接或间接接触。处理过程发生在旋转滚筒或流化床中，可产出没有气味、固体含量高达 70%～90% 的稳定材料，并通过造粒处理成为质量稳定的产物。干燥的污泥至少有一部分可以在巴氏消毒后装袋，作为土壤改良剂出售。热干燥技术也可以用于焚烧前的预处理。为避免造成空气污染问题，污泥干燥器的蒸汽和排放物必须得到有效处理，这可以通过在受控条件下使所有气体排放物回流到干燥器的燃烧器中来实现。

2. 化学稳定

早在机械脱水法出现之前的许多年，石灰就已经应用于污泥的调理。但直到近十年来，利用石灰或其他化学品进一步处理污泥饼的概念才得到一些关注，几项专有工艺也随之出现。向泥饼中加入石灰可以将pH值升至12，引起升温和氨的释放，从而杀灭污泥中的大部分微生物。根据专有工艺，将水泥窑灰或电厂粉煤灰添加到污泥饼中，同样可以将pH值提高到10～12，并产生热量，最终形成微生物活性水平极低的稳定产品。

3. 堆肥

堆肥是一种用于稳定有机物质的有氧生物氧化处理法，园艺爱好者大都知道这种方法。不过，这种处理法在一定程度上还可以用于稳定废水污泥。堆肥过程中，好氧微生物将大部分有机物转化为二氧化碳，留下相对稳定的无气味物质，作为土壤改良剂具有一定的价值。堆肥过程需要密切的水分控制，必须将水分保持在40%～60%，而且无论是液态还是饼状污泥，都必须与疏松剂混合。锯末、碎纸或生活垃圾等都可以作为疏松剂使用。最简单的堆肥方法中，污泥和疏松剂混合物堆成堆，并每隔几周时间使用前端装载机或类似设备翻动。翻动有利于有氧条件的维持，保证形成均匀的最终堆肥。

其他堆肥技术包括静态堆和堆肥反应器。其中，前者不需要混合翻动，而是通过底部送气系统进行曝气；后者则需要使用垂直或倾斜式窑型容器。

由于堆肥处理只能在很小程度上减少污泥的体积，所以一般只适用于附近有需要堆肥产物的农业或园艺活动的地方。

18.5 污 泥 处 置

目前，英国每年的废水污泥产量约为120万t干固体，而欧盟整体每年产生约650万t干固体。随着欧盟城市污水处理指令在2005年之前实施，污泥产量将显著增加，增加率可能高达50%。目前还没有污水处理厂的国家将新建许多处理厂，而且原本向海洋排放的废水将需要处理，敏感地区的废水还将需要去除营养物质，这都将增加污泥的产量。在英国，禁止海上排放指令颁布之前和之后的污水污泥处置途径见表18.1。

表 18.1　　　　　　　　　　　英国污水污泥处置途径

处置途径	1996年/%	2005年/%（预估）	处置途径	1996年/%	2005年/%（预估）
排入农田	49	58	焚烧	7	25
排入海洋	23	0	其他	11	7
填埋	10	10			

英国净水厂的年污泥产量约为10万t。相比于废水污泥，净水处理产生的污泥不仅量小，而且相对稳定，所以几乎不会构成任何问题。水厂污泥一般做填埋处理，某些情况下会洒到沼泽地或林业种植园。软化处理产生的污泥含有大量的碳酸钙，可以用于农业用

途。从明矾污泥中回收硫酸铝在技术上是行得通的，但不经济。

1. 排入农田

生活污水处理产生的污泥作为土壤改良剂具有一定的价值，因为它含有大量的氮和磷。如果使用市政污水排放系统处理工业废水并且将污泥用于农业用途，则必须注意避免重金属等不良成分的累积。某些情况下，由于污泥最终处置途径的原因，工业废水进入市政污水排放系统的做法要受到诸多限制。污水污泥虽然营养成分高于消化污泥，但可能带有令人不悦的气味，并含有大量潜在致病微生物。现在，大多数国家都要求将污水污泥施用于农田之前对其进行厌氧消化处理，但污泥直接注入地表下方的情况除外。由于将污水污泥施用于农田可能导致健康风险，所以通过采取进一步的限制措施来降低这种风险的需求越来越迫切。如果是施用于陆地上，可以将液态污泥直接注入地下，也可以喷洒在地表。某些气候或情形下，地面不宜有太多的水，所以可能需要在施用之前对污泥进行脱水处理。或者，可以利用储存设施来贮存液态污泥，待条件合适时再做处置。

废水污泥中，除了微生物可能会引起健康危害之外，重金属的存在也可能导致危害，因为重金属会在食物链中蓄积。因此，如果污泥施用得不到妥善的控制，污泥中的金属就可能会在经过污泥处理的土壤上生长的作物中形成有害蓄积。欧盟法规（污水污泥指令86/278）对产出污泥的机构提出了法定要求，要求其监测污泥中的锌、铜、镍、镉、铅、汞和铬含量。监测数据与土壤分析相结合，能够实现对污泥负荷的有效控制，使这类金属的含量保持在限制水平以下。此外，还必须注意确保施用于农业用地的污泥中，不含大量合成有机化学品。陆地处置区的面积需求取决于耕作方法、土壤类型、气候和污泥成分，基本不低于 $20m^3$/人。表 18.2 和表 18.3 为英国环境部对农业使用污水污泥提出的要求，这些要求贯彻实施了欧盟法规，并且就某些金属提出了额外的要求。

2. 其他污泥处置途径

（1）填埋。大量的废水污泥被倾倒在废弃采石场或者用作填埋材料。这种处置方法在土地复垦项目中具有价值，但必须谨慎考虑对地下水的污染。现在越来越难找到环境监管机构允许用于处置污水污泥的场所。

表 18. 2　　　　污泥施用于农田前的有效处理方法示例（环境部，1989 年）

处理方法	描　述
巴氏消毒	在 70℃下消毒至少 30min 或在 55℃消毒至少 4h，然后进行中温厌氧消化
中温厌氧消化	在 35℃ ±3℃ 的温度中平均滞留至少 12 天，或者在 25℃ ±3℃ 的温度中滞留至少 20 天，然后再次滞留至少 14 天
高温有氧消化	平均滞留时间至少 7 天，并且不低于 55℃ 的温度必须持续至少 4h
堆肥（料堆或曝气堆）	40℃ 的温度必须保持至少 5 天，并且堆内不低于 55℃ 的温度必须持续至少 4h
石灰稳定处理（液态污泥）	添加石灰使 pH 值升至 12 以上，石灰量须足以确保 pH 值不小于 12 的状态持续至少 2h
液体储存	未经处理的污泥至少储存 3 个月
脱水和储存	经过调理的、未经处理的、脱水的污泥至少储存 3 个月，脱水前厌氧处理的污泥至少储存 14 天

表 18.3 施用污水污泥后土壤中潜在有毒元素的最大允许浓度和
最高年增加率（环境部，1989 年）

潜在有毒元素（PTE）	土壤中 PTE 的最大允许浓度/(mg/kg 干固体)				10 年期间 PTE 最高允许年平均增加率/(kg/ha)
	pH 值 5.0～5.5	pH 值 5.5～6.0	pH 值 6.0～7.0	pH 值＞7.0	
锌	200	250	300	450	15
铜	80	100	135	200	7.5
镍	50	60	75	110	3
pH 值 5.0 及以上					
镉	3				0.15
铅	300				15
汞	1				0.1
铬	400（临时规定）				15（临时规定）
钼	4				0.2
硒	3				0.15
砷	50				0.7
氟化物	500				20

（2）排入海洋。在沿海社区或便于前往海上的社区，将污泥排入海中一直是一种常用的做法。采取适当的控制措施，将污水污泥排入合适的深水位置这种做法已经践行多年，而且尚未发现其会对环境产生任何明显的有害影响。尽管如此，环境监督组织已经成功说服世界许多地方的立法者禁止海上污泥处置。欧盟自 1998 年之后便出台了相关指令，禁止向欧洲周边海域排放污水污泥。而执行这项指令意味着需要使用昂贵的替代措施，这些替代措施最终可能产生比目前向海洋排污更有害于环境的影响。

（3）焚烧。随着处理厂到处置场地之间距离的增加，污泥处理的运输成本变得显著，而且在某些地区，运输成本使得上述所有处置途径都不宜采取，而焚烧成为唯一可行的方法。此外，如果污泥含有有毒物质，那么焚烧可能就是唯一符合环保要求的途径。早期的污泥焚烧炉一般采用旋转式多炉设施，但大多数在运行中有些不尽如人意，维护成本高，烟囱排放质量差，致使烟气排放达不到 IPC 的要求。近来，流化床炉日益流行起来，并且有几个新建项目已经在英国竣工。污水污泥脱水至固体含量达到 30％～35％的水平时，一般会具有足够高的热值（16～20MJ/kg 干固体），足以支持自持燃烧。不过，为了优化性能，许多焚烧炉还会使用少量燃油或燃气。在 850℃高温下焚烧完毕后，残留的灰分大约为初始固体的 5％～10％。这些惰性灰分往往可以作为粉煤灰来处置，而且过程相当简便。不过，由于灰中含有重金属，所以不太容易找到合适的处置场地。

污水污泥的焚烧排放率见表 18.4。在早期，污泥焚烧炉的烟囱排放质量要求不高，所以一般采用简单的灰淬火系统和气体洗涤器去除烟尘颗粒。而污水污泥焚烧炉现在需要遵循更加严格的烟囱排放标准，见表 18.5。

表 18.4　　　　　　　　　　典型污水污泥焚烧排放率

成　分	排放率（kg/t 干固体）	成　分	排放率（kg/t 干固体）
颗粒	16	硫氧化物	0.5
氮氧化物	2.5	碳氢化合物	0.5

表 18.5　　　　　　　　　　污水污泥焚烧炉的烟囱排放标准

成　分	MAC/（mg/m³ STP）	
	联邦德国污染控制法	英国环境法（EA）
粉尘	10	20
氯化氢	10	30
氟化氢	1	2
二氧化硫	50	300
一氧化碳	50	50
氮氧化物	200	
总有机碳	10	
镉/铊	0.05	0.05
汞	0.05	0.05
其他重金属	0.05	0.5
二噁英	0.1ng/m³	0.1ng/m³

要实现这些烟囱排放标准，需要有效的气体净化步骤，这通常涉及热回收、静电沉淀和湿碱洗涤，而且需要对洗涤液进行妥善的处理和处置。

（4）玻化或污泥熔化。这种处置方法在日本已经取得了一定的成功。它将污泥饼或焚烧产生的灰烬置于高温下使其玻化，产出釉面地砖、道路底基骨料和类似材料。这种方法复杂且昂贵，需要 1200～1500℃ 的高温才能使有机物燃尽、无机成分液化。冷却后形成的炉渣或玻璃非常坚硬，并且可能已将重金属固定其中，使其无法从材料中浸出。这种方法采用高温，这意味着烟囱排放物不含复杂的烃或其他不良成分。对于相同的污泥，玻化处理产生的最终固体体积约为传统焚烧法所产生的固体量的一半。正是因为最终产物体积少，这一方法在寸土寸金的日本相当具有吸引力。

（5）高温分解。在污泥处置方面，加拿大和澳大利亚采取的一种方法是在没有氧气的条件下将未消化的污泥加热到约 450℃ 的温度。在这种条件下，部分污泥蒸发，蒸汽可经催化转化成具有与柴油性质相似的烃。在示范厂中，油的产量为 200～300L/t 干固体。在确定大规模运用此方法的可行性之前，还需要进行更多的开发工作，并且污泥产油的经济性会受到石油市场价格的制约。

3. 处置途径的选择

选择污泥处置途径要根据具体处理厂的条件和限制因素。使用具有成本效益、并且能有效利用污泥的处置途径无疑是有利的，因此在许多情况下，将液态污泥排入农田往往是首选做法，其次是将其施用于产生污泥的机构拥有的专用土地。只有在污泥的性质会妨碍土地使用或者在距污水处理厂合理距离内没有合适的土地时，才适合使用更复杂的处置途径。表18.6列举了一些处置途径的相对成本。

表 18.6   某些污水污泥处理途径的相对成本

处置途径	相对资本成本	相对运营成本
消化处理并排入农田	1.8	2
消化处理并排入专用土地	1.8	1
脱水并倾倒	1	2.5
脱水并干燥	2	2.7
脱水并焚烧	3.8	3

在英国，焚烧处理（通常是最昂贵的解决方案）的典型资本成本为：每日干固体处理量为25～250t的情况下，每吨干固体处理成本为450～800英镑。焚烧运营成本通常为每吨干固体50～120英镑。

参 考 文 献

Baskerville, R. C. and Gale, R. S. (1968). A simple automatic instrument for determining the filtrability of sewage sludges. *Wat. Pollut. Control*, 67, 233.

Coackley, P. (1955). Research on sewage sludges carried out in the Civil Engineering Department of University College, London. *J. Proc. Inst. Sew. Purif.*, 59.

Department of the Environment (1989). *Code of Practice for Agricultural Use of Sewage Sludge*. London: HMSO.

拓 展 阅 读

American Water Works Association (1989). *Sludge, Handling and Disposal*. Denver: AWWA.

Bruce, A. M. (1995). *Sewage Sludge: Utilization and Disposal*. London: CIWEM.

Bruce, A. M., Pike, E. B. and Fisher, W. J. (1990). A review of treatment process options to meet the EC Sludge Directive. *J. Instn Wat. Envir. Managt*, 4, 1.

Carberry, J. B. and Englande, A. J. (eds) (1983). *Sludge Characteristics and Behavior*. The Hague: Nijhoff.

Carroll, B. A., Caunt, P. and Cunliffe, G. (1993). Composting sewage sludge: Basic principles and opportunities in the UK. *J. Instn Wat. Envir. Managt*, 7, 175.

Davis, R. D. (1989). Agricultural utilization of sewage sludge: a review. *J. Instn Wat. Envir. Managt*, 3, 351.

Frost, R. C. (1988). Developments in sewage sludge incineration. *J. Instn Wat. Envir. Managt*, 2, 465.

Geertsema, W. S., Knocke, W. R., Novak, J. T. and Dove, D. (1994). Long term effects of sludge application to land. *J. Amer. Wat. Wks Assn*, 86 (11), 64.

Hall, J. E. (1995). Sewage sludge production, treatment and disposal in the EU. *J. C. Instn Wat. Envir. Managt*, 9, 335.

Hoyland, G., Dee, A. and Day, M. (1989). Optimum design of sewage sludge consolidation tanks. *J. Instn Wat. Envir. Managt*, 3, 505.

Hudson, J. A. and Lowe, P. (1996). Current technologies for sludge treatment and disposal. *J. C. Instn Wat. Envir. Managt*, 10, 436.

Kane, M. J. (1987). Coventry area sewage sludge disposal scheme: development of strategy and early operating experiences. *J. Instn Wat. Envir. Managt*, 1, 305.

Lowe, P. (1988). Incineration of sewage sludge – a reappraisal. *J. Instn Wat. Envir Managt*, 2, 416.

Lowe, P. (1995). Developments in the thermal drying of sewage sludge. *J. C. Instn Wat. Envir. Managt*, 9, 306.

Matthews, P. (1992). Sewage sludge disposal in the UK: A new challenge for the next twenty years. *J. Instn Wat. Envir. Managt*, 6, 551.

Polprasert, C. (1996). *Organic Waste Recycling* (2nd edn). Chichester: John Wiley.

Tebbutt, T. H. Y. (1992). Japanese Sewage Sludge Treatment, Utilization and Disposal. *J. Instn Wat. Envir. Managt*, 6, 628.

Tebbutt, T. H. Y. (1995). Incineration of wastewater sludges. *Proc. Instn Civ. Engnrs Wat. , Marit. &.Energy*, 112, 39.

Vesilind, P. A. (1979). *Sludge and its Disposal*. Ann Arbor: Ann Arbor Science Publishers.

习　　题

1. 流量为 $1m^3/s$、SS 含量为 450mg/L 的污水，需要在排入海中之前通过沉淀法去除 50％ 的 SS。如果污泥中的固体含量为 4％，请计算沉淀池每天产生的污泥量。假设固体的相对密度为 1.4。（$480m^3$）

2. 如果污泥体积为 $100m^3$，含水量为 95％，请计算脱水至水分为 70％ 时污泥的体积有多少。假设固体的相对密度为 1.4。（$15.5m^3$）

3. 对活性污泥样本的过滤比阻测定结果如下：

时间 t/s	滤液体积 V/mL	时间 t/s	滤液体积 V/mL
0	0	240	4.2
60	1.4	480	6.9
120	2.4	900	10.4

真空压力＝97.5kPa

滤液黏度＝$1.001×10^{-3}N·s/m^2$

固体含量＝7.5％（$75kg/m^3$）

过滤面积＝$4.42×10^{-3}m^2$

请绘制 $t/V \sim V$ 曲线，并计算斜率和比阻。（$2.4×10^{14}m/kg$）

第 19 章

三级处理、废污水回收和再利用

随着环境压力的增加和水资源有限性的愈加明显，除了传统的净水和废污水处理技术之外，人们自然而然地开始关注通过额外的或替代性技术来实现新的目标。

尽管传统的污水处理方法可以实现相当程度的净化，但是在稀释度低的情况下或者在下游需要抽取饮用水或开展水上娱乐活动的情况下，其净化程度可能不够充分。这种情况下，监管机构通常会规定额外的处理步骤，以便消除大部分剩余的 SS 和相关的 BOD。这种类型的额外处理步骤通常称为"三级处理"。随着人们对一些地表水加速富营养化的关注度日益增加，这促进了养分去除技术的发展，而且欧盟城市废水处理指令要求敏感地区的排水必须做到养分的去除。

在水资源有限的地区，可能有必要利用废污水处理出水、咸水地下水甚至海水来满足生活和工业使用需求。许多生活用水（比如冲厕所）不需要饮用水，所以可以利用再循环的污水实现双供水系统。经过常规处理或三级处理的污水很容易就可以满足一些工业用水需求，并且这类水源在有严密控制的条件下完全可以用于灌溉。而对于要求更为苛刻的用途，可能需要利用专门的处理方法来去除不受常规处理方法影响的特定杂质。比如，如果要将盐水转化为可供饮用的水，就需要去除不受常规水处理过程影响的溶解性无机成分。

19.1 三 级 处 理

虽然包含初级沉淀、生物氧化和最终沉淀步骤的传统污水处理厂有时能够产出水质优于 30mg/LSS 和 20mg/LBOD 标准的出水，但是要想稳定产出水质显著优于 30：20 的出水，离不开某种形式的三级处理。皇家委员会建议将对受纳水体的污染限制在 4mg/LBOD 的水平以内，以防止出现不良情况。但是英国有许多河流的 BOD 水平都超过了 4mg/L，而且 DO 浓度高并用于供水，所以皇家委员会的建议被认为是相当不切实际的。所以说，评估对三级处理的需求时，应当基于具体情形及相关情况，即稀释特性、再曝气特性、下游用水需求和受纳水体的水质目标。

之所以要限制出水中的 SS 水平，主要是因为它们可能沉淀在河床上并抑制某些水生生物的生长。而且这些底部沉积物会被洪水卷起，致使水中需氧量突然升高。不过，天然混浊的水体并不一定会发生沉淀。所以出水 SS 水平本身可能不是很重要,但它们必然会影响出水的 BOD。在某些需要限制 SS 水平的情况下,也可能需要将 BOD 降低至 20mg/L 以下。但情况并非总是如此,关于降低 BOD 的需求应当逐案分析。BOD 测定值本质上是一个有些不可靠的参数,所以不应该以过高的精度指定 BOD 标准。BOD 标准可以是 20mg/L、15mg/L、10mg/L,甚至偶尔可以是 5mg/L。

在英国使用的大多数三级处理方法,是为了去除良好运行的处理厂的出水中的过量 SS。三级处理应被视为一种提高良好出水质量的技术,而不是一种力求将不良废水转化为质量非常好的出水的方法。由于悬浮物会产生 BOD,所以从出水中除去 SS 能够顺带消除有关 BOD。有大量证据表明,对于正常的污水排放,去除 10mg/L 的 SS 可能会消除约 3mg/L 的 BOD。

三级处理方法有许多种可供使用,其中一些方法是净水处理中使用的方法。

1. 快速过滤

这种方法常用于大型处理厂。大多数快速过滤设施都是基于净水处理厂多年来一直使用的向下流动式沙滤床。虽然也有一些更有效的过滤形式已经取得了一定的成功,比如混合介质床和向上流动式滤床,但向下流动式滤床因其简单性和可靠性而依然应用于许多情况。由于最终沉淀池出水所含的 SS 性质多变,所以三级处理单元的性能需求是难以预测的。而且由于悬浮物的过滤特性差异很大,所以建议在进行设计工作之前,先对特定的污水进行实验分析。

一般认为,在处理 30∶20 标准出水时,快速重力滤池在运行负荷为 200m³/(m²·d) 的条件下,应能够去除 65%～80% 的 SS 和 20%～35% 的 BOD。由于反冲洗间隔时间相对较短(通常为 24～48h),所以几乎不会有生物滋生,致使快速滤池不可能实现氨的任何显著氧化。在相当大的浮动范围内,水力负荷对 SS 去除率没有显著影响,并且使用粒径小于 1.0～2.0mm 等级的沙几乎没有益处。

2. 慢速过滤

小型处理厂有时会采用负荷为 2～5m³/(m²·d) 的慢速沙滤池来进行三级处理。慢速过滤器的运行成本和维护成本都比较低,但是由于用地需求较大,所以除了小型处理厂之外,其他处理厂基本上不会使用这种方法。预计慢速滤池能够去除 60%～80% 的 SS 和 30%～50% 的 BOD。慢速滤池为高水平的生物活性创造了条件,有助于促进 BOD 的去除并实现一定程度的硝化。此外,慢速滤池在细菌和其他微生物的清除方面也有显著效果。

3. 微滤

微滤器自 1948 年以来便已应用于三级处理,并且目前应用广泛。微滤器具有体积小的优点,非常利于室内安装。使用微滤器时,SS 和 BOD 的去除率取决于所用滤布的网眼尺寸和悬浮物的过滤性特征。据报告数据,微滤器的 SS 去除率为 35%～75%,BOD 去除率在 12%～50% 范围内。使用微滤器处理后的出水能够稳定维持 15mg/LSS 的水平,并且如果来自最终沉淀池的进水水质良好,微滤器出水水质有可能达到 10mg/LSS 的水平。微滤器的典型过滤速率为 400～600m³/(m²·d)。滤布上的生物滋生以及由此导致的过度水头损失问题,可以通过紫外灯照射来控制。

4. 向上流动式澄清池

这种处理方法最初是为了利用小型细菌滤床来提高腐殖沉淀池的出水水质。使用这种处理方法时，需要使沉淀池的出水流经一个 150mm 的 5～10mm 砾石层。砾石层的底部支撑物为多孔板或条缝筛板，置于水平流动式腐殖沉淀池的顶部，表面溢流率为 15～25m³/(m²·d)。水流在砾石床空隙间的流动能够促进悬浮物的絮凝，使絮状物沉淀在砾石层的顶部。对于沉积的固体，定期将水位下降至砾石层以下即可清理除去。向上流动式澄清池能够实现 30%～50% 的 SS 去除率，具体取决于砾石的大小和固体的类型。如果将砾石层换作条缝筛，也能够取得类似的效果。此外，有证据表明许多类型的多孔材料都能够促进絮凝。

5. 草地

草地灌溉法也是非常有效的三级处理方法，而且特别适合小型社区。使用这种方法时，需将处理后的出水排放到草地上（草地坡度以 1∶60 为宜），然后收集到草地底部的集水渠中。这种方法的水力负荷在 0.05～0.3m³/(m²·d) 的范围内，SS 去除率为 60%～90%，BOD 去除率可高达 70%。草地灌溉法最好选用短草，但是特殊草种混播似乎并不划算。由于污水中存在营养物质，致使草类生长繁茂，所以灌溉区应划分为多个地块，以方便草地修整和除草。

6. 芦苇床

如第 14 章所述，芦苇床在小型污水处理厂的三级处理中正变得越来越普遍，并且它们在合适条件下能够产出高质量的出水。将芦苇地置于 RBC（旋转生物接触池）或常规滤池的下游，按每人 1m² 的负荷来算，芦苇地能够稳定产出平均 SS 和 BOD 都在 5mg/L 左右的出水，并且能够显著除氨。

7. 泻湖

将出水贮存在泻湖或者好氧塘中，既能起到沉淀作用，又可取得生物氧化的效果，具体视滞留时间而定。滞留时间较短（2～3 天）的情况下，主要是靠絮凝和沉淀起到净化作用，SS 的去除率可能达到 30%～40%。

滞留时间较长（14～21 天）的情况下，可能会实现非常明显的质量提升，SS 去除率达到 75%～90%，BOD 去除率达到 50%～60%，大肠菌群去除率为 99%。不过，由于这类水塘规模较大，所以可能会发生藻类大量生长的情况，有时藻类从水塘中逸出，会导致最终出水的 SS 和 BOD 水平都比较高。细菌学方面，泻湖的水质改善效果优于大多数其他形式的三级处理效果，不过草地和芦苇床处理法可能例外。此外，如果受纳水体是原水水源，那么泻湖处理方法会特别合适。在英国的条件下，似乎 8 天左右的滞留时间能够达到最令人满意的整体效果，因为更长的滞留时间更有可能导致藻类过度生长。

19.2　废污水回收和再利用

用水需求将来会不断增加，所以新水源的开发势在必行。不过，与过去可接受的供水水质标准相比，一些新水源的水质可能不如从前。在人口稠密的地区，可能有必要通过从低地河流取水来满足大部分的新增需求，而这些低地河流中可能含有大量的污水和工业废水。

在满足众多工业用水需求方面，对污水处理厂出水进行直接再利用已经成为公认的做法，这不仅能够节约用水成本，还能节约水资源，使更优质的水从工业用途转向其他用途。目前来看，使用污水作为饮用水源在技术上是可行的，但是成本相对昂贵，并且可能会引起消费者的心理不适。这种再利用做法需要采用以物理化学处理为主的额外处理过程，而这类处理过程可能相当昂贵。因此，在采用这类方法之前，一定要先根据情况进行仔细的成本效益分析。

有鉴于此，我们有必要区分废污水再利用的各种形式，主要包括以下几种：

（1）间接杂用：处理后的废污水排放到供农业和/或工业用水汲取的水道或含水层。

（2）直接杂用：处理后的废污水直接用于农业、工业或景观用途。

（3）间接饮用：处理后的废污水排放到用作饮用水源的水道或含水层。

（4）直接饮用：处理后的废污水直接输往供水系统。

前三种形式的废污水再利用已经得到广泛运用，但直接饮用形式的再利用很少在常规基础上使用。

传统的净水处理方法（聚沉、沉淀、过滤和消毒），最初是为了从原水中去除悬浮固体和胶体固体，并同时在一定程度上去除导致一些可溶性有机物从而消除上游流域的水中的天然颜色。某些可溶性成分，比如与硬度相关的成分，可以通过沉淀法或离子交换法除去。这些处理方法能够使污染较严重的水变为可接受的水。但我们需要认识到，常规的水处理方法在去除某些类杂质方面效果有限。实际上，某些杂质完全不受常规水处理方法的影响。虽然如此，很多紧急情况下，需要对严重污染的水进行处理以使其不对消费者造成危险。在这种情况下，可能有必要区分可饮用性与卫生性的区别，因为可饮用水不一定就是卫生的水。

这种情况的一个典型实例就是赖顿地区在战时临时使用埃文河供水（皮尤，1945），即利用常规水处理方法处理来自被污水严重污染的河流的原水。其处理结果见表 19.1。

表 19.1　　　　　　　　　1994 年埃文河供水（皮尤，1945 年）

特征/(mg/L，另有说明的除外)	原　　水		处理后的水	
	平均值	范围	平均值	范围
浊度值	25	5～425	0.6	0～7.6
色度/°H	21	12～70	4	0～16
总溶解固体	768	516～1012	759	532～968
氯	48	29～68	50	33～69
氨态氮	1.4	0.6～17.4	1.3	0～17.4
硝态氮	7	2～10	8	3～13
大肠杆菌/100mL	9700	200～25000	0	0～0
细菌菌落/mL（37℃）	5100	20～29000	4	0～20
细菌菌落/mL（22℃）	87000	2400～600000	11	1～60

这些数据表明了常规处理在去除溶解固体、氯化物、氮化合物和溶解有机物方面的局限性。在赖顿地区从埃文河取水的后期阶段，在主处理设施上游增设了一个高速细菌处理床。这起到了硝化和减少消毒问题的作用，并且还有助于氧化那些导致味道和气味问题的

有机物质。

1956—1957 年期间，美国夏奴特地区出现了一次更直接的污水再利用情形（梅茨勒等，1958）。在该事件中，干旱导致供水不足，所以将污水回收到净水处理厂中。此次使用的两个处理厂都是常规设计，并且在 5 个月的周期结束时，处理厂完成了大约 10 个处理循环，似乎已达到极限。表 19.2 列出了运行过程中的杂质积累情况，并再次表明了常规处理方法不能处理溶解固体、氮化合物和大多数溶解有机物这一事实。

表 19.2　　　　　　　　　　　夏奴特地区废污水再利用（梅茨勒等，1958 年）

特征/(mg/L)	原水	10 个处理循环后	特征/(mg/L)	原水	10 个处理循环后
总溶解固体	305	1139	化学需氧量	—	43
氯	63	520	ABS	—	4.4
氨态氮	—	10	SO_4	101	89
硝态氮	1.9	2.7	PO_4		3.9

20 世纪 60—70 年代，在温得和克进行了全面的研究（范沃伦等，1980），旨在评估使用再生废水来增加可用淡水供应的可行性。研究中，将来自常规生物过滤设备的出水做脱硝处理，并输入好氧塘中进行预处理，然后对其进行回收处理，包括通过明矾聚沉和浮除去除来自好氧塘的藻类、浸灰、曝气、沉淀、快速过滤、活性炭吸附和氯化。这样做的目的是将再生水与淡水以 1∶2 的比例混合，并以此方式实现水成分的稳定。

尽管通过常规水处理方法可以显著改善污水处理厂出水的质量，但似乎常态化地将出水用于饮用水供应的做法是不可接受的。再生水中不可避免地存在痕量有机物和 DBPs，所以无法满足世卫组织饮用水准则中的要求。

在加利福尼亚的部分地区和美国其他的一些干旱地区，已经开展了大量工作来评估污水处理厂出水的回收潜力。丹佛建造了一个旨在将经过二级处理的污水转化为可饮用水的实验厂（劳尔等，1985）。这个实验厂使用的复杂工艺链，包括石灰澄清、再碳酸化、过滤、选择性离子交换、第一阶段炭吸附、臭氧处理、紫外线消毒、第二阶段炭吸附、反渗透、空气清洗和二氧化氯消毒。实验厂还设有选择性离子交换再生和回收系统以及流化床碳再生炉。实验厂的运营项目为期 5 年，旨在评估处理过程的可行性和可接受性。但是，尽管其再生水达到了饮用水的质量水平，实际上并没有用于公共消费。无论这种再生水的质量如何，它都不一定能快速获得消费者认可。

中东的许多国家已有一些设施能够对传统污水处理厂的最终出水进行处理，并通过使用过程链，如臭氧处理、聚沉和沉淀、过滤、化学稳定、膜滤和氯化等，生产出适饮的优质水。在大多数（甚至近乎全部）情况下，再生水的使用仅限于次要的生活用途和景观灌溉。在许多东地中海国家，再生水是高价值经济作物灌溉用水的主要来源。例如，以色列的复垦项目就广泛使用经过常规废水处理方法处理后再用稳定池和土壤含水层处理的再生水。据预计，截至 2010 年，废水再生水将占以色列总供水量的 20%，占灌溉需求量的 33%。

在日本，高强度的城市开发对水资源提出了严苛的要求，并鼓励积极的污水再利用计划。在东京，经过过滤和消毒的废水被用于高层开发区的马桶冲洗、景观水景和工业生产。

就景观灌溉、牧草灌溉、地下水补给和某些工业过程等用途来说，世界缺水地区已经广泛使用再生水，并且世卫组织（表 19.3）和美国环境保护署（表 19.4）已经就此提出了水质标准建议。值得注意的是，经过二级处理的污水在简单的化学聚沉之后接受消毒处理即可以成为适合多种杂用用途的水。使用污水处理厂出水必然存在潜在的健康危害，所以在再利用时必须注意防范。合理的控制措施能够将再生水的危害降低到可接受的水平。

表 19.3　世卫组织关于农用废水微生物含量的质量指南（世界卫生组织，1989 年）

类别	再利用条件	接触人群	肠线虫（每升虫卵数量）	粪便大肠菌群（每升细胞数量）	达到微生物质量标准的处理方法
A	灌溉用于生吃的作物、体育场、公园	工人消费者公众	＜1	＜1000	系列稳定池
B	灌溉谷类作物、工业和牧草作物、牧场、树木	工人	＜1	无标准	稳定池内滞留 8～10 天
C	与 B 类相同，但仅限不与人接触的局部灌溉	无	N/a	N/a	至少初级沉淀

表 19.4　美国环境保护署关于污水再利用的典型指南（美国环境保护署，1992 年）

再利用类型	再 生 水 质 量
城市再利用 景观灌溉 马桶冲水 休闲湖泊	pH 值为 6～9，BOD ＜ 10mg/L，浊度＜ 2 NTU；100mL 水样不能检出粪大肠菌；1mg/L 残留氯
农业再利用 粮食作物、商业加工 地面灌溉、果园、葡萄园 非粮食作物灌溉	pH 值为 6～9，BOD ＜ 30mg/L，SS ＜ 30mg/L，粪大肠菌＜ 200/100mL；1mg/L 残留氯
地下水补给 饮用水含水层 间接再利用	pH 值为 6.5～8.5，浊度＜2NTU；100mL 水样不能检出粪大肠菌；1mg/L 残留氯；其他参数与饮用水标准相同

从前文可以清楚地看出，要利用污水等污染严重的水源获取卫生的饮用水，单纯靠传统的水处理是不足以实现的。为了达到理想的最终质量，可以采用如下所述的若干种处理方案：

（1）在废污水和/或水处理厂设置额外的处理步骤，以便处理不受常规处理影响的污染物。

（2）采用全新形式的废污水、净水处理方法。

（3）使用常规处理方法并将成品水与另一种更高质量的水混合，从而使混合物达到可接受的质量。

（4）取缔独立式废污水和水处理设施（以及介于中间的受纳水体），并引入综合水回收设施。

从当前技术的角度来看，上述第二和第四种方案当然是可行的，因为使用蒸馏法或反渗透法即可产出质量合格的水，且其成本与利用海水生产淡水的成本相近。这种方法可以直接回收污水。不过，由于系统的水耗，它需要一定量的补给水。全封闭式水和废水处理系统在太空飞行器开发中受到了相当大的关注，但是成本对于这项应用来说仅仅是次要因素。这样看来，如果要大规模地使用废水作为原水来源，第一和第三种方案最有可能得到最广泛的应用。

废污水经高效处理、处理后排入受纳水体、受纳水体取水再用于供水构成一个可持续的运作系统，具有很多优点。稀释水的存在是非常有意义的（假设受纳水体的质量优于出水质量），并且非守恒污染物的浓度会在排放点与抽水点之间因水的自净作用而降低。此外，消费者对这种间接回收方案的接受程度也会高于直接回收。在这种情况下，对于经过传统处理的污水处理厂出水，我们必须要考虑到水处理领域所不希望看到的特性。表19.5将原污水和污水处理厂出水的典型分析参数与欧盟原水水质建议进行了比较。很明显，污水处理厂出水的许多特性可能会给传统水厂处理造成问题。具体来说，高含量的不可生物降解的有机物、总固体量、氨态氮和硝态氮都可能造成麻烦。此外，细菌（和病毒）杂质的高含量水平也会引起水处理机构的担忧。

表 19.5　　典型的污水特征和水质限值

特　征	原污水	常规处理厂出水（30∶20 标准）	沙滤处理后的污水	关于 A3 处理的欧盟原水指令（表2.5）	
				指导限值	强制限值
BOD/(mg/L)	400	20	10	7	
COD/(mg/L)	800	100	70	30	
BOD/COD 比率	0.50	0.20	0.14	0.23	
TOC/(mg/L)	300	35	25		
SS/(mg/L)	500	30	10		
氯/(mg/L)	100*	100*	100*	200	
有机氮/(mg/L)	25	0	0	3	
氨态氮/(mg/L)	25	5+	2+	2	4
硝态氮/(mg/L)	0	20+	24+		11.3
总固体量/(mg/L)	1000*	1000*	1000*	(1000μS/cm)	
总硬度/(mg/L)	250*	250*	250*		
PO$_4$/(mg/L)	10	6	6	0.7	
ABS/(mg/L)	2	0.2	0.2		0.5
色度/°H		50	30	50	200
大肠杆菌/100mL	10^7	10^6	10^5	5×10^4	

*　浓度在某种程度上取决于运输水的质量。

十　浓度取决于废水处理中达到的硝化程度。

溶解的有机物在很大程度上是不可生物降解的，或者只能通过生物方式缓慢分解。它们在污水处理厂出水中以多种不同化合物的形式存在，并且含有这类物质的污水的 TOC 和 COD 值较高而 BOD 较低。据称，污水处理厂出水中的一些有机物与上游流域中产生天然颜色的化合物类似。但可以肯定的是，水中的其他有机化合物可能更加麻烦，特别是在味道和气味的形成方面。这类有机物不仅会增加对氯的需求，还需要引起关于毒性效应的注意。

在水质评估方面，总固体量是一个模糊的参数，因为它不能表明杂质的来源或性质。显然，某些化合物的浓度达到每升几毫克的水平就会产生剧毒，而有些化合物浓度达到每升数百毫克的水平也依然是无害的。遗憾的是，目前关于水中无机化合物对人的影响的信息十分稀少。如果水在整体上符合正常的饮用标准，仅总固体量超出世界卫生组织的建议水平，这种水往往是人们愿意接受的。

氨或硝酸盐形式的氮化合物存在于所有污水当中，但不宜存在于饮用水中，因为它会导致消毒方面的问题，并且会促进生物生长从而产生令人不悦的味道和气味（氨），而且硝酸盐对幼儿的健康有着潜在危害。

磷酸盐也是污水处理厂出水中的常见成分，因为它们有时会对絮凝反应产生抑制作用，所以也可能会给水处理过程带来麻烦。

原水中存在大量微生物这个问题一直备受水处理机构关注，但由于目前的消毒技术已经相当成熟，所以似乎没有理由不能利用污水处理厂出水生产出细菌含量符合要求的水。不过，病毒的灭活具有某种程度的不可预测性，所以它们在原水中的存在是人们特别不希望看到的。此外，水中还可能存在正常消毒过程不易杀灭的原生动物孢囊，这一点在废水再利用方面也需要考虑。

19.3　去除不适合常规处理的杂质

19.3.1　溶解有机物

在高速细菌处理床上对受污染原水进行生物氧化可以使 BOD 有所降低，大约可降 20％，但这种设施一般主要用于氨的氧化。活性炭吸附法能够去除更大量的可溶性有机物。粉末和颗粒形式的活性炭都可以实现较高的 COD 和 TOC 去除率，但是可能会残留不可吸附的物质。如果是间歇性使用，将粉状活性炭添加到聚沉/沉淀步骤即可取得令人满意的效果。如果是需要连续使用活性炭的情况，那么颗粒状活性炭更加合适，并且必须在现场或送往中央设施进行再生。除了降低 COD 和 TOC 水平外，活性炭处理通常还能够显著减轻水的颜色、味道和气味。但必须认识到的是，活性炭吸附处理法不能够解决有机污染导致的所有问题。臭氧可以将农药等复杂的有机物分解成无机终产物或者分解成更简单的有机化合物，这些有机化合物更容易通过生物氧化法或活性炭吸附法去除。

19.3.2　溶解固体

大多数常规形式的净水和废水处理方法对水中的总溶解固体量几乎没有影响，所以在水资源再利用的情形中，溶解固体的累积会对循环次数造成较大的限制。在世界许多地区，咸水地下水的 TDS 水平超过了饮用水供应标准水平，而在其中的干旱地区，这些地下水或海水可能是唯一可用的水源。所以针对这类水源去除多余溶解固体的技术开发引起了相当大的关注，而且这些技术在从污水和工业废水中去除溶解固体方面也有一定的应用。不过，这两种应用所面临的问题大小却不同，海水中的 TDS 水平约为 35000mg/L，而大多数污水的 TDS 水平约为 1000mg/L。

长期以来，利用蒸发器对海水进行蒸馏来获取高纯度水的做法被普遍认可，不过，通过这种处理方法得到的成品水，需要经过曝气和化学处理之后才能达到饮用标准。蒸馏处理法的资本和运营成本非常高，所以一般仅用于无法获得其他水源的情况。大多数现代蒸馏装置采用多级闪蒸工艺（图 19.1）。在该工艺中，将海水进水和回流盐水溶液混合形成加压盐水流，进行预热，然后输往由蒸汽进给的热交换器中进行最终加热。加热后的盐水被释放到第一处理室，并在那里减低压力，使部分水闪蒸成蒸汽。之后，蒸汽再进入由盐溶液进给的热交换器中进行冷凝。剩余的盐水进入下一个阶段，该阶段的压力略低，目的是为了促进进一步的蒸发。大多数处理厂设有 30～40 个阶段，温度范围在 5～110℃之间。该系统正在重新获得小型处理厂的青睐。蒸馏成本取决于工厂的规模以及是否可以将一些蒸汽用于发电以抵消部分生产成本。多级闪蒸的基本能量需求约为每立方米馏分需要 200MJ 能量，但就蒸馏-发电两用厂而言，可以在一定范围内改变水和电这两种产品的成本比例。我们必须认识到，海水蒸馏法生产淡水不仅需要能量成本，还涉及预处理、维护、人工和资本回退等其他主要成本。

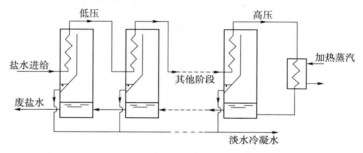

图 19.1 多级闪蒸

与闪蒸装置的复杂性相反，世界某些地方已经研究了太阳能蒸馏器的使用。太阳能蒸馏器是使用免费能源的简单技术设备，但由于其产量低并且需要使用高成本的玻璃结构，所以实际的水生产成本与大型闪蒸设备的并无太大差别。

反渗透处理法（图 19.2）的原理是渗透现象。在渗透过程中，某些类型的膜能够允许淡水通过而阻止或限制可溶物的移动。按照这个原理，如果在盐溶液和淡水之间设一道半透膜作为屏障，那么溶剂（即水）将透过半透膜运动到盐溶液侧，最终使得两侧的盐浓度相等。之所以会发生这种运动，是因为溶解盐产生了渗透压。这个过程可以被看作是超过滤的一种形式。在超过滤中，水分子因为尺寸足够小所以能够从膜的孔中穿过，而较大的分子则不能穿过。渗透压与溶液浓度和绝对温度成正比，海水的渗透压大约为 24bar（2.4MPa）。如果盐溶液受到高于其渗透压的压力，那么溶液中的水就会穿过膜，成为脱盐的产物水并留下浓盐水。

在实践中，要取得显著的脱盐海水产量，必要在 50～100bar（5～10MPa）的压力下操作，而即使如此，产出率也只能达到 0.5～2.5m³/(m²·d) 的水平。反渗透膜最初采用

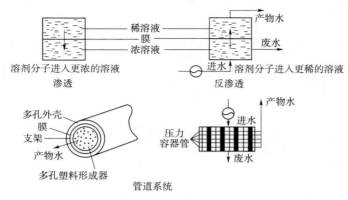

图 19.2　反渗透原理

醋酸纤维素制成，但现在大多数都采用聚酰胺类材料，它可以实现更高的流速和更大的抗化学降解性。为了实现经济运行，大多数商用装置采用管道系统为高压下的膜提供支撑。现代的膜可以实现 99% 的脱盐率，所以海水经一次处理即可产出 TDS 水平低于 500mg/L 的产物水。反渗透的能量需求为 $5\sim7(kW\cdot h)/m^3$ 产物水，但是膜的成本高并且寿命有限，这意味着反渗透技术取水的最终成本与海水闪蒸的最终成本相差无几。现代海水反渗透装置的典型成本明细见表 19.6。

表 19.6　　　　　　　　　反渗透成本（每厂 40mL/d）

项　　目	成本	项　　目	成本
化学品，人工，维护	12	资本回退（每年 10%）	26.5
膜更换（3 年寿命）	4.5	总成本	$70p/m^3$
电 $[5(kW\cdot h)/m^3, 5.4p/(kW\cdot h)]$	27		

反渗透处理设施可以采用模块形式，而且腐蚀风险更低，所以在脱盐领域比蒸馏设施更受欢迎。为了保护膜并延长其寿命，通常需要在将进水输送到反渗透单元之前进行常规的水处理。

由于膜能够去除可溶性杂质和细小悬浮杂质，所以这种方法受到越来越多的关注，人们希望能够利用这种方法解决净水和废水处理方面的众多问题。一般认为，反渗透法适合于去除分子尺寸范围在 $5\times10^{-3}\sim5\times10^{-1}\mu m$ 之间的可溶性杂质。超滤或纳滤是指在 $1\sim10bar$（$0.1\sim1.0MPa$）的运行压力下去除尺寸为 $5\times10^{-2}\sim1\mu m$ 的杂质。微滤是指在 $0.5\sim1bar$（$0.05\sim0.10MPa$）的运行压力下去除尺寸为 $10^{-1}\sim5\mu m$ 的杂质。显然，就被去除杂质的尺寸以及所用膜的类型而言，不同的膜处理方法之间存在重叠。膜制造商能够针对特定分子量的溶解物质制造相应规格的系统，从而满足特定用途的需求。纳米滤膜系统具有相当大的潜力，可以从水和废水中去除胶体固体，包括微生物和可溶性物质，比如天然色素。目前的膜过滤式商用设备能够在 $5\sim7bar$（$0.5\sim0.7MPa$）的运行压力下去除分子量大于 $200\sim400g/mol$ 的物质。这类膜能够将颜色从 $75°H$ 降低到 $15°H$ 以下，并且能实现令人满意的消毒水平。虽然这种方法不能产生残留效应，但这在小型紧凑分配系统中不是主要问题。

如图 19.3 所示的错流装置，能够使产物水以垂直于进水水流的方向逸出，这有助于减少膜表面的物理结垢。

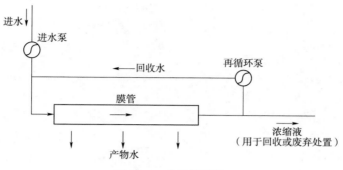

图 19.3　错流膜系统

某些情况下，适当地加入硅藻土或碳酸钙可以在固定膜内侧形成动态膜，从而改善净化性能。这些动态膜能够提高杂质排斥率，而且不会导致产水流量降低到不经济的水平。动态膜还可以防止由于生物生长引起的结垢问题。除了去除大的有机分子外，膜处理过程还能够去除包括病毒在内的微生物，从而实现高水平的消毒。通过将粉末状活性炭或离子交换树脂引入错流式膜系统中，可以形成具有高效固体/液体去除阶段的有效接触系统。在高速生物处理系统中，常规的澄清方法并不总是能取得令人满意的效果，而膜处理法则具有实现固/液分离的潜力。柔性管或薄膜系统的清洁可以通过反洗和/或滚轮装置物理压力来实现。膜系统通常由模块化单元构成，所以通过增加模块即可实现处理厂的扩容。与其他固/液分离技术相比，膜系统更加紧凑，但总体运行成本可能与其他技术相似。

对于 TDS 高达 3000mg/L 的咸水地下水，有时会使用电渗析方法进行处理（图19.4），但它不适合处理海水或类似盐度的水。在电渗析方法中，将离子选择性膜电池置于电解槽内，当施加电势时便会发生离子迁移，产生交替降低盐度和升高盐度的室。使用这种方法时，原水的预处理不像使用反渗透方法时那么重要。不过，有机物和硫酸盐会导致膜污染，所以应及时去除铁和锰以防止其沉积在膜表面上。

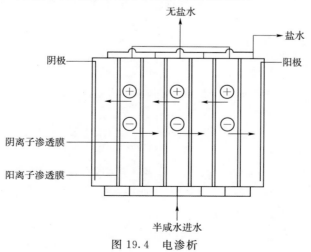

图 19.4　电渗析

从热力学方面考虑，冷冻脱盐比蒸馏脱盐更加有利，而且从运行角度来说，低温能够大幅度减少腐蚀和结垢问题。不过，虽然有关冷冻处理厂的实验工作已经大量开展，但是似乎遇到了许多实际问题，并且目前来看，此方法将来希望不大。

所有脱盐处理都会产生高浓度废水，必须对其进行适当的处理。

19.3.3　氮化合物

在排入到受纳水体之前，利用生物硝化处理可以将出水中的氨降至较低水平，从而防止鱼类中毒的问题。当然，这个问题也可以通过水厂的预处理来避免。无论是采用哪种方法，反应过程都可能因寒冷天气而减速。而氨氧化会生成硝酸盐，这种情况是需要极力避免的——除非是原水供应中含有少量硝酸盐。所以，可能更适合利用其他一些方法来去除氨。空气清洗法能够有效地去除氨，但由于这种方法需要大的空气流和产生高 pH 值所需的化学品，所以成本往往非常高昂。利用斜发沸石的离子交换功能也可以去除氨，但这种材料的离子交换容量比较低。利用离子交换树脂去除地下水供水中的硝酸盐这种方法已经取得了相当大的成功，但目前可用的树脂并不具备完全的硝酸根离子选择性，所以这种方法的成本和效率受原水中其他离子的影响。

通过在 DO 非常低的环境或厌氧环境中将再循环的出水与沉淀池进水混合，可以利用生物硝化作用实现较高的硝酸盐去除率。在这些情况下，生物脱硝作用去除掉硝酸盐中的氧（图 19.5），致使大部分硝酸盐转化为氮气，逸出到大气中。进水端设有缺氧区的活性污泥处理厂在全面运行的情况下，能够实现 80% 甚至更高的硝酸盐去除率，并且由于缺氧区中没有曝气而降低了电力成本。

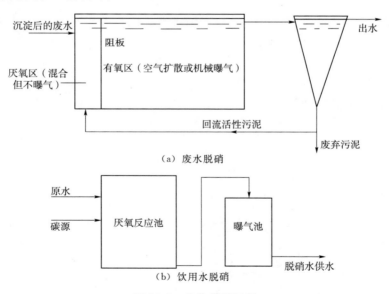

图 19.5　生物脱硝过程

对于有机物含量低的水，利用浸没式细菌床或流化床也可以实现与此类似的生物脱硝，其中通过添加诸如甲醇等廉价的有机材料来产生氧需求。不过，这种方法成本昂贵，并且成品水中可能存在有机原料残留，特别是在进水硝酸盐浓度不稳定的情况下。

19.3.4 磷酸盐

废水中的磷酸盐通常以正磷酸盐的形式存在，可以很容易地利用铝或铁盐的化学沉淀去除：

$$Al^{3+} + PO_4{}^{3+} \longrightarrow AlPO_4$$
$$Fe^{3+} + PO_4{}^{3+} \longrightarrow FePO_4$$

此沉淀反应可以在初沉池或终沉池中进行。某些情况下，可以通过向厌氧处理后的废污泥的上清液中加入沉淀剂，在活性污泥处理厂中除去磷酸盐。沉淀法能够可靠地将出水的磷酸盐浓度降至 $1 \sim 2mg/L$ 的水平，但会产生更多的污泥。如果要将磷酸盐浓度降低到 $1mg/L$ 以下，必须使用过量的试剂，这会增加污泥产量和化学品成本。

设有交替式有氧和厌氧反应池的系统能够利用生物法去除水中的磷，这与前文所述的生物除氮方法类似，并且通常能够同时除去氮。目前许多种专有工艺设施已经问世，如图 19.6 所示为源自南非的巴顿甫和 UCT 系统。

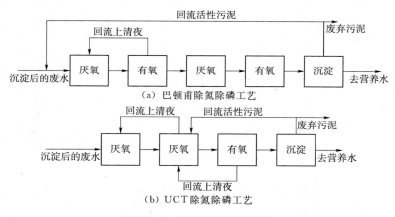

(a) 巴顿甫除氮除磷工艺

(b) UCT 除氮除磷工艺

图 19.6 生物法除氮和除磷

利用这些工艺，传统活性污泥处理厂的磷去除率可以提高 20% 左右，即去除率达到 $90\% \sim 95\%$。生物除磷取决于不动杆菌对磷的"过度摄取"，它可以吸收在厌氧条件下生成的挥发性脂肪酸（VFA），然后将其转化成多羟基丁酸酯（PHB）。在有氧条件下，PHB 被氧化，而不动杆菌可以优先摄取可溶性磷，并将其作为多磷酸盐储存起来。为了确保磷一直留在生物固体中，必须对污泥采取有氧稳定处理，因为在厌氧消化过程中磷会被释放回溶液中，从而通过污泥上清液返回系统进水口。通过选择合适的运行条件，可以分别去除氮或者磷，也可一并去除。

对于可能发生富营养化的水域，在只存在一种对藻类生长有限制作用的营养素的情况下，这种方法具有经济意义。需要注意的是，生物营养物质去除法目前在稳定性和可控性方面不及化学去除法。

19.3.5 微生物

尽管使用高浓度氯化合物或其他试剂的常规消毒可以对再生废水中的细菌产生令人满意的杀灭效果，但是由此产生的 DBPs 却是不理想的产物。如果能在消毒之前去除大部分可溶性有机污染物（DBP 的前体），便有助于在不产生过量 DBPs 的前提下达到理想的消毒程度，但这无法完全杜绝 DBPs 的形成。由于隐孢子虫和贾第虫孢囊对氯化合物具有抗性，所以必须对再生水进行审慎考虑，并且这类水中存在的病毒也应当在某些用途方面引起重视。膜处理法可以实现非常高的再生水微生物去除率，但必须持续监测膜上的压降，以便及时发现任何可能导致微生物进入产物水的针孔故障。

19.4　废污水的物理化学处理

在关于三级处理和水回收的讨论中，我们假定废污水首先通过物理和生物类常规方法进行处理。这类方法已经十分成熟，并且大多数情况下都具有可靠的性能。然而，生物处理法确实存在两个可能的缺点，即它们无法根据间歇负荷量的情况而方便地启动或停止，并且这类方法对废污水中的有毒成分敏感。以美国为主的世界各地都进行了大量研究，希望能够确定物理化学处理厂使用化学聚沉和沉淀后再进行过滤和吸附的效果。美国在处理浓度较低的废污水时，这类处理厂的出水能够达到 BOD 约 10mg/L、COD 约 20mg/L 的水平。在像英国这样的国家，由于用水量低，所以废污水浓度高，几乎没有证据表明物理化学处理厂在出水水质和成本方面能够与传统处理厂相媲美。在只需要浅度处理的情况下，比如出水将排入沿海或河口水域这种排放标准比较宽松的情况下，物理化学处理厂的确具有一定的潜力。污水依次经过加助凝剂、絮凝以及在向上流动式污泥浮层沉淀池中沉淀处理后，可以转化为 SS 和 BOD 水平都比较低的出水，而且出水中的细菌浓度比进水污水低几个数量级。这种类型的处理厂占地面积较小，但由于出水水质略逊于传统的生物处理系统，所以其是否能够取得环境法规许可还有待观察。

参　考　文　献

Lauer，W. C.，Rogers，S. E. and Ray，J. M.（1985）. The current status of Denver's Potable Water Reuse Project. *J. Am. Wat. Wks Assn*，77（7），52.

Metzler，D. E，Culp，R. L.，Stoltenburg，H. A. *et al*.（1958）. Emergency use of reclaimed water for potable supply at Chanute，Kan. *J. Am. Wat. Wks Assn*，50，1021.

Pugh，N. J.（1945）. Treatment of doubtful waters for public supplies. *Trans. Inst. Wat. Engnrs*，50，80.

United States Environmental Protection Agency（1992）. *Guidelines for Water Reuse*，EPA/625/R - 92/004. Cincinnati：USEPA.

van Vuuren，L. R. J.，Clayton，R. J. and van der Post，D. C.（1980）. Current status of water reclamation at Windhoek. *J. Wat. Pollut. Control Fedn*，52，661.

World Health Organization（1989）. *Health Guidelines for the Use of Wastewater in Agriculture and Aquaculture*，Technical Report Series 778. Geneva：WHO.

拓　展　阅　读

Argo，D. C.（1980）. Cost of water reclamation by advanced wastewater treatment. *J. Wat. Pollut. Control Fedn*，52，750.

Benneworth, N. E. and Morris, N. G. (1972). Removal of ammonia by air stripping. *Wat. Pollut. Control*, 71, 485.

Bindoff, A. M. , Treffry – Goatley, K. , Fortmann, N. E. *et al*. (1988). The application of cross – flow microfiltration technology to the concentration of sewage works sludge streams. *J. Instn Wat. Envir. Managt*, 2, 513.

Bouwer, H. (1993). From sewage farm to zero discharge. *Eur. Wat. Pollut. Control*, 3 (1), 9.

Burley, M. J. and Melbourne, J. D. (1980). Desalination. In *Developments in Water Treatment*, Vol. 2 (W. M. Lewis, ed.). Barking: Applied Science Publishers.

Buros, O. K. (1989). Desalting practices in the United States. *J. Am. Wat. Wks Assn*, 81 (11), 38.

Cooper, P. , Day, M. and Thomas, V. (1994). Process options for phosphorus and nitrogen removal from wastewater, *J. Instn Wat. Envir. Managt*, 8, 84.

Crook, J. (1985). Water reuse in California. *J. Am. Wat. Wks Assn*, 77 (7), 60.

Dean, R. B. and Lund, E. (1981). *Water Reuse*. London: Academic Press.

Dykes, G. M. and Conlon, W. M. (1989). Use of membrane technology in Florida. *J. Am. Wat. Wks Assn*, 81 (11), 43.

Gauntlett, R. B. (1980). Removal of nitrogen compounds. In *Developments in Water Treatment*, Vol. 2 (W. M. Lewis, ed.). Barking: Applied Science Publishers.

Harremoes, P. (1988). Nutrient removal for marine disposal. *J. Instn Wat. Envir. Managt*, 2, 191.

Harremoes, P. , Sinkjaer, O. and Hansen, J. L. (1992). Evaluation of methods of nitrogen and phosphorus control in sewage effluent. *J. Instn Wat. Envir. Managt*, 6, 52.

Harrington, D. W. and Smith D. E. (1987). An evaluation of the Clariflow process for sewage treatment. *J. Instn Wat. Envir. Managt*, 1, 325.

Hobbs, J. M. S. (1980). Sea water distillation in Jersey and its use to augment conventional water resources. *J. Instn Wat. Engnrs Scientists*, 34, 115.

Laine, J. – M. , Hagstrom, J. P. , Clark, M. M. and Mallevialle, J. (1989). Effects of ultrafiltration membrane composition. *J. Am. Wat. Wks Assn*, 81 (11), 61.

Lauer, W. C. , Rogers, S. E. , La Chance, A. M. and Nealey, M. K. (1991). Process selection for potable reuse: Health effect studies. *J. Am. Wat. Wks Assn*, 83 (11), 52.

Mara, D. D. and Cairncross, S. (1989). *Guidelines for the Safe Use of Wastewater and Excreta in Agriculture and Aquaculture*. Geneva: WHO.

Mills, W. R. (1994). Groundwater recharge success. *Wat. Envir. Technol*, 6, 34.

Morin, O. J. (1994). Membrane plants in North America. *J. Amer. Wat. Wks Assn*, 86 (12), 42.

Polprasert, C. (1996). *Organic Waste Recycling* (2nd edn). Chichester: John Wiley.

Richard, Y. R. (1989). Operating experiences of full – scale biological and ion – exchange denitrification plants in France. *J. Instn Wat. Envir. Managt*, 3, 154.

Rogalla, F. , Ravarini, P. , de Larminat, G. and Coutelle, J. (1990). Large – scale biological nitrate and ammonia removal. *J. Instn Wat. Envir. Managt*, 4, 319.

Short, C. S. (1980). Removal of organic compounds. In *Developments in Water Treatment*, Vol. 2 (W. M. Lewis, ed.). Barking: Applied Science Publishers.

Shuval, H. I. (1987). Wastewater reuse for irrigation: evolution of health standards. *Wat. Qual. Bull.*, 12, 79.

Tebbutt, T. H. Y. (1971). An investigation into tertiary treatment by rapid filtration. *Wat. Res.*, 5, 81.

Thomas, C. and Slaughter, R. (1992). Phosphate reduction in sewage effluents: Some practical experiences. *J. Instn Wat. Envir. Managt*, 6, 158.

Upton, J., Fergusson, A. and Savage, S. (1993). Denitrification of wastewater: operating experiences in the US and pilot plant studies in the UK. *J. Instn Wat. Envir. Managt*, 7, 1.

Wade, N. and Callister, K. (1997). Desalination: State of the art. *J. C. Instn Wat. Envir. Managt*, 11, 87.

Winfield, B. A. (1978). The performance and fouling of reverse – osmosis membranes operating on tertiary – treated sewage effluent. *Wat. Pollut. Control*, 77, 457.

Yoo, R. S., Brown, D. R., Pardini, R. J. and Bentson, G. D. (1995). Microfiltration: A case study. *J. Amer. Wat. Wks Assn*, 87 (3), 38.

第 20 章

发展中国家的供水和卫生

在发达国家，公众希望得到高标准的供水服务，有效收集、处理和处置污水，而这些愿望可以实现。这些国家一般拥有成熟的污染控制技术，而且由于人口处于低增长或零增长状态，其水资源需求通常可控。发展中国家的情况大不相同，大约有 13 亿人没有安全饮用水，20 多亿人没有足够的卫生设施，这意味着世界上的这些地区，大约 70% 的人口缺乏基本设施。从经济和人力两方面来看，改进这一现状需要付出巨大成本。

20.1　当　前　形　势

作为世界卫生组织实施的"国际饮水供应和环境卫生十年"（1981—1990 年）调查结果表明，发展中国家有大量人口的饮用水和卫生设施状况得以改善，但人口快速增长掩盖了许多方面的改进，具体见表 20.1。世界卫生组织通过 10 年监测得出一个结论，在此期间，供水和卫生方面共投资约 1350 亿美元，其中 55% 用于安全饮用水供应，45% 用于卫生设施。如到 2000 年，实现人人享有安全饮用水和适当卫生设施的目标，需要每年投资约 500 亿美元，是 10 年期间的 5 倍。但鉴于财政资源短缺、缺乏专门人才以及几个主要发展中国家人口持续增长的综合影响，"2000 年人人享有安全饮用水"的目标似乎难以实现。

表 20.1　　　"国际饮水供应和环境卫生十年"（1981—1990 年）调查统计的
饮用水与卫生设施状况　　　　　　　　　　单位：百万人

区　域	缺乏安全饮用水		缺乏足够的卫生设施	
	1981 年	1990 年	1981 年	1990 年
城市	213	243	292	377
农村	1613	989	1442	1364
合计	1826	1232	1734	1741

虽然对世界各地的城市来说，最终目标可能是实现发达国家水平的供水服务，但对发展中国家的农村地区来说，为数百万人提供这种水平的供水服务显然不切实际。本书所讨

论的原则和过程适合于发达国家，并可作为所有城市的供水目标，但必须为低收入的农村地区采用更合适技术。人们必须认识到，为了减少水相关疾病，必须改善供水和卫生设施，但遗憾的是，卫生设施往往被忽视，取而代之的是更具吸引力的供水活动。人们也要理解，如果不提供适当的运行和维护支持，所建造的先进供水设施和污水处理设施（通常是捐助国政府和机构所青睐的项目）也没有什么价值。许多计划之所以成功达到目标，均是将适当技术和社区自助相结合。这是英国供水行业慈善机构 Water Aid（水援助组织）成功实施的一个概念。

20.2 水 源

发达国家通常可对来自任何来源的水提供某种程度的处理，而发展中国家的农村计划在许多情况下难以进行适当处理。因此，有必要根据细菌量（可能是最重要的水质量参数）来考虑水源。

1. 雨水

如有合理可靠的降雨量，则屋顶收集和储存的雨水可以提供理想水源。但初期雨水可能会被鸟粪等物质污染，所以应将受污染的雨水引至远离储罐的地方。由于降雨量不规则，储罐尺寸可能很大，成本可能高昂。除非可以保护储罐免受污染，并且防止蚊虫进入，否则可能引发健康问题。根据降雨强度、排水沟和雨水管系统的效率，可以收集50%～80%的降雨。

2. 泉水

泉水通常水质优良，但前提是泉水来自含水层，而不仅仅来自地下浅显位置的水流。为了保护泉水质量，重要的是保护泉水及其周边区域免受人类与动物活动的污染。泉水上方应设有覆盖物，以防止碎屑进入泉水收集槽。

3. 管井

因为自然净化作用，管井水已滤除细菌等悬浮物质，所以地下水通常水质良好。但必须注意确保卫生习惯，否则可能造成地下水污染。在合适地点挖掘机井，成本相对低廉，但由于管道腐蚀和土壤颗粒堵塞，其使用寿命通常有限。在沙质土壤中，可通过喷射方式快速安装塑料管制成的管井。钻井可由人工或机器开挖。当地下水位充分接近地面时，通过可在地面安装手压水泵，从小直径水井（40～100mm）抽取井水。许多组织和制造商已经设计与制造了大量经久耐用的手动泵。如地下水位位置更深，地面水泵的扬程不足，则必须将水泵放置更大直径的井中，因此增加了成本。管井应配备合适井盖，以防止受污染的地表水渗入井水之中。

4. 人工井

在世界上的许多农村地区，直径1～3m的人工井是传统水源。根据地下水位的深度，这些人工井可能有30m深，而施工过程有较高的坍塌风险，可能对挖井工人造成相当大的人身危害。通过使用预制絮凝土井圈，可以大大降低这种风险。随着挖掘进度，预制絮凝土井圈将下沉并提供永久性衬管。由于地表水渗入、井水溢出与碎屑沉积，老井通常有很多水质问题。水井位置必须避免污染地下水的可能渗入，防水衬管应延伸至地表以下

3～6m。井口应建有端墙和排水护坦，从而防止任何地表水和/或溢出物进入井内。在麦地那龙线虫病流行的地区，这些措施尤为重要。人们应尽可能通过水泵取水，在井中使用固定盖子，从而进一步降低井水受污染的风险。

5. 滤井

在砾石和沙子填充区域应用的一种多孔收集器，使用开放相连的管道拦截高水位地下水和收集地下水渗水。该装置主要用于从河流和湖泊中取水。

6. 地表水抽取

在世界上许多地方，发达国家都有从河流和湖泊中取水的传统，但在热带国家，地表水质量往往很差，对于农村供水来说，最好只将地表水作为最后选项。

农村合适水源的基本特征如图 20.1 所示。因为地下水水质在细菌量方面具有天然优势，所以农村供水方案大部选用管井。但必须了解的是，地下水抽取速度不能超过自然补给速度，否则地下水供应将不可持续。因为无视这一基本原则，一些发展中国家已经出现地下水位下降和水井枯竭。

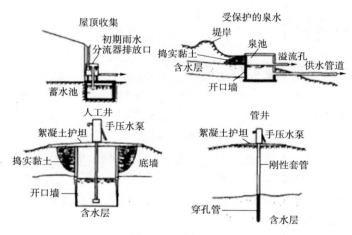

图 20.1 农村水源

20.3 净 水 处 理

前一节内容强调了从无污染水源取水的必要性。因为农村供水的处理过程大大增加了供水成本，如无可靠的操作和维护技能，供水处理很快就会失效，所以从无污染水源取水对农村供水特别重要。净水处理过程均需维护，对于发展中国家来说，除非不可避免，否则不应该采用净水处理过程。在这种情况下，农村小规模供水如需实现 100mL 水中大肠菌群数量的正常要求，则需要对许多来源进行处理，所以并不现实。大量证据表明，在农村供水每 100mL 中含有高达 1000 个大肠杆菌的情况下，仅对居民健康有很小危害或者没有危害。在许多地区，水洗疾病是健康不良的主要来源，但如此低质量的供水（按照发达国家的标准）也可能会大大改善这些地区居民的健康状况。人们在考虑替代水源时，值得牢记的是，如有两种解决方案，一种是远离社区的优质水源，能以较低的长期成本输送到社区，另一种是距离社区更近，但水质较差，需要加以处理，则前一种解决方案肯定更可靠。

如果必须处理而无其他替代方案，则必须尽可能简单化处理过程，确保低成本、便于施工、操作可靠，并使当地工人能够熟练操作与维护。如果不能满足这些基本目标，则必然产生许多问题，很可能导致计划被弃，而回归到传统的未经改进水源。

1. 蓄水池

蓄水池可以有效净化大多数地表水，但它并不能显著改善浊度。阳光具有消毒作用，通常能迅速减少粪便细菌的数量。为了充分发挥蓄水池的功效，重要的是以合适挡板防止蓄水池中的短流。蓄水池在炎热气候中可能发生相当大的蒸发损失。蓄水池设计应该防止其边缘形成浅水区，从而避免蚊虫滋生。如果蓄水池不能通过沉降过程充分去除悬浮物，则需要进一步处理，包括采用化学絮凝和/或过滤技术。

2. 絮凝

化学絮凝给处理过程带来更高的复杂性，只有在当地具备必要的供应和技能的情况下，才可以采用这一技术。如果无法负担或无法获得常规助凝剂，则可使用第 12 章所述的天然助凝剂，例如辣木。只有确定合适剂量，然后以确保充分混合和絮凝的方式投入水中，化学絮凝才会取得成功。马氏瓶容器之类的简单化学进料器基于溶液的液压控制，不管蓄水池中的液位如何，它都能提供恒定的排放速率。助凝剂必须添加在湍流点（如堰）或带有挡板的通道中，并且最好在与沉淀池相连的折流池中实现絮凝。事实上，很难防止沉淀池中存在残留絮凝物残留，所以水质浊度仍然很高。因此省略絮凝阶段并直接过滤，也可以获得更令人满意的水质。

3. 过滤

尽管有一些简化类型的快速沙滤池，但对于许多发展中国家来说，慢速沙滤池可能是最令人满意的处理设施，在农村地区更是如此。慢速过滤器具有结构简单和易于使用的优点，能够有效过滤水中的许多物理、化学和细菌的污染物。这种处理方式无需化学物质，也不会产生化学污泥。每隔一个月或更长时间需要清理过滤器上表面一次，但这种劳动密集型工作在发展中国家通常不是问题。慢速过滤器的过滤面积相对较大，不太可能给小规模供水带来问题，而且使用沙子或谷壳等当地替代材料，也可以降低建造成本。慢速过滤器的过滤速度通常为每天 $5m^3/m^2$，峰值原水浊度高达 30NTU，获得浊度小于 1NTU 的滤液。

平流式沙滤池可以有效预处理浊度大于 30NTU 的水，从而使慢速沙滤池可以长时间运行，以获得优质的过滤水。

4. 消毒

如果需要消毒，必须再次面对以上所述的化学剂相关问题。氯气是唯一可行的消毒剂，但气态消毒剂的可用性可能受限，而且由于氯气处理存在一定的危害性，将其用于农村供水处理并不理想。漂白粉是更合适的氯源，其中有效氯约占 30%，易于处理，但漂白粉暴露在大气和光线下将失去效力。高级次氯酸盐（HTH）为颗粒或片剂形式，储存稳定，具有更高的有效氯含量（70%），但成本更高。次氯酸钠溶液是氯的另一个可能来源。进料器应采用与助凝剂相同类型的简单水力进料器。如供应量较小，则可用带有小孔的罐子或壶子，用漂白粉和沙子的混合物制作简易氯化器，可以满足大约两周的消毒需求。保证正确剂量的氯很重要，这是因为过低剂量给人一种虚假的安全感，而过高剂量将产生强烈的氯气味道，以致用户转而选择传统但不太安全的水源。

20.4 涉 水 卫 生

现已证明，大量水相关疾病源自于环境中存在相关患者的排泄物。人们认为，人类排泄物的卫生处理，在健康方面比安全供水更为重要。即使供水水质优良，直接的粪口传播也能导致伤寒和霍乱等高发病率。因为处理已经被污染的水可能成本高昂，尤其在小规模处理方面，不太可能具有高可靠性，所以首要目标是尽量防止水源被粪便污染。

排泄无疑属于高度个人化的行为，因此很大程度上受特定社区的社会行为模式支配。任何卫生方案至关重要的第一步，是充分了解目前的排泄行为模式以及替代方案的可接受性。一般说来，农村地区的排泄物处理在社会层面上比在技术层面上复杂得多。如果不从社会学角度加以研究，纯粹的工程解决方案可能无法满足需求。除非正确使用新的卫生设施，并予以适当维护，否则卫生设施安装并不一定改善公共卫生。

各种类型的卫生设施基本可以分为干系统和湿系统，干系统基本上只处理粪便，可能附带处理部分尿液，而湿系统处理粪便、尿液和污物（烹饪、洗涤和其他家务活动产生的废液）。图 20.2 为简单的卫生设施分类，具体内容如下：

（1）干燥、现场处理和处置——坑道厕所和坑式厕所、堆肥厕所。

（2）干式、非现场处理和处置——带收集和集中处理设施的桶式或拱顶式厕所。

（3）湿式、现场处理和处置——湿坑、旱厕、化粪池、沼气、土地处置。

（4）湿式、非现场处理和处置——常规或改良的污水设施与集中处理设施。

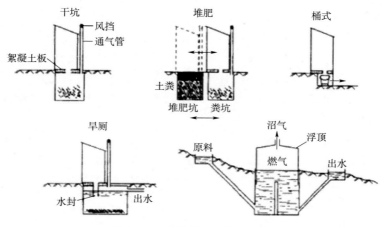

图 20.2　简单的卫生设施分类

1. 坑厕

这些厕所是最简单的厕所形式，而且由于简单、低成本以及易于在合适地面条件下建造，从而获得了广泛使用。坑厕面积通常为 $1m^2$，深 3～4m。坑厕使用寿命一般按每人每年 0.06～0.1m^3 来估算，当坑满约 2/3 时，即用土壤填充，并将上部结构转移到新坑厕。

如果需要清空坑厕，以供进一步使用，则可使用斜滑槽，使操作更加方便。在坑厕中设置高度超过厕所顶部的通风管，即高度通风厕所，这将大大减少异味和控制蚊虫，否则可能会影响厕所使用率。坑厕的另一种形式是使用直径 200～400mm 的坑道，深度可达为 6m。其使用寿命可能比坑厕的短，并且侧面结垢经常产生气味问题。只有在不会污染地下水的情况下，才能使用无内衬的排泄物处理坑。坑厕应始终位于任何水源的下侧位置，也不得修建在水井 30m 范围以内。

2. 堆肥厕所

一些发展中国家将人类排泄物作为农作物种植的重要肥料来源，因此有必要建有相应的卫生处理设施。相当理想的方式是在用作土地和农作物肥料之前，消灭排泄物中的病原生物体，否则很可能引起疾病传播。病原生物体的消灭方式可以将排泄物、烂蔬菜、草屑等做堆肥化处理，即通常采用相对较长滞留时间的批量堆肥化处理，或者在几个月滞留时间进行连续堆肥单元处理。为了保证有效堆肥，碳氮比必须为 20∶1～30∶1，含水量必须在 40%～60% 的范围。东南亚广泛使用的批量堆肥形式是双拱顶堆肥单元，即将厕所建在两个收集箱的顶部，这两个收集箱分别用于收集粪便与草木灰。一般来说，相当于粪便重量 1/3 的灰烬足以防止异味挥发。尿液予以单独收集，并作为肥料被直接用于土地。当堆肥箱装满大约 2/3 时，堆肥箱内部肥料将被整平，用泥土覆盖，然而将堆肥箱密封。此后的排泄物被转移到第二个堆肥箱中，而第一个堆肥箱在被清空之前，将滞留 12 个月的时间。按一年周期计算，建议将堆肥箱的容量设计为每人 0.4m³。

虽然发达国家已经制造许多连续堆肥系统，但是它们在发展中国家的表现并不令人满意。堆肥化处理需要小心操作，特别是水分含量方面的操作，除非能够加以必要管理，否则不应优先使用堆肥厕所。

3. 桶式和拱顶式厕所

通过各种容器清除排泄物是最古老的卫生方式之一，世界上许多地方仍在广泛使用这一方法。传统桶式厕所利用金属桶中的蹲便器或底座，该金属桶设置室外有门的小室中。该金属桶通常在晚上被清空，集中到更大容器，然后通过人工或手推车运送到收集站或处理区。从卫生角度来看，这一方式并没有什么值得称道。粪便转运过程中经常发生溢出，桶子很少予以清理，所以蚊虫公害很常见。但随着桶式厕所的桶盖改进，更便于处理、清洗和消毒过程，加上精心设计和维护的其他结构，人们更易于接受这一装置。

桶式厕所下方现已使用防水拱顶，一般每隔两个星期通过手动或机械化方式清洗一次。经适当设计和维护，该装置表现出优良性能。尽管该装置在日本受到广泛应用，但考虑到清理系统的成本和复杂性，使得该装置对发展中国家的适用性相当有限。

所收集粪便的最终处置通常是掩埋至浅沟，大小一般为 4m×1m×0.5m，粪便深度约为 0.3m，然后用土壤回填。如需重要使用该区域，则至少等待 12 个月。但不幸的是，一些地区直接将粪便倾倒在荒地上，并不加以掩埋，以致产生极其不利的环境条件。

4. 湿坑厕所

在一些发展中国家，冲水水封式厕所很受欢迎。每次使用，使粪便与水保持 1∶31 的比例，这样坑中的内容物就变成半液体。内容物将发生厌氧消化，可在一定程度上减少体积，因此每人每年 0.04～0.06m³ 的设计体积即可满足需求。厕坑通常设置在离厕所不远的地方，并通过一小段 100mm 的倾斜管道与厕所相连。厕坑通常建有敞开的砖砌结构，以防止坍塌,但允许液体渗入周围地面。水封意味着可以防止苍蝇和异味侵扰,所以这种厕所适合安装在室内。湿坑厕所的成功取决于相对较低的用水量和合适的地面条件,即允许液体渗出而不会污染地下水。

5. 旱厕

旱厕由位于厕所下方的储槽组成,排放经厌氧处理过的液体流出物,而这些流出物必须接受适当处理。厕所必须设有下埋式下水管或集水器,以保持储槽中的厌氧条件,防止气味逸出与蚊虫滋生。典型储槽容量为 $0.12m^3$/人,粪便废物累积量约为 $0.04m^3$/(人·年)。每天污水排放量约为 6L/人。许多旱厕装置的一个主要问题是没有足够的水来保持水封,因此人们不愿意使用这类厕所。除非可以解决蒸发和泄漏问题,否则储槽中的液位将下降,破坏水封,并产生异味和蚊虫问题。有些装置通过管道将污水输送到储槽,以提供必要的补充量。在这种情况下,储槽设计应提供额外的 $0.5m^3$ 的容量,以便容纳污物。

6. 化粪池

如上所述,旱厕基本属于简化的化粪池,发达国家的许多农村地区广泛使用这种化粪池。化粪池属于厌氧环境,可以从污水中去除大部分悬浮物,沉积固体随后经过发酵,释放出一些可溶性有机物。典型化粪池将消耗大约 45% 的生化需氧量和大约 80% 的悬浮物。流出物中含有大量细菌,每 100mL 的化粪池排放物中,大肠杆菌数量可高达 100 万个。一般来说,固体废物累积量约为 $0.05m^3$/(人·年),每隔 1~2 年必须清除污物一次。固体废物生化需氧量与悬浮物水平在 1 万~5 万 mg/L 之间,典型设计标准是最少液体滞留时间为 3 天,对于 4~300 人之间的人群需求,英国设计标准为 $(0.18×人群+2)$ m^3 的体积。合适的入口和出口装置也同样重要,它们可以确保水封,并防止浮渣层从液体顶部排出。

7. 沼气

对于污水污泥所产生的甲烷,发达国家已有成熟的利用技术,它们通常建有大量设计复杂和造价高昂的工厂。但任何装有易腐有机物的容器均将产生厌氧条件,从而产生甲烷。单独旱厕或化粪池也会产生少量甲烷,但其体积不足以用于任何重要用途。在发展中国家的农村地区,人们将人和动物排泄的固体废物收集在一个简易容器之中,即可以获得足够沼气来满足家庭照明和烹饪需求,而固体废物发酵后的含氮量很高,可作为一种有用的肥料。远东地区正在大量使用以简单材料建造而成的沼气装置。这些装置大多很小,容量仅为 1~5m^3,仅供农户自行使用。每天烹饪所需的沼气约为 0.2L/(人·天),将人类排泄物以及一头牛或类似动物的排泄物发酵,即可满足这一需求。甲烷气体具有易燃性,这意味着即使是小型装置,也必须小心放置和操作,以避免重大爆炸风险。沼气装置的设计负荷约为 2.5kg VS/(m^3·天),滞留时间为 20 天或更长期限。

20.5 废 污 水 处 理

根据所选择的卫生技术,必须对所有排放污水的处理做出适当规定。

1. 现场处理和处置

对于所有湿式卫生系统,排放污水的安全处理装置属于该系统的固有组成部分。该系统排放污水中的悬浮物可能相对较低，但可能含有较高的有机物和大量微生物，如不加区别地排放到环境之中，则将对健康造成危害。在许多情况下，最佳处理方法是通过渗水坑、排水区或蒸散床进入地下（图 20.3）。各种方法的适用性涉及土壤渗透性、地下水位和附近建筑物。如果不可能进行地下处理，则可以在兼性氧化塘或简单生物滤池中进一步处理社区污水。化粪池、旱厕和渗水坑通常应位于距水井和井眼至少 30m 之处的位置，同时位于水流下游，而地表水水源附近地点应保持类似距离。

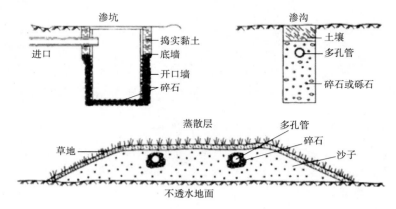

图 20.3 现场污水处理系统

渗水系统可以采用渗水坑的形式，即在土壤渗透性很强的位置设有多孔结构。渗坑大小应与其所相连旱厕或化粪池的大小相似。在大多数土壤中，排水区提供了最令人满意的地下处理方式。该系统包括渗水沟，其内部有开口连接管道或穿孔管道，而管道表面用石料填充，顶部用土回填。大部分渗滤发生在沟渠两侧，根据侧壁面积，大部分土壤的合理负荷为每天 $10L/m^2$。

在地面不可渗透的区域，可在合适洼地设置人工渗透区或蒸散层，或者以土墩形式设置在地面之上。蒸散层或土墩以管道周围的粗砂和砾石制成，其上覆有一层土壤，种植有长势很快的绿草。该区域的水量损失可能相当于同一地区自由水面蒸发量的 80%。

虽然在人口密度较低的地区，地下处理方法可以令人满意，但必须认识到这种方法对地下水质量的潜在危害，并且在城市地区，不太可能有足够土地满足这一需求。

2. 非现场处理和处置

城市地区可能有必要安装污水系统，以收集所有污水废物并将其输送到处理设施。除非有可靠的供水系统，否则传统污水系统将有许多问题，例如低流量导致的固体沉积、硫化氢产生以及随之而来的腐蚀问题等均十分棘手。传统污水系统的建设成本非常高昂，而且在拥挤的城市地区建造该系统时，也必须考虑所造成的中断影响。有些地区采用改良的污水系统来收集各个化粪池和旱厕的污水。在这种情况下，流量可能相对较低，并且由于大部分固体已被清除，以浅梯度铺设的小直径管道就足以满足要求，这将大大减少施工问题和成本。人们必须认识到，只有在定期清除单独储槽中的污物，并避免悬浮物进入系统时，这种经改进的污水系统才能有效运行。

污水系统必须配备特定形式的中央处理设施，以确保污水排放不会对环境造成重大破坏。对于大多数发展中国家来说，处理的最佳形式可能是易于建造和操作的兼性氧化塘。

但这种处理方式需要大量土地，而城市地区难以保证这类土地供应。人们必须防止浅水区和边缘植被为蚊子和其他昆虫提供繁衍场所。如这类池塘中有大量藻类生长，通常意味着污水中的悬浮物含量相对较高。在一些地区，从藻类有机质提取蛋白质的可能性也许值得考虑。如果当地条件不适合氧化池，则可能有必要设置生物滤池活性污泥装置。但只有在能够保证适当操作水平和维护技能，并且有必要财政支持的情况下，才应该采用这些相对复杂的处理装置。

拓 展 阅 读

Bailey, R. A. (ed.) (1996). *Water and Environmental Management in Developing Countries*. London: CIWEM.

Caincross, S. and Feachem, R. G. (1983). *Environmental Health Engineering in the Tropics*. Chichester: John Wiley.

Caimcross, S. and Ouano, E. A. R. (1991). *Surface Water Drainage for Low Income Communities*. Geneva: World Health Organization.

Carter, R., Tyrell, S. F. and Howsham, P. (1993). Lessons learned from the UN water decade. *J. Instn Wat. Envir. Managt*, 7, 646

Diamant, B. Z. (1979). The role of environmental engineering in the preventive control of waterborne diseases in developing countries. *Roy. Soc. Hlth J.*, 99, 120.

Franceys, R., Pickford, J. and Reed, R. (1992). *A Guide to the Development of On-site Sanitation*. Geneva: WHO.

Franklin, R. (1983). *Waterworks Management in Developing Countries*. Morecambe: Franklin Associates.

Glennie, C. (1983). *Village Water Supply in the Decade*. Chichester: John Wiley.

Hutton, L. G. (1983). *Field Testing of Water in Developing Countries*. Medmenham: WRC.

International Reference Centre for Community Water Supply and Sanitation (1981). *Small Community Water Supplies*. The Hague: IRC.

Kalbermatten, J. M. (1981). Appropriate technology for water supply and sanitation: Build for today, plan for tomorrow. *Pub. Hlth Engnr*, 9, 69.

Lee, M. and Bastemeijer, T. (1990). *Drinking Water Source Protection*. The Hague: IRC.

Mara, D. D. (1976). *Sewage Treatment in Hot Climates*. Chichester: John Wiley.

Morgan, P. (1990). *Rural Water Supply and Sanitation*. London: Macmillan.

Pacey, A. (ed.) (1978). *Sanitation in Developing Countries*. Chichester: John Wiley.

Reed, R. A. (1995). Sustainable Sewerage: Guidelines for Community Schemes. London: Intermediate Technology Publications.

Schulz, C. R. and Okun, D. A. (1984). *Surface Water Treatment for Communities in Developing Countries*. New York: Wiley. (Reprinted 1992, London: Intemediate Technology Publications.)

Various authors (1980 - 82). *Appropriate Technology for Water Supply and Sanitation*, Vols 1 - 12. Washington DC: World Bank.

Vigneswaran. S. and Visvanthan, C. (1995). *Water Teatment Processes: Simple Options*. Boca Raton: CRC.

Wegelin, M. (1996). *Suface Water Treatment by Roughing Filters: A Design, White, G. F. Bradley, D. J. and White, A. U.* (1972). *Drawers of Water*. Chicago: University of Chicago Press.

Wolman, A. (1978). Sanitation in developing countries. *Pub. Hlth Engnr*, 6, 32.